Fritz Krafft

Die wichtigsten Naturwissenschaftler im Porträt

Fritz Krafft

Die wichtigsten Naturwissenschaftler im Porträt

marixverlag

Copyright © by Marix Verlag GmbH, Wiesbaden 2007
Covergestaltung: Thomas Jarzina, Köln
Bildnachweis: akg-images GmbH, Berlin
Satz und Bearbeitung: C&H Typo-Grafik, Miesbach
Gesamtherstellung: GGP Media GmbH, Pößneck
Printed in Germany

ISBN: 978-3-86539-911-3

www.marixverlag.de

Inhalt

Inhalt

Vorbemerkungen

Mit »Zwergen, die auf den Schultern von Riesen stehen«, diese nur deshalb überragen und nur deshalb einen besseren Überblick haben, charakterisierte Bernhard von Chartres, ab 1114 Lehrer, später auch Kanzler der Schule von Chartres, treffend das Bewußtsein von dem damit verbundenen Aufbruch zu einem neuen, nicht mehr an den biblischen Wundern, sondern an den großen Leistungen der Griechen orientierten Natur- und Weltverständnis. In ungewöhnlich kurzer Zeit war damals dem christlichen Abendland durch Übersetzungen einschlägiger Werke der Griechen aus dem Arabischen und Griechischen eine ungeheure Wissensfülle übermittelt worden, zu deren Anhäufung immerhin mehr als anderthalb Jahrtausende erforderlich gewesen waren. Dieses Bild lebte dann während des mit einer Abkehr von den in der Renaissance aus den Originalen wiedergewonnenen antiken Vorstellungen verbundenen Aufbruchs in die neuzeitliche Naturwissenschaft, auch als ›Wissenschaftliche Revolution‹ bezeichnet, wieder auf; und auch das 20. Jahrhundert bediente sich dieses Bildes zur Charakterisierung der eigenen intellektuellen Situation.

Im Sinne der mit diesem Bild verbundenen Einschätzung wird in diesem Bande die Bedeutung von einigen Naturwissenschaftlern und ihren Beiträgen zum Wissen ihrer Zeit weniger aus der Sicht dieser ›Zwerge‹ bestimmt, die ja durchaus von ihrer Zeit auch als ›Riesen‹ eingestuft worden sein können, also nicht von ihren Beiträgen zu der ›normalen Wissenschaft‹ im Sinne von Thomas S. Kuhn (1962) her. Vielmehr sind solche Naturwissenschaftler und Denker als die ›wichtigsten‹ aufgenommen worden, die, um im Bild zu bleiben, die Schultern der ihnen vorangegangenen ›Riesen‹ erstiegen haben, um aus einem anderen Blickwinkel das Sehen der nachfolgenden Naturwissenschaftler neu zu prägen – wenn diese sich auch nicht immer sogleich von dessen Vorteilen überzeugen ließen. So finden sich hier sicherlich für manchen Naturwissenschaftler fremde oder sogar unbekannte und nicht als ihrem Kreise zugehörig empfundene Gestalten und Vorstellungen, die aber über Jahrzehnte und Jahrhunderte, teilweise (wie im Falle des ARISTOTELES) sogar über Jahrtausende das naturwissenschaftliche Denken insgesamt oder innerhalb einer Disziplin bestimmten. Da diese später überwunden wurden und meist heute nicht mehr zum Repertoire der modernen Naturwissenschaften gehören, war allerdings erforderlich, etwas ausführlicher auf die heute ungewohnten Vorstellungen und Denkweisen einzugehen. Dabei wurde stets darauf geachtet, die neuen wissenschaftlichen Erkenntnisse mit der Biographie desjenigen, der sie erbracht hat, zu verknüpfen, soweit sie durch diese bedingt und beeinflußt waren, und aus dem Zusammenhang mit den Ideen und Vorstellungen heraus darzustellen, die vorgefunden wurden oder vorherrschten, und gegen diese abzusetzen.

Der Stellenwert dieses Bandes liegt so zwischen einer Sammlung monographischer Ergobiographien, einer Wissenschafts- oder Disziplingeschichte und einem Lexikon. Auch deshalb sind die ergobiographischen Porträts hier nicht in alphabetischer Abfolge angeordnet, sondern chronologisch (nach Geburtsdaten). So fallen auch Kontroversen und gleichzeitiges Wissen in einer Disziplin und in der Naturwissenschaft insgesamt besser ins Auge; und es zeigt sich, wie von verschiedenen Seiten her eine Erkenntnis gleichsam vorbereitet und spruchreif gemacht wurde, wie alles nach einer Neuerung gleichsam lechzte, und diese dann meist auch sofort Aufnahme fand. Sinngerecht hört diese Sammeldarstellung denn auch mit dem Ende des 19. Jahrhunderts auf, als der von vielen so empfundene Abschluß der Naturwissenschaften mit neuen, unerwarteten Mitteln und Erkenntnissen wieder in weite Ferne gerückt wurde. Erste Schritte dorthin, die gleichzeitig alte Widersprüche auf neuartige Weise überwanden, sollten unter anderen sein: das noch an das Ende des 19. Jahrhunderts gerückte PLANCKsche Wirkungsquantum, die weitere Erschließung subatomarer Strukturen im Kleinen und einer weit über das vorerst als Gesamtkosmos aufgefaßte Milchstraßensystem hinausgehenden Welt der Galaxien im Großen, die spezielle Relativitätstheorie mit ihrer Zusammenfassung der vorher widersprüchlichen Mechanik und Elektrodynamik. Trotz grundsätzlichem Vermeiden einer teleologischen Geschichtsbetrachtung, sollte so auch deutlich werden, wie die einzelnen Disziplinen sich diesem Wechsel annäherten und ihn vorbereiteten, wenn auch nicht als vorgesehenes und angestrebtes ›Ziel‹, sondern als Konsequenz aus Vorangegangenem, gleichsam kausal bedingt aus dem jeweiligen ›Erfahrungsraum‹ der Forscher und ihrer Wissenschaften heraus.

Für Werkausgaben und Sekundärliteratur sei auf des Verfassers im Marix-Verlag erschienene ›Lexikon großer Naturwissenschaftler – Vorstoß ins Unbekannte‹ (Wiesbaden 2003) verwiesen.

Weimar (Lahn) im Dezember 2006   *Fritz Krafft*

Milesische Naturphilosophen

Thales
(* um 650 v Chr. Milet, † um 560)

Anaximandros
(*um 610 v. Chr. Milet, † 546)

Anaximenes
(*um 580 v. Chr. Milet, † um 520)

Über Einzelheiten des Lebens der drei großen milesischen Naturphilosophen unter den sogenannten vorsokratischen Denkern, denen wir die Grundlegung naturwissenschaftlichen Denkens verdanken, ist sehr wenig bekannt. Was sie vereint, ist die Herkunft aus Milet, einer der griechischen Kolonien an der kleinasiatischen Westküste, in denen durch den regen Handel mit den östlichen Anrainern fremdes und teilweise widersprüchliches Wissen der verschiedenen vorderasiatischen Hochkulturen einströmte und regelrecht nach Erklärungen auf der Grundlage des abweichenden griechischen (religiösen) Denkens verlangte. Ihre Schriften sind nur noch aus wenigen Zitaten und Berichten späterer Autoren bekannt; sie stammen aus der Frühphase griechischer ›Literatur‹, als die Verbreitung von nicht gebundenen Prosaschriften noch regional begrenzt blieb, so daß eine für das Entstehen und Verbreiten wissenschaftlicher Ideen und Erkenntnisse erforderliche Gemeinschaft noch von einer kleinen lokalen geistigen Elite gebildet wurde und noch nicht auf eine schriftliche Kommunikation als Diskussions- und Verbreitungsinstrument einer ›Wissenschaftlergemeinschaft‹ zurückgreifen konnte.

Während die Schrift des Anaximandros mit dem vermutlichen Titel ›Über die Natur‹ bis ins 2. vorchristliche Jahrhundert bekannt blieb, lag eine Schrift von Thales schon Aristoteles nicht mehr vor. Bekannt waren daraus nur einzelne markante Sätze, die darauf hindeuten, daß es sich um einen sogenannten ›Periplous‹ handelte, eine Reisebeschreibung längs des Küstenverlaufs des Mittelmeeres mit Schwergewicht auf den Häfen und gelegentlichen Hinweisen auf Besonderheiten im Hinterland, bei

THALES vor allem in Ägypten, das er als Händler bereiste. Ägypten, in dem seit dem 8. Jahrhundert in Naukratis eine griechische Handelsniederlassung bestand, hat die Griechen stets besonders interessiert, so daß die Erklärung von Besonderheiten, die von ihnen bekannten Begebenheiten abwichen, auch früh gesammelt und von den Doxographen immer wieder ergänzt wurden – dazu gehörten die Pyramiden als eines der Weltwunder (THALES berichtete von der geometrischen Höhenmessung der Ägypter), aber vor allem die Nilschwelle mitten im Sommer, wenn die Flüsse in Griechenland völlig ausgetrocknet waren (THALES versuchte sie erstmals rational als einen durch die in Griechenland zeitgleich aus Norden wehenden Etesien verursachten Rückstau des Nil-Wassers zu erklären).

Auf vorwiegend rationaler Grundlage, wie sie vor ihm schon von THALES erarbeitet worden war, indem er aus zeitgleichen Phänomenen eine ursächliche Abhängigkeit erschloß, ohne jedoch bereits Einzelerklärungen zu einem einheitlichen System zusammenzufassen, stellt die Schrift des ANAXIMANDROS eine alle Bereiche der Natur umfassende Synthese griechischen Ordnungsdenkens, wie es auf kosmogonischer Ebene die ›Theogonie‹ des HESIODOS repräsentiert (die als epische Dichtung überall in Griechenland von Rhapsoden vorgetragen wurde), und vorderasiatisch-ägyptischem kosmogonischen und naturkundlichen Wissens dar und sollte damit Wesen und Zielsetzungen wissenschaftlicher Naturbetrachtung der Griechen bestimmen. Die theogonische Kosmogonie des HESIODOS, der, um seine Ideen dem Zuhörer verständlich zu machen, noch des mythologischen Gewandes agierender Göttergestalten (als Naturhypostasen) bedurfte, wird dabei weitgehend entgöttert, wenn auch die Göttlichkeit des Gesamt-Kosmos erhalten bleibt. Er führte damit einen Ansatz bei THALES weiter, der noch davon ausgegangen war, daß »alles voller Götter sei«, diese sich aber nicht mehr als Personen, sondern als Bewegung und Leben (Veränderung) verursachendes Prinzip dachte, so daß er auch einerseits die Seelen als göttlich und andererseits den (Eisen bewegenden) Magneten als beseelt bezeichnen konnte.

Im Anschluß an das göttliche ›Chaos‹, das bei HESIODOS als erstes da war und in dem die folgenden, in schrittweiser Vervollkommnung die Fülle der materiellen und immateriellen Erscheinungen dieser Welt bis hin zur schließlich obsiegenden Generation von Zeus, der meist des Versmaßes wegen mit »Geist des Zeus« (Διὸς νόος) umschrieben wurde, also eine rationale Ordnung der Welt garantieren sollte, verkörpernden Göttergenerationen entstehen, nimmt ANAXIMANDROS als Urstoff und Urprinzip alles Seienden ein quantitativ und qualitativ noch nicht Bestimmtes, das ›Apeiron‹ an, dem auch dieselben Attribute wie den Göttern bei HESIODOS zuerkannt werden. Es ist kein eigentlich physikalisches Prinzip, sondern wiederum wie bei HESIODOS ein eher biologisches: Es soll aufgrund eines ewig bewegenden Zeugungsprinzips aus sich die Gegensätze des Warmen und Kalten, des Trockenen und Feuchten ›gebären‹. Diese qualitativ bestimmten gegensätzlichen Ausscheidungen hätten sich als Wasser und Feuer in Schichten um die wohl wie bei HESIODOS spontan nach und in dem Apeiron entstandene, jetzt jedoch frei schwebende feste Erdscheibe gelegt – Wasser innen, Feuer außen. Die Gegensätze sollten dann aufeinander einzuwirken: Das Feuer verdunste das die Erde bedeckende Wasser allmählich – die Erde erhalte trockene Stellen, die Meere würden immer kleiner und salziger –, und dieses lege sich als feuchter, undurchdringlicher Nebel unter das Feuer und »wie die Rinde um einen Baum« um dieses herum, so daß sich große mit Feuer gefüllte Nebelschläuche ergäben, die sich wie Räder um die Erde drehten. Sonne und Mond bestünden aus je einem solchen radförmigen Schlauch von der Dicke eines Erdradius, und was uns als Sonne und Mond erscheine, sei das aus einem kreisförmigen Loch in den Schläuchen »wie von einem Blasebalg« zur Erde hin geblasene innere Feuer. Der innere Durchmesser der Schläuche betrage für die Sonne 3×9, also 27, und für den Mond 2×9, somit 18 Erddurchmesser. Innerhalb von ihnen befinde sich die vermutlich wie bei ANAXIMENES ›eisartig‹ (kristallen) gedachte Himmelshohlkugel mit einem Durchmesser von 1×9 Erddurchmessern, durch die das äußere Feuer als Fixsterne durchschimmere – die Planeten werden nicht berücksichtigt und waren ANAXIMANDROS wohl noch nicht bekannt. Die Erdscheibe, deren Höhe einem Drittel ihres Durchmessers entspreche, schwebe frei in der Mitte, weil ein hinreichender Grund fehle, warum sie sich eher zu der einen als zu einer anderen Seite bewegen sollte.

Die frühen Denker wurden von den späteren Doxographen nach Lösungen bestimmter Probleme abgefragt, so auch THALES danach, wie er sich denn den ›Halt‹ der Erde vorstelle, und man fand: Die Erde schwimmt auf dem Wasser. Nur war bei ihm die

Fragestellung eine andere gewesen, wie schon die Kritik bei Aristoteles zeigt, der vermißt, wie Thales dann dem Wasser Halt geben wolle. Für letzteren ging es um Einzelprobleme wie die schwimmenden Inseln in Ägypten und Einzelerklärungen etwa von Erdbeben: Wie ein Schiff im Sturm schwanke und leck schlage, so auch die Erd(scheib)e bei einem Erdbeben, bei dem neue Quellen entstünden; auch tauche sie wie ein solches Schiff beim Entladen der Fracht nach und nach weiter aus dem Wasser hervor, sie ›werde‹, wie Thales sagte. Er erklärte damit sicherlich bestimmte geologische Erscheinungen wie das Auftreten maritimer Fossilien in großen Höhen, das Anaximandros dann umgekehrt auf ein Sinken des Meersspiegels aufgrund der Verdunstung des Wassers zurückführte; erst die spätere Doxographie bei Aristoteles machte aus der älteren Erklärung bei Thales im Sinne der Fragestellung seiner eigenen Zeit das ›Entstehen‹ eines ›Urstoffes‹ Erde aus dem Wasser als dem ›Urstoff‹ für alles.

Der in geometrischen Proportionen geformte Kosmos war für Anaximandros allerdings nur sein gegenwärtiger Zustand; denn ähnlich wie das vom Feuer besiegte Wasser seinerseits das Feuer besiege, entstünden alle Dinge dadurch, daß sie sich durch ein Überschreiten ihrer Grenzen an die Stelle eines anderen setzten und aus diesem entstünden, sich also schuldig machten. Die ihre Schuld wieder ausgleichende Sühne bestehe darin, daß ihnen dasselbe Schicksal widerfahre. So entstünden in ständigem Wechsel die Dinge wie Sommer/Winter, Tag/Nacht, Geburt/Tod usw. Auch das Austrocknen und Überschwemmen der Erde erfolge abwechselnd nach solchen Perioden, so daß es viele ›Welten‹ (im Sinne von ›Kosmos‹ als geordnetem Zustand) nacheinander gebe und die gegenwärtige zu bestehen aufhöre, wenn alle Feuchtigkeit der Erde entzogen sei.

In den Prozeß des Verdunstens des Wassers und des Trockenwerdens der Erde bezog Anaximandros konsequent alle atmosphärischen Erscheinungen und Lebensprozesse mit ein: Vormals könne es nur aus dem Urschlamm entstandene Wassertiere gegeben haben, so daß auch der Mensch ursprünglich in einem solchen aufgewachsen sei – noch heute bedürfe er deshalb langer mütterlicher Fürsorge. Auch die maritimen Fossilien und Muschelschalen in gegenwärtig vom Meer abgeschlossenen Höhen finden aus diesem Zusammenhang heraus ihre Erklärung. Jenes Schuld-und-Sühne-Prinzip, das der menschlichen Sphäre ent-

nommen wurde und sich im Ansatz auch bei HESIODOS schon als
Grund für die Machtfolge der einzelnen Göttergenerationen fand,
kann durch die Übertragung auf alles Geschehen in der Natur als
erstes Erkennen einer Art von Naturgesetzlichkeit aufgefaßt werden. Auch die geometrische Formung des Kosmos und der Erde,
deren angenommene Verhältnismaße es ANAXIMANDROS ermög-
lichten, einen ersten Himmelsglobus und eine erste Erdkarte
nach diesen Proportionen zu konstruieren, ist eine der Voraussetzungen für die spätere Wissenschaft von der Natur. Mit Hilfe
von Schattenmessungen mit dem von den Babyloniern übernom-
menen Gnomon gelang ihm zudem erstmals eine Bestimmung
der Mittagshöhe der Sonne zur Zeit der Sonnenwenden, deren
Zustandekommen er meteorologisch erklärte, und damit der
Schiefe der Ekliptik, die für die Lage seiner Gestirnsräder wichtig war. (Die erscheinende Bewegung der Gestirne rührt hiernach auf einer täglichen Drehung des schlauchförmigen Rades
um die Erde, überlagert von einer dazu rechtwinkligen Auf- und
Abbewegung des gesamten Rades im Rhythmus der Sonnenwenden.) – In des ANAXIMANDROS umfassendem kosmologisch-kos-
mogonischem Gedankengebäude werden Beobachtungen noch
stark verallgemeinert und es wird noch nicht getrennt zwischen
physischem, biologischem, menschlichem und mathematischem
Bereich. Aber ein Anfang war getan, und die Nachfolger konnten
es an den Phänomenen messen, fehlende Aspekte ergänzen und
unsachgemäß erscheinende verwerfen und damit allmählich die
Grundlagen für eine Wissenschaft von der Natur legen.

ANAXIMANDROS' jüngerer Landsmann ANAXIMENES gab beispielsweise dem noch völlig unbestimmten ›Apeiron‹ eine Be-
stimmtheit im Sinne dessen, was später ›Materie‹ wurde, und
faßte als das bleibende Urprinzip dieser ›Materie‹ die Luft auf,
aus der aufgrund des physikalischen Prozesses der Verdichtung
und Verdünnung alle Erscheinungsformen (Dinge) entstehen
und bestehen sollen. In verdichtetem Zustand werde Luft feucht,
kalt und träge und erscheine als Wolken, Wasser, Eis und schließlich feste Stoffe, verdünnt werde sie trocken, warm und beweglich und erscheine als feurig-glühend. Die Welt und alle Dinge
bestünden folglich aus ›Luft‹ in jeweils anderem Zustand; sie
entstünden und veränderten sich in qualitativen Prozessen. Alle
Unterschiede seien relativ, und die Kenntnis einer Eigenschaft
vermittle jene der mit ihr jeweils in analoger Relation zusammen

auftretenden, zum Teil den Sinnen verborgenen von selbst. Anaximenes gelang durch die physikalische Umbildung des ›Apeiron‹ eine für seine Zeit recht plausible Erklärung verschiedenartiger Erscheinungen und ihres Entstehens, von solchen meteorologischer und astronomischer bis zu solchen seismischer Art. Für die Erde meinte er jedoch wieder einen Halt annehmen zu müssen: Er läßt ihre flache Scheibe »wie ein dünnes Blatt« auf der Luft schwimmen, was allerdings zur Folge hat, daß er den ›eisartigen‹ (kristallenen) Himmel, an den die Fixsterne »wie Nägel geheftet sind«, nicht mehr als Hohlkugel ansehen kann: Er bestünde nur aus einer Glocke, die sich »wie ein Hut um den Kopf« schräg zur Erdebene um die Erdscheibe drehe. Hohe Randgebirge ließen die Fixsterne für uns unsichtbar werden und scheinbar untergehen. Ähnliches soll für Sonne, Mond und eine unbestimmte Anzahl anderer ›Gestirne‹ gelten, die als flache Scheiben aus verdünnter (selbstleuchtender) Luft sich schnell durch die ›Lüfte‹ bewegten oder als solche aus verdichteter (dunkler) ›Luft‹ von Winden unter dem Himmel umhergetrieben würden, ohne unter der Erde hindurch zu ziehen; vielmehr würden sie um die Erde herumziehen und bei ihrem scheinbaren Untergang sich so weit entfernen, daß die Randgebirge sie der Sicht der Erdbewohner entzögen. Der Mond, dessen Fremdlicht Anaximenes erstmals erkannte, sei eine solche dunkle erdige Scheibe, andere verursachten die Finsternisse von Sonne und Mond.

Die Grundzüge der kreisförmigen Erdkarte von Anaximandros lassen sich rekonstruieren, da Hekataios, der ebenfalls aus Milet stammte und dort wirkte, sie verbesserte und Teile von seiner Karte sich aus der Kritik erschließen lassen, die Herodotos aus Halikarnassos, der ›Vater der Geschichtsschreibung‹, daran aus besserer Anschauung heraus üben konnte. Die durch Mittelmeer, Schwarzes Meer und Phasis in Europa und Asien halbierte, vom Okeanos umflossene Erdscheibe (deren Südhälfte später durch den Nil nochmals in Afrika und Asien unterteilt wurde) setzt sich danach aus geometrischen Figuren zusammen, die durch Flüsse, Küsten, Gebirge und anderes als natürliche Grenzen gebildet werden. Diese ›ionische‹ Erdkarte in T-Form blieb bis Eratosthenes maßgeblich und wurde auch noch im Mittelalter verwendet.

ANAXAGORAS

(*um 500 v. Chr. Klazomenai/Kleinasien,
† um 425 Lampsakos)

EMPEDOKLES

(um 485 v. Chr, Akragas [heute Agrigento], † um 425)

In Milet, wo seinerzeit allem Anschein nach eine erste Philosophenschule bestand, wurde auch der aus dem nahen Klazomenai stammende ANAXAGORAS stark durch die Lehren von ANAXIMANDROS und ANAXIMENES beeinflußt und kam dann um das Jahr 480 in das noch altgläubige Athen, wo er mit seinen die Welt entmythologisierenden aufklärerischen Lehren rasch bedeutende Männer wie PERIKLES und EURIPIDES zu Freunden und Anhängern gewann. Um das Jahr 430 v. Chr. wurde er jedoch gerade wegen dieser Lehren der Gottlosigkeit (Götterleugnung) angeklagt – wie später SOKRATES. Allein das Eingreifen von PERIKLES bewahrte ihn vor der Todesstrafe. Er mußte allerdings Athen verlassen und begab sich nach Lampsakos am Hellespont, wo er nach wenigen Jahren hoch geachtet verstarb.

EMPEDOKLES, dessen Wanderleben als Redner, Arzt, Sühnepriester und ›Magier‹ ihn durch Sizilien und die Peloponnes führte, war wie PYTHAGORAS eine jener frühen, offenbar vom Orient her beeinflußten mystischen Gestalten, die heilend, ordnend und schlichtend durch die Lande zogen, scheinbar mit übernatürlichen Kräften über die Elemente und Geister ausgerüstet – wie sich EMPEDOKLES durchaus auch selber sah – und von ihren Anhängern abgöttisch verehrt, weshalb sie schnell von vielen Legenden umrankt waren. EMPEDOKLES war die wohl profilierteste dieser widersprüchlichen Persönlichkeiten. Er bediente sich für die ›Verkündung‹ seiner Erkenntnisse und Lehren auch hexametrischer Lehrgedichte in der gebundenen Sprache des Epos, die auch wie Ilias und Odyssee von Rhapsoden vorgetragen und so verbreitet wurden. Aus umfangreichen Fragmenten sind noch zwei seiner großartigen Dichtungen in groben Umrissen bekannt, von denen die später ›Über die Natur‹ benannte seine Naturlehre enthielt.

Beide unternahmen gleichzeitig mit den Atomisten LEUKIPPOS und DEMOKRITOS die drei älteren Versuche, das allein erkennbare

unveränderliche Sein der Ontologie des aus Elea stammenden
PARMENIDES mit der von den milesischen Naturphilosophen
erkannten Veränderlichkeit aller natürlichen Dinge in Einklang
zu bringen, wonach, von HERAKLEITOS pointiert formulierte, ein
Ding etwas ist (eine Eigenschaft hat: groß, bunt, hart usw.) und
im nächsten Augenblick dies nicht (mehr) ist. Solches Loslösen
der Kopula ›ist‹ aus dem Satzverband, das ihr ohne das Prädi-
kativum den Sinn einer Aussage schon selber beimißt, so daß
dasselbe ist und nicht ist, führte PARMENIDES zu einer strengen
Scheidung von Sein und Nicht-Sein: Das Sein (oder das Seiende)
selbst sei der gewohnten sinnlichen Erfahrbarkeit entrückt, sei
nicht-gegenwärtig, anderswo als das sinnlich Erfahrbare; es sei
als Nicht-Gegenwärtiges nur durch die Fähigkeit zu erfassen, die
Fernes vergegenwärtigen kann, durch die Vorstellungskraft, das
Denken. Da Gleiches Gleiches erkenne, seien erkennendes Sub-
jekt und erkanntes Objekt, seien Denken und Sein identisch; und
da es nicht unterschiedliches Denken gebe, sei auch das Sein (das
Seiende) ein einheitliches und unterschiedsloses, das Eine, das
keiner Veränderung (Bewegung), keinem Entstehen und Vergehen ausgesetzt sein könne. Das Nicht-Seiende wäre das Körper-
lose und Leere. Da das Sein sowohl das Volle als auch das Reale
sei, könne ein Leeres nicht sein; das Sein sei dagegen das alles
Ausfüllende und damit die alles umfassende (sphärische) Einheit. Allein diese Gemeinschaft alles Seienden sei denkbar, und
damit auch erkennbar, nur von ihm ließen sich aufgrund seiner
Unveränderlichkeit allgemein gültige, ›wahre‹ Aussagen treffen.
Einzeldinge können nicht gedacht werden. Ihre sinnlich wahrnehmbare Vielheit und Gesondertheit rühre von der Trennung
durch die nicht reale Leere her; folglich seien sowohl ihre Vielheit
als auch ihre Bewegung und Veränderlichkeit nicht-seiend, und
deren scheinbare Erfahrbarkeit beruhte auch bloßem Trug und
Schein, man könne etwas über sie meinen, aber nicht denken und
wissen. – Diese zwei ›Welten‹ bilden dann auch die Grundlage
für die Ideenlehre eines PLATON.

Unter dem Einfluß dieser Ontologie mußte die Veränderlichkeit der wahrnehmbaren natürlichen Welt relativiert werden, um
ihr ›Sein‹ im Sinne von ›Existenz‹ zu wahren, und dazu bedurfte
es einer Vervielfältigung dieses parmenideischen Seienden, um
die Veränderlichkeit dieser Welt im Sinne des PARMEDIDES als
scheinbar erklären zu können: Es gebe keine Veränderung, kein

Entstehen oder Vergehen; was so erscheint, sei bloße Mischung und Trennung von unveränderlichem Seienden in Form von notwendig gleichartigen Partikeln.

EMPEDOKLES legte vier unveränderliche ›Wurzelkräfte‹, die späteren Elemente Erde, Wasser, Luft und Feuer, als materielles Sein zugrunde, ergänzt durch die verbindende ›Liebe‹ und den trennenden ›Streit‹ als bewegende Kräfte. Diese ließen aus der ursprünglich gleichmäßigen Verteilung der Elemente innerhalb des ›Sphairos‹ (wie bei PARMENIDES) den Kosmos entstehen und bewirkten an den Grenzen zwischen Erdscheibe und Luft/Feuer-Reich ein ständiges vermeintliches ›Entstehen‹ und ›Vergehen‹. Die einzelnen Partikel mischten sich mechanisch, wenn sie in ihren äußeren Formen zu- und ineinander paßten, doch weitgehend zufällig und ohne Plan. Eine Teleologie fehlt noch gänzlich: In der stufenweisen Entwicklung der Lebewesen seien vielmehr die anfänglichen, zufällig zusammengekommenen Miß- und Mischgestalten im Kampf ums Dasein den tauglicheren Formen der Lebewesen mit zueinander passenden Organen unterlegen gewesen.

Diese erste Elementenlehre, die auf die Folgezeit besonders mit ihrer Vierzahl unterschiedlicher Partikel starken Einfluß ausübte, ist verbunden mit einer umfassenden naturphilosophischen Theorie, der Porenlehre, mit deren Hilfe EMPEDOKLES gelang, zahlreiche Erscheinungen und Wirkungen einheitlich zu erklären: Alle Partikel besäßen Poren, die ineinander paßten oder nicht, die Gänge offen ließen (Durchsichtigkeit) usw. Die fünf Wahrnehmungsarten konnten so erstmals auf einen gemeinsamen Nenner gebracht werden: Wie beim Tasten und Schmecken müßte auch für die anderen Sinne ein Kontakt zwischen Wahrgenommenem und den Sinnen stattfinden. Er denkt dabei an feine Ausflüsse der wahrgenommenen Dinge, die genau in die Poren der entsprechenden Sinnesorgane passen. Treffe Passendes aufeinander, so werde wahrgenommen. Das Blut als die harmonischste Mischung reflektiere die Wahrnehmungen als Denkorgan.

ANAXAGORAS erklärt die Veränderlichkeit der Natur mit der Annahme, daß alle Dinge und Stoffe bereits in allem vorhanden seien, so daß nichts neu ›entstehe‹: Wachse ein Lebewesen nach Aufnahme von Nahrung, bildeten sich also aus dieser organische Stoffe wie Fleisch und Knochen, so müßten solche Knochen- und Fleischteilchen, da Veränderungen nicht möglich wären, bereits in der Nahrung enthalten gewesen sein. Auch diese Idee wird konsequent zu Ende gedacht: Alle Stoffe seien in unendlich kleinen gleichartigen Teilchen von unendlicher Anzahl, die ARISTOTELES später ›Homoiomerien‹ nannte, in jedem noch so kleinen Stückchen Materie enthalten. Welche Teilchenart überwiege, als das erscheine uns ein Ding oder Stoff. Entstehen und Vergehen werden als Zusammen- und Auseinandertreten vorwiegend gleichartiger Teilchen gedeutet. Ursprünglich seien sämtliche Teilchen, zu einer notwendig qualitätslosen Masse gemischt, gleichmäßig verteilt gewesen. Von dem neben dem Stoff bestehenden ›Geist‹ in Bewegung gesetzt, sei es allmählich zu einer Scheidung gekommen. Verwandtes strebte zueinander und vergrößerte, selbst bewegt, den allgemeinen Wirbel, in dessen Mitte sich schließlich die flache Erdscheibe aussonderte, wie ein Deckel von der Luft getragen. Der Wirbel der feurig-ätherischen Luft habe der festen Erde dann Felsmassen entrissen, emporgetragen und teilweise zum Glühen gebracht. Dies seien die leuchtenden Gestirne, während andere, dunkle Massen in den unteren Himmelsregionen herumwirbelten, uns mit Ausnahme des Mondes, der das Sonnenlicht reflektiere, unsichtbar – ANAXAGORAS erkannte erstmals die Bedeutung der Stellung des Mondes zur Sonne für die Phasenbildung und deutete die Helligkeitsunterschiede als Berge und Täler auf dem bewohnten Mond; auch das Entstehen von Sonnen- und Mondfinsternissen erklärte er richtig. Das Entstehen einer Leere sei gar nicht möglich, weil Winde als wärme- und volumenausgleichende Luftströmungen fungierten, und daß die Sonnenwärme die Luft ständig in Bewegung halte, zeigten ja die sogenannten Sonnenstäubchen. Sie habe auch die Feuchtigkeit der Erde auf die jetzigen Meere reduziert, und die Intensität ihrer Rückstrahlung von der Erde bewirke die verschiedenen Wolkenhöhen: Der Niederschlag besonders hoher Wolken, die aufgrund starker Rückstrahlung in kalte Regionen gehoben würden, gefriere dort zu Hagel. Den Regenbogen erklärte er als Reflex des Sonnenlichtes an einer Wolke, und die Nilschwelle führte er auf sommerliche Schneeschmelzen im Quellgebiet zurück. Das erste Leben auf der Erde sei aus in der Luft enthaltenen Keimen entstanden. Nachdem die Erde belebt worden sei, habe der ganze Kosmos sich nach Süden geneigt, so daß der Himmelsäquator jetzt schräg zum Horizont stehe.

Noch stärkeren Einfluß als dieses uns heute als eigenartige Mischung von richtigen Ahnungen und falschen Vorstellungen erscheinende physikalische Weltbild übte der erstmals streng durchgeführte Dualismus von Geist und Stoff auf die großen attischen Philosophen PLATON und ARISTOTELES und damit auf die Folgezeit aus: Die Materie sei selbst unbewegt, der unabhängig neben ihr bestehende Geist der Welt (und der Lebewesen) verursache erst die Bewegung und das daraus resultierende Entstehen und Vergehen. Hiermit war die spätere Antinomie Kraft–Stoff vorbereitet, und PLATON und ARISTOTELES warfen ANAXAGORAS nur vor, nicht die von *ihnen* gezogenen Konsequenzen aus diesem weltbewegenden Geist gezogen zu haben, insofern er ihm nur den ersten Anstoß zur Bewegung ausführen ließ, um das natürliche Geschehen dann ›mechanisch‹ ablaufen zu lassen.

Atomisten

LEUKIPPOS

(* um 480 v. Chr. Milet, † um 420),

DEMOKRITOS

(* um 460 v.Chr. Abdera, † um 370)

EPIKUROS

(* 10. Gamelion 341 v. Chr. Samos, † 270 Athen)

Auch LEUKIPPOS hatte aus politischen Gründen seine kleinasiatische Heimat verlassen und war in den Westen gezogen. In Elea war er dann Schüler ZENONS, des Nachfolgers von PARMENIDES, und hatte hier nach den heimischen Eindrücken milesischer Naturauffassung Einblicke in die ihr widersprechende eleatische Ontologie erhalten. Anders als ANAXAGORAS und EMPEDOKLES versuchte er, diesen Widerspruch durch seine Idee einer Atomistik zu überbrücken. Nach 450 begab er sich in das thrakische Abdera und gründete dort eine eigene Schule. Sein bedeutendster Schüler wurde hier DEMOKRITOS, der in einer Fülle nicht mehr erhaltener Schriften die Atomistik auf alle damaligen Gebiete der Wissenschaft ausdehnte und damit trotz der Ablehnung durch die von PLATON und ARISTOTELES geprägte spätere Naturwissenschaft starken Einfluß auf deren Denken ausübte. Die Einwände, die besonders ARISTOTELES gegen die Atomistik vorbrachte, versuchte dann EPIKUROS, der 327 bis 324 in Teos demokritische Philosophie und anschließend während seiner Militärzeit in Athen bei ARISTOTELES studiert hatte, mit seiner Modifizierung zu entkräften. Seine ab 321 in Kolophon entwickelte Philosophie lehrte er in Mytilene und Lampsakos, bevor er im Jahre 307/06 auf einem großen Gartengrundstück eine eigene Schule gründete – die dritte nach der Akademie PLATONS und dem Peripatos ARISTOTELES', der um 300 als vierte länger bestehende Schulgründung die der Stoa folgen sollte. – Es hängt sicherlich mit der scharfen Ablehnung durch die einflußreichsten griechischen, später auch christlichen Philosophen zusammen, daß bis auf drei Briefe, in denen EPIKUROS seine Philosophie Epikureerzirkeln erläutert, aus den Schriften der Atomisten nur Bruchstücke aus Zitaten bei späteren Autoren erhalten sind. Der epikureischen Form der Atomistik ist allerdings auch ein vollständig erhaltenes, lateinisches hexametrisches Lehrgedicht in mehreren Büchern des Epikureers LUKREZ (TITUS LUCRETIUS CARUS) mit dem Titel ›De rerum natura‹ gewidmet, das posthum im Jahre 54 v. Chr. von CICERO herausgegeben wurde.

LEUKIPPOS scheint direkt durch die scharfsinnigen Paradoxien ZENONS gegen die Vielheit und Bewegung der Dinge und den Raum zu der Annahme von nicht weiter unterteilbaren kleinsten Teilchen geführt worden zu sein: Ohne ein dazwischentretendes Leeres sei eine Zerlegung eines Körpers nicht möglich. Eine Zweiteilung von Körpern bis ins Unendliche (wie bei ANAXAGORAS) setze deshalb voraus, daß die Körper auch bis ins Unendliche kleinste Hohlräume enthielten, ja schließlich nur aus Hohlräumen bestünden – also sei die Teilbarkeit, somit die Vielheit und als Voraussetzung dafür die Leere, nichtseiend, hatte ZENON mit PARMENIDES geschlossen; also muß die Teilbarkeit eine untere Grenze haben, schloß dagegen LEUKIPPOS. Die Teilchen der Materie, durch die ein Körper stofflich und raumerfüllend ist, müßten folglich vollkommen frei von irgendwelchen Hohlräumen, also ganz ›voll‹ sein. Was aber überhaupt keine Leere enthält, ist unteilbar, griechisch ›atomos‹, und damit in jeder Hinsicht unverletzlich, also auch unveränderlich. Diese ›Atome‹ müssen aber als Seiende im Sinne des PARMENIDES auch unentstanden, einheitlich und – jetzt, als Kunstgriff: wegen ihrer Kleinheit – nur denkbar sein. Da Veränderung auf örtlicher Bewegung beruhe, komme ihnen als einzige Eigenschaft diese Bewegung zu; um sich als unveränderlich Raumerfüllendes bewegen zu können, bedürfe es des Platzes, des Nicht-Erfüllten, der Leere, des unbegrenzten leeren Raumes, in dem die deshalb unendlich vielen Atome jeweils unendlich vieler verschiedener Formen sich ungeregelt bewegen, sich anstoßen und dann wirbelnd zusammenballen, um sich durch stärkere äußere Einflüsse wieder zu entwirren. Nicht nur einzelne Dinge, sondern ganze Welten, unendlich an Zahl und Unterschieden, entstünden und vergingen so überall. Die Kohäsion wird neben der Wirbelbewegung durch mechanisches Ineinandergreifen dazu geeigneter Atomformen (Haken, Ösen und dergleichen) gedeutet. Aber nicht nur in der Form unterschieden sich die Atome, wie die Buchstaben A und N, sondern auch die Lage (wie N und Z) und die Gruppierung (AN/NA) führe zu anderen Gesamtformen und Wirkungen – erst DEMOKRITOS, aus dessen Schriften die Lehren des LEUKIPPOS in erster Linie bekannt wurden, scheint als vierten Unterschied die Größe hinzugefügt zu haben; denn er läßt auch Atome weit über der Sichtbarkeitsgrenze zu, etwa einatomige Gestirne.

Aus solchen verschieden gestalteten, verschieden zueinander gelagerten und verschieden gruppierten, unteilbaren und qualitativ nicht unterschiedenen, von sich aus immer bewegten, unvergänglichen und unveränderlichen kleinsten vollen Teilchen bestünden alle sichtbaren und nicht sichtbaren Körper, auf ihnen beruhten all ihre scheinbaren Eigenschaften und deren Wahrnehmbarkeit (als Folge von atomaren Ausflüssen der Dinge, beim Sehen von kleinen ›Bildchen‹) – wie aus denselben Buchstaben die verschiedensten Texte unterschiedlicher literarischer Gattungen und Wirkungen entstünden. Ihre qualitativen und quantitativen Veränderungen seien scheinbar und beruhten auf solchen der Gruppierung und Lage der Atome oder auf einem Eindringen neuer Atome, die den alten Atomverband aber auch sprengen könnten. Die Formen müssen also so beschaffen sein, daß sie bei der Zusammenballung mehr oder weniger große Hohlräume lassen, wie sie auch zwischen den diskreten Dingen bestehen.

Die ältere antike Atomistik konnte so zwar alle Dinge und Erscheinungen irgendwie deuten, aber nicht erklären, wie es zu diesen Dingen und Vorgängen kommt, da die Bewegungen ausdrücklich auf Zufall beruhen sollten; es fehlte ihr ein Prinzip, das immer wieder gleichartige Dinge entstehen lassen würde. Ein zweiter Grund für die generelle Nichtanerkennung der

Atomistik in Antike und Mittelalter war der Widerspruch, daß sowohl das Seiende, die Atome, als auch das Nicht-Seiende im Sinne des Parmenides, die Leere, als gleichermaßen seiend, als existent gedacht werden mußten. Epikuros vermochte zwar später einzelne Einwände auszuräumen, konnte aber diese beiden fundamentalen auch nicht entkräften, so daß die Atomistik naturwissenschaftliche Bedeutung erst wieder als Modifizierung der ›minima naturalia‹-Lehre des Aristoteles erhalten sollte, die zu den neuzeitlichen Ansätzen einer Atomtheorie bei Daniel Sennert und Robert Boyle führte, zumal Pierre Gassendi bereits bei seiner Neuerschließung der epikureischen Schriften einen starken Einwand des christlichen Mittelalters entkräftete, indem er die Atome als ›von Gott erschaffen statt als ewig und ungeworden deklarierte.

Ein starkes Kriterium für die Ablehnung insbesondere auch durch die christlichen Philosophen und Naturwissenschaftler des Mittelalters und der frühen Neuzeit war aber die ausdrückliche Leugnung jeden Gottes und der Hedonismus bei Epikuros: Das Sein sei nicht transzendent hinter oder über den Dingen, sondern in ihnen, es bestehe in und aus den Atomen und stehe nicht im Gegensatz, sondern in Relation zum Werden; folglich könne dem Sein oder einem Seienden, das in die Ursache-Wirkung-Relation der Atomwirbel einbezogen sei, keine absolute Geltung zukommen und gebe es keine außermenschlichen Normen und Rechte. Selbst die – als Konzession an die Tradition – menschengestaltigen Götter bestünden aus Atomballungen; sie seien zwar unvergänglich, könnten aber gerade wegen ihrer Unveränderlichkeit niemals Ursache für irgendein Geschehen sein. Sie stünden außerhalb dieser Welt und könnten von dieser auch nicht erreicht werden. Es gebe aber auch keine absolut gültige Aufgabe für den Menschen; die Erkenntnis von Naturvorgängen habe vielmehr ihren relativen Wert allein darin, den Menschen frei von Schmerz, äußerer Unruhe und Götterfurcht zu machen, ihm zu innerer Ruhe zu verhelfen. Diese Forderung nach Befreiung und Abschirmung gibt der Philosophie von Epikuros den Charakter einer Heilsbotschaft, die einerseits stärker als der naturkundliche Unterbau in Hellenismus und Spätantike wirkte und zur Entstehung kleiner sich nach außen abschließender Epikureerzirkel führte, die – wie das Beispiel des Lukrez zeigt – auch die Physik pflegten, andererseits aber Außenstehenden die unverstandene ganze Philosophie suspekt erscheinen ließ. Besonders die frühen Kirchenväter machten die Epikureer zum Inbegriff eines unmoralischen und gottlosen Lebens.

Auch der Atomismus selbst unterscheidet sich bei EPIKUROS in einigen Punkten aufgrund der Berücksichtigung zwischenzeitlicher Einwände von dem älteren: Die Zahl der Formen der Atome ist nicht mehr unbegrenzt; für Größe und Gestalt gelten vielmehr Ausschlußprinzipien. Die ursprüngliche Atombewegung verläuft nicht vollkommen ungeordnet nach allen Seiten, sondern einheitlich von oben nach unten: Zufällige Abweichungen von dieser Richtung führten zu zusätzlichen Stoßbewegungen, woraus Wirbel entstünden, die eine Weltbildung einleiteten. Die Erkenntnistheorie ist im Anschluß an EMPEDOKLES und die älteren Atomisten und im bewußten Gegensatz zu PLATON und ARISTOTELES rein materialistisch: Jede Erkenntnis beruhe auf Wahrnehmung, und alle Wahrnehmungen seien wahr – Irrtümer beruhten auf falschen Schlüssen und Urteilen –; denn sie entstünden durch atomistisch-materielle Bildchen (›eidola‹), welche von allen Dingen ausgestoßen würden und durch die passenden Poren in den Sinnesorganen zur menschlichen Seele dringen.

ARISTOTELES

(* 384 v. Chr. Stageira [Halbinsel Chalkidike],
† 322 Chalkis [Insel Euböa]).

Der wohl bedeutendste, zumindest einflußreichste Philosoph und Naturforscher des Abendlandes ARISTOTELES, der die ihm vorliegenden Gedankengebäude unter neuen Gesichtspunkten zusammenfaßte und in sein System integrierte, entstammte einer alten Arztfamilie; der Vater NIKOMACHOS war Leibarzt des makedonischen Königs AMYNTAS. Für denselben Beruf bestimmt, ging ARISTOTELES nach Athen und trat mit 17 Jahren in die platonische Akademie ein, der er zwanzig Jahre als Schüler und Lehrer angehörte. Er hatte sich in dieser Zeit offensichtlich auch schon so weit von den Grundlehren PLATONS entfernt, daß dieser, um den Bestand seiner Schule und Lehre bedacht, nicht ihm, dem begabtesten seiner Schüler, die erhoffte Nachfolge in der Leitung der Akademie übertrug. ARISTOTELES folgte deshalb 347 dem Angebot eines ehemaligen Mitschülers nach Assos, verlegte aber bereits 345 seinen Wohnsitz nach Mytilene auf Lesbos, der Heimat des THEOPHRASTOS, mit dem er hier hauptsächlich Material für die gemeinsamen biologischen Forschungen sammelte. Im Jahre 342 folgte er einem Ruf PHILIPPS II. von Makedonien an den Hof in Pella und wirkte hier als Erzieher des Prinzen ALEXANDER, der nach der Ermordung PHILIPPS 336 König von Makedonien wurde. ARISTOTELES war sicherlich ein Gegner der nun verstärkt einsetzenden Großmachtpolitik Makedoniens, besonders aber des orientalischen Gepränges, mit dem ALEXANDER DER GROSSE sich umgab und das ihm viele Feinde in Griechenland schuf; und auch dem Plan einer Hellenisierung des gesamten Ostens stand ARISTOTELES ablehnend gegenüber. So folgte er auch 334 nicht dem Zuge ALEXANDERS, sondern begab sich nach Athen, um hier mit Unterstützung des makedonischen Statthalters ANTI-PATER eine eigene Schule, das Lykeion, später auch ›Peripatos‹ genannt, neben der Akademie zu gründen, eine straff organisierte Unterrichts-, besonders aber Forschungsstätte. Wegen seiner engen Beziehungen zum makedonischen Königshof wurde ARISTOTELES nach Bekanntwerden des Todes von ALEXANDER (323) besonders von national und altgläubig eingestellten Kreisen Athens angefeindet. Einem gegen ihn angestrengten Prozeß wegen angeblicher Gotteslästerung entzog er sich rechtzeitig durch die Übersiedlung auf das Landgut seiner Mutter in Chalkis, »um den Athenern nicht Gelegenheit zu geben, sich ein zweites Mal an der Philosophie zu versündigen«, wie er in Anspielung auf den SOKRATES-Prozeß und dessen Ausgang meinte. Hier erkrankte er jedoch bald an einem Magenleiden und starb nach wenigen Monaten. Die Nachfolge in der Leitung des Peripatos hatte er zuvor seinem Freund und Schüler THEOPHRASTOS übertragen.

ARISTOTELES hat eine Fülle von Schriften zu fast allen Bereichen damaliger Wissenschaft hinterlassen. Während jedoch die zur Veröffentlichung bestimmten kleineren Werke allgemein philosophischen Inhaltes verlorengingen und nur aus Fragmenten bekannt sind, ist ein großer Teil seiner mehr oder weniger abschließend redigierten Vorlesungsskripte (und -nachschriften) erhalten – genau umgekehrt wie bei PLATON. Wenn auch die antiken ARISTOTELES-Bibliographien sehr viel mehr Schriften nennen, so reichte doch die im ersten vorchristlichen Jahrhundert von dem damals führenden Peripatetiker ANDRONIKOS VON RHODOS in der

auch überlieferten Form zusammengestellte Ausgabe der Haupt-
werke aus, eine die stoische Philosophie und Naturwissenschaft
zurückdrängende ARISTOTELES-Renaissance einzuleiten, welche
die Naturwissenschaften und, neben dem Neuplatonismus, auch
die abendländische und arabische Philosophie der Folgezeit bis
tief in die Neuzeit und teilweise bis in die Gegenwart beeinflußte
und zeitweilig beherrschte. Da allein die logischen Schriften von
ANICIUS MANLIUS TORQUATUS SEVERINUS BOETHIUS ins Lateinische übersetzt und kommentiert wurden, sind insbesondere
die naturwissenschaftlichen Schriften außerhalb des griechisch
sprechenden Ostreiches (Byzanz) im lateinischen Mittelalter erst
wieder seit der Übersetzertätigkeit des 12. Jahrhunderts über
die arabisch-lateinische Traditionskette bekannt geworden, in
der griechischen Originalfassung meist sogar erst seit der Un-
tergangszeit des Byzantinischen Reiches. Trotz neuplatonischer,
averroistischer, thomistischer und allgemein scholastischer Ver-
fremdungen blieben die aristotelischen Lehren, die man seit dem
16. Jahrhundert wieder in ihrer Ursprünglichkeit erfassen wollte,
Richtschnur und Leitbild naturwissenschaftlichen und naturphilosophischen Denkens, bis sie Stück für Stück durch andere Ideen
ersetzt wurden.

Im Gegensatz zu PLATON entnahm ARISTOTELES seine Prinzipien dem unmittelbaren Erfahrungsbereich, dem für ihn aber
neben der sinnlich wahrnehmbaren Welt gleichberechtigt auch
der Bereich der Sprache und Logik angehörte. Sinnliche Erfahrung, Sprache, Denkinhalte und Sein bildeten dieselbe Erkennt-
nisstufe und seien aufeinander abbildbar. Das Sein sei somit auf
das sinnlich Erfahrbare und daraus Ableitbare beschränkt; es
sei dieses oder sei in ihm. PLATONs neben der wahrnehmbaren
(Schein-)Welt getrennt existierenden, allein seienden ›Ideen‹ werden von ihm deshalb ebenso abgelehnt wie dessen mathematische
Struktur des Seins. Mathematik sei allein denkbar und trage als
andere Seinsform zur Erkenntnis der Zustände und Vorgänge
der Natur und insbesondere der materiellen Natur nichts bei.
Sie diene allein der Beschreibung bestimmter nebensächlicher
(akzidenteller), nicht das Wesen der Dinge betreffender Phänomene, nicht aber der Begründung und Erfassung der Dinge und
Vorgänge selbst, ihres ›Wesens‹, was auch für PLATON schon die
alleinige Aufgabe einer Wissenschaft ausgemacht hatte. Naturwissenschaft geht deshalb für ARISTOTELES nicht nur empirisch

vor – sie prüft auch ihre teilweise auch deduktiv oder in einem anderen Bereich (Sprache) induktiv gewonnenen Ergebnisse an der sinnlichen Erfahrung –, sondern ist daneben notwendig rein qualitativ. – Der Gegensatz von ›natürlich‹ und ›künstlich‹, in der Sophistik entstanden, erfährt durch PLATON und ARISTOTELES eine naturphilosophische Begründung. Greift der Mensch danach gewaltsam (›künstlich‹) in den Ablauf der Natur ein, so stört er das natürliche Verhalten der Dinge und betrachtet dann nicht die Natur, sondern ›Kunst‹ – nur innerhalb dieser ›Kunst‹ (= Technik) ist für ARISTOTELES deshalb so etwas wie ein ›künstliches‹ Experiment angebracht. Auch die mathematischen Wissenschaften galten als solche ›Künste‹ (›Freie Künste‹: Arithmetik, Geometrie, Harmonielehre, Astronomie, von BOETHIUS als Quadrivium zusammengefaßt; ›mechanische Künste‹), so daß auch die Betrachtung und Erfassung ›gewaltsamer‹ Bewegungen mathematisch erfolgen konnte: Des ARISTOTELES ›dynamisches Grundgesetz‹ bringt so Weg, Zeit und ›Kraft‹ bei gewaltsamen Bewegungen, für die ein ständiger äußerer Antrieb nötig sei, in Beziehung; seine Übertragung auf widernatürliche Bewegungen mittels ›mechanischer‹ Geräte, die jeweils aus geradlinigen resultierende Kreisbewegungen bewirken, macht ARISTOTELES zum Begründer der Mechanik auf dynamischer Grundlage – was GALILEO GALILEI später neben der Statik des ARCHIMEDES wieder aufnahm, nur daß dieser dann solche Bewegungen auch als ›natürliche‹ deutete. Den ständigen Antrieb erklärte ARISTOTELES bei der Wurfbewegung mit einer sukzessiven Übertragung der bewegenden Kraft auf das Medium (Luft); aus der Kritik hieran entstand bei dem im 6. Jahrhundert in Alexandria wirkenden neuplatonischen ARISTOTELES-Kommentator IOANNES PHILOPONOS die Impetustheorie, die schon bei ARISTOTELES selbst in den ›Quaestiones mechanicae‹ anklingt. In dieser Schrift, die ARISTOTELES später zu unrecht abgesprochen wurde, behandelte er die Wirkweise von einfachen Maschinen mittels eines ›Prinzips der ungleichen konzentrischen Kreise‹, auf die sie alle reduziert werden (Flaschenzug und Schraube sind ihm noch unbekannt).

Aus der Beschränkung auf diese Sehweise und die Beschreibung der ARISTOTELES als akzidentell geltenden Eigenschaften sollte in der Neuzeit unsere Naturwissenschaft entstehen; die Naturwissenschaft des ARISTOTELES dagegen betrachtete allein ›natürliche‹ Vorgänge und Zustände, die ›Natur‹ der Dinge: Jede

Art von Bewegung oder Veränderung (qualitative, quantitative, örtliche) erfolgt durch den natürlichen oder gewaltsamen Wechsel einer akzidentellen Eigenschaft an einem Bleibenden (›substratum‹, ›subjectum‹) innerhalb eines Gegensatzpaares (schwarz/weiß, warm/kalt, oben/unten usw.). Ortsbewegung etwa ist so der Wechsel eines Ortes A in den Ort B ohne sonstige Veränderung des Bewegten; auch hier werden nur die Endzustände betrachtet, nicht der Bewegungsvorgang als solcher (Kinematik), was auf den Einfluß der eleatischen Ontologie eines PARMENIDES zurückzuführen ist. Die neue Eigenschaft muß in dem Gegensatzpaar potentiell bereits angelegt sein, sie wird nur aktualisiert (wirklich). Erfolge eine Veränderung von Natur aus – für ›natürliche‹ Bewegungen sei der Antrieb in dem Ding selbst –, so bestehe sie in der Verwirklichung der naturgemäßen Anlagen, des eigentlichen Zweckes (griechisch ›telos‹), von ARISTOTELES ›Entelechie‹ genannt. Dagegen gerichtete gewaltsame Veränderungen bedürften deshalb eines ständigen Einwirkens von außen, nach dessen Aufhören das Ding seiner ›Entelechie‹ wieder zustrebe. – Für alle Dinge, Zustände und Vorgänge seien jeweils vier Prinzipien, Ursachen, verantwortlich, die ›causa materialis‹ (Stoff), ›causa formalis‹ (Form, Gestalt, Seele, bestehend aus den wesensgemäßen, essentiellen Eigenschaften), ›causa movens‹ (Antrieb) und ›causa finalis‹ (Zweck, Sinn) – die moderne ›kausale‹ Betrachtungsweise beschränkt sich im Anschluß an IMMANUEL KANT auf die ›causa movens‹ –, wobei die vorletzte gewaltsam beeinflußt werden könne, ohne das Ding selbst zu verändern. Eine gewaltsame Veränderung einer der anderen ›causae‹ habe jedoch eine Wandlung des Dinges selbst zur Folge, es vergehe und entstehe als ein neues, anderes. So erklären sich die Umwandlung und der Kreislauf der vier irdischen ›Elemente‹ aufgrund des Umschlags einer essentiellen Eigenschaft, warm in kalt, trocken in feucht und umgekehrt: Erde (trocken und kalt), Wasser (feucht und kalt), Luft (feucht und warm), Feuer (trocken und warm), und aus der empirisch gewonnenen Zweizahl der Gegensatzpaare die Vierzahl der ›Elemente‹, wie sie EMPEDOKLES vorgegeben hatte. – Das dem Wechsel dieser Elemente zugrundeliegende, für ARISTOTELES aber nie als solches aktualisierte Bleibende, die für die Aufnahme von wesensbestimmenden Eigenschaften empfängliche ›prima materia‹ (eigenschaftslose Urmaterie), sollte zur naturphilosophischen Voraussetzung der späteren Mutationstheorie der Alchemie werden.

Alle Stoffe sollen aus einer homogenen Mischung dieser vier Elemente bestehen, die kontinuierlich teilbar sei und deren Eigenschaften sich aus dem Mischungsverhältnis ergäben; nur für organische Stoffe gebe es eine untere Teilungsgrenze, unterhalb der die homogene Mischung der kleinsten Teile (›minima naturalia‹) in ihre elementaren Bestandteile verfalle. (Ansätze zu einer chemischen Analyse finden sich in seinen ›Meteorologika‹, die zusammen mit der Erweiterung der aristotelischen Theorie der ›minima naturalia‹ den Ausgangspunkt für die Erneuerung der Chemie im 17. Jahrhundert bilden sollten.) Die essentiellen qualitativen Eigenschaften der Elemente ergänzte ARISTOTELES durch ein schnellstmögliches, folglich geradliniges Streben zu dem ihnen gemäßen, zu ihrem ›natürlichen Ort‹ im Kosmos: Erde zum Mittelpunkt (unten), Feuer zur Peripherie (oben), Wasser relativ nach unten, Luft relativ nach oben. Hieraus ergab sich die Schichtenanordnung der Elemente im Kosmos, notwendig mit der ruhenden kugelförmigen Erde in der Mitte (die so begründete Geozentrik war also nur bei gleichzeitig erfolgender entsprechender Umformung dieser ›Physik‹ durch eine Heliozentrik zu ersetzen). Da auch die Ortsbewegung wie jede Veränderung für ARISTOTELES eines Zieles bedurfte, weil sie in einem Wechsel des Ortes bestehe – unendliche geradlinige Bewegungen sind aufgrund dieser Definition unmöglich, und der lückenlos erfüllte Kosmos ist deshalb notwendig begrenzt –, mußte auch die Aufwärtsbewegung begrenzt sein und überall gleichweit vom Zentrum entfernt zum Ziel kommen. Das Ziel der Aufwärtsbewegung mußte deshalb ein zur Erdmitte konzentrischer Hohlkugelkörper sein. Da von den beiden bekannten ›einfachen‹ Bewegungen die geradlinige ›einfachen‹ Körpern, den vier Elementen, zukomme, müsse auch die kreisförmige Bewegung ›einfachen Körpern‹ zukommen, und da es zu ihr keinen Gegensatz gebe, so daß sie selbst gewaltsam in keiner Weise verändert werden könne, müsse dieses auch für den mit ihr behafteten, einzigen ›einfachen‹ Körper gelten. Hieraus erschließt ARISTOTELES die Existenz eines fünften Elementes, des ›Äthers‹, der, in jeder Beziehung unveränderlich, in konzentrischen Schalen, die gleichförmig rotieren, den Kosmos begrenze. Die astronomischen Phänomene mußten damit als aus solchen konzentrischen Kreisbewegungen von rotierenden Hohlkugeln resultierend aufgefaßt werden. Die wohl in seinem Auftrag durch KALLIPPOS verbesserte Theorie der konzentrischen Sphären des EUDOXOS VON KNIDOS gab dazu die willkommene Grundlage. Sie stellte die ungleichförmig erscheinende Bewegung eines jeden Planeten für sich als Resultante der Bewegungen mehrerer gleichförmig rotierender (mathematischer) Kugeln dar, die so ineinander geschachtelt wurden, daß deren Achsen jeweils unter einem bestimmten Winkel in der nach außen anschließenden gelagert waren, während der Planetenkörper in die innerste eines für jeden Planeten getrennten Sphärensystems an deren ›Äquator‹ eingebettet gedacht war. ARISTOTELES hatte nur die mathematischen Sphären mittels des allein zu solchen Bewegungen befähigten ›Äthers‹ zu materialisieren und den Bewegungsapparat eines jeden Planeten kompensierende Sphären zwischen ihnen zu ergänzen, um daraus ein geschlossenes ›physikalisches‹ System von der Fixsternsphäre bis zum Mond zu erhalten. Die Phänomene zwangen zwar später, von der strengen Konzentrizität abzugehen, doch blieben fortan die Geozentrizität des Kosmos und die Gleich- und Kreisförmigkeit sämtlicher jeweils auf der Rotation einer Äthersphäre beruhenden (Teil-)Bewegungen der Himmelskörper als unantastbare Grundsätze bestehen, bis TYCHO BRAHE durch den Nachweis der Veränderlichkeit auch der Äthersphären JOHANNES KEPLER den Weg bereitete, von ihnen und damit von der notwendigen Kreisförmigkeit sämtlicher Bewegungen und Bewegungsanteile Abstand nehmen zu können.

Die Schwierigkeit der Denkbarkeit eines anisotropen begrenzten Raumes – PLATON hatte Raum und Materie gleichgesetzt – bewog ARISTOTELES, dessen Eigenschaften gleichsam in die Stoffe (Elemente) selbst zu verlegen und den Begriff Raum durch den des ›Ortes‹ zu ersetzen. Der ›Ort‹ eines Dinges ist die innere Begrenzungsfläche des ihn umgebenden Körpers. Außerhalb des kugelförmig begrenzten Kosmos ist demnach weder Ort noch Zeit, somit auch keine Materie oder Leere, nur Gott als reines Formprinzip (Geist), auch als unbewegter Erster Beweger angesehen, der wie eine erstrebte Geliebte, also teleologisch, die äußerste Sphäre bewegt, damit auch die übrigen und folglich erste Ursache für alles Geschehen im Kosmos wird. Derartige Auffassungen hatten natürlich die Ablehnung jeglichen Vakuums und jeglicher Fernwirkungen der Kräfte zur Folge.

Von besonderer Bedeutung und im biologischen Bereich am längsten währendem Einfluß war das teleologische Denken, das

nach stoischem und neuplatonischem Vorbild im christlichen
Mittelalter von der aristotelischen Vorstellung einer dem Einzel-
ding und -vorgang immanenten Finalität (Entelechie) zu einem
sinn- und zweckvollen Aufeinander-Bezogensein aller Dinge und
natürlichen Vorgänge ausgeformt wurde. Die Seele gilt in diesem
Sinne als das Prinzip des Lebens in allem Belebten, in den Pflanzen (vegetative), den Tieren (vegetative und sensitive) und den
Menschen (vegetative, sensitive und noëtische Seele). Seele und
Körper verhielten sich wie Bewegendes und Bewegtes (Form und
Materie, Zweck und Mittel usw.), sie seien wechselseitig aneinander gebunden und entstünden und vergingen gemeinsam; denn
die Seele sei »primäre, aktuelle Wirklichkeit (Entelechie) eines natürlichen, organischen Körpers«. Die potentiellen Eigenschaften
sollen in und mit dem Körper zur allmählichen aktuellen Entfaltung bis zur ›Entelechie‹ gelangen – innerhalb der Embryologie
beobachtete Aristoteles diesen Prozeß im Detail an der Entwicklung des Hühnereies. Ihm gelangen so klare Erkenntnisse
über die Funktionen des Lebens bezüglich Ernährung, Wachstum, Fortpflanzung und Anpassung. Aus den analogen Bedürf-
nissen Ernährung, Bewegung, Atmung folgt für ihn die Existenz
entsprechender, dem Lebensraum angepaßter homologer Organe
(wie Lungen, Kiemen). – Die Grenze zwischen Pflanzen- und
Tierreich sei fließend wie die Übergänge innerhalb beider, je nach
dem, welche Unterscheidungsmerkmale man zugrundelege. Die
später so genannte ›scala naturae‹ ist hier vorgebildet, feste natürliche ›Gattungen‹ lehnte Aristoteles jedoch ab. Überhaupt
war es weder seine noch seines Schülers Theophrastos, der sich
hauptsächlich dem von seinem Lehrer nicht eigens detailliert be-
handelten Pflanzenreich widmete, Absicht gewesen, eine Klassifikation des Tier- beziehungsweise Pflanzenreiches zu erarbei-
ten. Die Eigenschaften und Merkmale seien vielmehr durch ein
graduelles Mehr oder Weniger bestimmt; und je nach Wahl des
Gesichtspunktes (Ernährung, Fortpflanzung, Lebensraum) ergäben sich andere Gruppierungen, die nur eingeführt wurden, um
Ähnliches zusammenhängend darstellen zu können. Eine Systematik entsteht aus einzelnen dieser Ansätze erst in der Neuzeit.
– Ein größeres botanisches Werk scheint Aristoteles nicht verfaßt zu haben, wenn auch in seinem Auftrag und nach von ihm
erarbeiteten Methoden auf dem Alexanderzug botanisches Beob-
achtungsmaterial gesammelt wurde, das Theophrastos später

auswertete. Die unter dem Namen des ARISTOTELES überlieferte
Schrift ›De plantis‹ ist unecht.

ARCHIMEDES

(* um 285 v. Chr. Syrakus, † 212 ebenda bei der Einnahme
der Stadt durch römische Truppen während
des Zweiten Punischen Krieges)

Neben einer Reihe bloßer Legenden, die sich schnell um seinen
Namen rankten, ist aus dem Leben des ARCHIMEDES nichts weiter
bekannt, als daß er in Alexandria, der wissenschaftlichen Hochburg des Hellenismus, mathematische Wissenschaften studiert
und zu den dortigen Mathematikern auch nach der Rückkehr in
seine Vaterstadt Syrakus engen Kontakt behalten hat. Sie konnten
seine mathematischen Arbeiten am ehesten verstehen und würdi-
gen, und ihnen schickte er sie nach einer damals üblichen Art, wissenschaftliche Abhandlungen zu veröffentlichen, auch von Syrakus aus jeweils als offenen Brief zu. Daß sie fehlerhafte Ergebnisse,
die ARCHIMEDES ihnen zur Prüfung auch einmal zukommen ließ,
nicht von sich aus bemerkten, spricht allerdings weniger gegen sie
als für das alles überragende mathematische Genie des Absenders,
das er sich auf diese Weise von den Kollegen bestätigen ließ.

Der große Ruhm, den ARCHIMEDES zu Lebzeiten genoß, beruhte dagegen auf seinen technisch-mechanischen Erfindungen,
zu denen neben Kriegsmaschinen, die er zur Verteidigung seiner Vaterstadt erfunden hatte und die ihre römischen Belage-
rer immer wieder in Angst und Schrecken versetzt hatten, die
Schraube(nlinie), die sogenannte Archimedische (Ägyptische)
Wasserschnecke, der Flaschenzug und ein mit Wasser betrie-
benes Planetarium zählen, welches noch CICERO in Rom bewun-
dern konnte, wohin MARCELLUS es als Kriegsbeute mitgebracht
hatte. (Daß ARCHIMEDES bei der Seeblockade von Syrakus die
römischen Schiffe mittels riesiger Brennspiegel in Brand gesetzt
habe, beruht dagegen auf einer erst später entstandenen Legende.) ARCHIMEDES hatte sich dieser Erfindungen auch keineswegs
geschämt, wie erst später PLUTARCHOS ihm in Zeiten einer durch
neuplatonisches Denken beeinflußten Geringschätzung praktischer (technischer) Tätigkeit unterstellte.

Die Konstruktion dieser Erfindungen beruht auf einer genialen theoretischen Erfassung der Wirkweise der sogenannten Einfachen Maschinen, der Grundarten der auf geometrische Schemata reduzierten Werkzeuge der praktischen Mechanik (Technik). Er begründete deren Statik durch axiomatisch-deduktive Ableitung aus einfachen Sätzen, wie es die in den ›Elementen‹ des EUKLEIDES gipfelnde axiomatische Mathematik für ihre Objekte vorgemacht hatte. So konnte er auch die mit ihnen zu erreichende proportionale Unter- oder Übersetzung erstmals berechnen – und so auch aus der Wirkweise hintereinandergeschalteter Rollen zur Erfindung des Flaschenzuges geführt werden (die Berechnung kombinierter Maschinen findet sich im Anschluß daran in den ›Mechanika‹ HERONS VON ALEXANDRIA, der im 1. Jahrhundert als Lehrer der mathematischen Wissenschaften am Museion in Alexandria wirkte und in archimedischer Manier auch pneumatische und hydraulische Gerätschaften behandelte). In diesen Zusammenhang gehört sein Ausspruch: »Gib mir einen Punkt, wo ich stehen kann, und ich werde die Erde [mittels Maschinen] in Bewegung setzen« (nach dem damaligen Weltbild befand sich die Erde unbewegt im Mittelpunkt des Universums). – Jener andere Ausspruch, den er unter wohl legendären Umständen beim Baden getan haben soll, das »εὕρηκα« (»Ich habe es gefunden!«), hängt mit der Entdeckung der genau seinem Volumen entsprechenden Wasserverdrängung eines eingetauchten Körpers und seiner Gewichtsverminderung um den Betrag, den dieses Volumen Wasser ausmacht, zusammen (sogenanntes Archimedisches Prinzip), also mit der Entdeckung der Methode, das spezifische Gewicht eines Körpers exakt mittels hydrostatischer Wägung zu bestimmen. HIERON II. VON SYRAKUS soll ihn gebeten haben nachzuprüfen, ob bei der Anfertigung eines goldenen Kranzes das gelieferte Gold auch vollständig verarbeitet worden war, ohne dabei das Kunstwerk selbst zu zerstören. ARCHIMEDES' eigentliche Arbeiten zur Statik der Einfachen Maschinen und zur Hydrostatik sind allerdings schon in der Spätantike verlorengegangen, lassen sich jedoch in großen Zügen aus den Schriften der alexandrinischen Gelehrten HERON und PAPPOS rekonstruieren. Von seinen Schriften sind auch vor allem nur diejenigen erhalten, die von dem alexandrinischen Mathematiker EUTOKIOS VON ASKALON im 5. Jahrhundert herausgegeben und kommentiert worden waren; und diese wurden bereits im lateinischen Mittelalter rezipiert und trugen dann seit der Renaissance wesentlich zur Entstehung neuzeitlicher Mechanik und Mathematik bei.

ARCHIMEDES blieb mit seinen ›mechanischen‹ Arbeiten allerdings noch ganz im Rahmen der aristotelischen Differenzierung zwischen ›Kunst‹ und ›Natur‹, indem er Probleme ›künstlicher‹ Mechanik durch eine Reduzierung auf die ihren Geräten schon von der Konstruktion her zugrundeliegende Geometrie mathematisch löste, wie er umgekehrt auch mathematische Probleme durch in der ›Mechanik‹ entwickelte Verfahren einer Lösung zuführte. Die Mathematik selbst war das verbindende Agens, die ›Mechanik‹ eine Angewandte Mathematik. Das macht ihn aus der Sicht moderner Physiker zu einem ARISTOTELES weit überlegenen, scheinbar modern denkenden, einzigen ›artverwandten‹ Physiker der Antike. Er war aber reiner Mathematiker und somit auch ›Mechaniker‹, der zu den Fragestellungen der antiken ›Physik‹ im Gegensatz zu denen der praktischen ›Mechanik‹ (Technik) auch im eigenen Selbstverständnis wenig beizutragen vermochte. Erhalten haben sich aus diesem Bereich allerdings nur, wenn auch in verkürzter und dem neuen Zweck angepaßter Form, eine axiomatische Ableitung des Hebelgesetzes und die Behandlung der Gewichtsverluste verschieden tief ins Wasser getauchter ›Schwimmender Körper‹, weil ARCHIMEDES diese mechanischen Erkenntnisse in verblüffender Weise neben in der Praxis verwendeten Indivisibeln (als Ansatz zu einer Integralrechnung) später zur Lösung rein mathematischer Probleme nutzte, etwa zur Bestimmung des Flächen- und Volumenverhältnisses verschiedener geometrischer Körper und des Schwerpunktes krummlinig begrenzter Flächen und deren Rotationskörper oder zur Quadratur der Parabel. Die das Verfahren beschreibende und begründende methodische Schrift (›Ephodos‹) wurde erst 1899 wieder entdeckt. Gemäß der strenge(re)n Auffassung der Antike von der Mathematik bedurfte die aufgefundene Lösung dann allerdings noch eines rein geometrischen Beweises. Hier wurde also umgekehrt die Mathematik von den ›mechanischen‹ Hilfsverfahren, die nach antiker Auffassung allein der Heuristik dienen konnten, klar und deutlich abgegrenzt.

Besonders widmete ARCHIMEDES sich auch der Berechnung von Oberfläche und Volumen geometrischer (Rotations-)Körper. Von dem Axiom, das Umfassende sei größer als das Um-

faßte, ausgehend gelang ihm dabei entgegen der Annahme des
ARISTOTELES wenigstens näherungsweise eine Quadratur des
Kreises; er bestimmte die Größe π sehr exakt als zwischen $3^{10}/_{70}$
und $3^{10}/_{71}$ liegend (während man in der Praxis wie schon im alten Ägypten von dem Wert 3 ausging). ARCHIMEDES entwickelte
weiterhin eine Exponentialschreibweise zur Darstellung beliebig
großer Zahlen mit Oktaden (10^8) als Stufeneinheiten (die Griechen kannten noch nicht die dezimale Schreibweise) und konnte
damit aufzeigen, daß nicht nur die Zahl der Sandkörner an einem
Strand nicht unzählbar ist, sondern daß selbst die Anzahl jener,
die das ganze Weltall füllen würden, ohne weiteres darstellbar sei
– selbst wenn man der Hypothese des ARISTARCHOS VON SAMOS
folge und die Erde um die Sonne kreisen lasse, was ja einen sehr
viel größeren Kosmos ergäbe, da sich dann die Erd*bahn* statt der
Erdkugel im Verhältnis zur Fixsternsphäre wie ein Punkt verhalten müsse. – Dieses ist der einzige Hinweis im gesamten Schrifttum der Antike auf die zur Erklärung des Entstehens der Himmelserscheinungen einmal von ARISTARCHOS rein hypothetisch
geäußerte Alternative zur Geozentrik.

KLAUDIOS PTOLEMAIOS

(* um 100 n. Chr. Ptolemais [Oberägypten], † um 160)

KLAUDIOS PTOLEMAIOS, der während des zweiten Drittels des
zweiten Jahrhunderts in Alexandria, der Hochburg griechischer
Wissenschaft und Forschung im Hellenismus, wirkte, hat die
mathematischen Inhalte der Astronomie, Optik und Harmonik
(Musiklehre) als letzter kreativer Vertreter mathematisch-natur-
wissenschaftlicher Forscher der griechisch-römischen Antike für
lange Zeit abschließend bearbeitet; allein DIOPHANTOS, der im 3.
Jahrhundert ebenfalls in Alexandria wirkte, erarbeitete mit der
Zahlentheorie ein für die Antike neues Gebiet, allerdings aus
der reinen Mathematik. Die Spätantike beschränkte sich dann
auf die Einbettung der Erkenntnisse in philosophische Systeme
(vor allem des Neuplatonismus und des Stoizismus) und auf die
Kommentierung älterer philosophischer, mathematischer und
naturwissenschaftlicher Schriften, wobei durchaus neue Einzelerkenntnisse mit einflossen, während die Römer sich überhaupt

vorwiegend der selektiven Zusammenfassung des vorliegenden Wissens widmeten.

Aus dem Leben des PTOLEMAIOS ist aufgrund seiner Beobachtungsdaten lediglich bekannt, daß er zwischen den Jahren 127 und 147 in Alexandria astronomische Beobachtungen angestellt hat; um so größer ist aber der Einfluß seiner Werke auf seine Zeitgenossen und die Folgezeit bis ins 17. Jahrhundert gewesen. Den größten hatte von ihnen ohne Zweifel die ›Syntaxis mathematike‹ (›Mathematische Zusammenstellung‹), das nach einer arabisch-lateinischen Verballhornung so genannte ›Almagestum‹. Das Werk ist allerdings mehr als eine Zusammenstellung der mathematischen Kenntnisse zur Astronomie; denn PTOLEMAIOS entwickelt hier darüber hinaus auf der Grundlage eigener und älterer Beobachtungen besonders des HIPPARCHOS zumindest für die Planeten ein erstes, ältere Theorie-Elemente zusammenfassendes Bewegungsmodell, das den beobachteten Planetenörtern für lange Zeit genau genug entsprach, und in seinen übrigen Teilen ist das ›Almagestum‹ als das erste systematische Handbuch der mathematischen Astronomie anzusprechen, dessen Aufbau und Inhalt noch lange vorbildlich bleiben sollten.

Nach den Beweisen für die zu den Berechnungen und Tafeln benötigten geometrischen Sätze und einer allgemeinen Einführung in das geozentrische Weltbild auf der Grundlage aristotelischer Physik ist das 3. Buch der Bewegung der Sonne und den Jahrespunkten gewidmet, wobei PTOLEMAIOS zwar im Anschluß an die beiden alexandrinischen Mathematiker ADRASTOS VON APHRODISIAS und THEON VON SMYRNA die kinematische Gleichwertigkeit der von APOLLONIOS VON PERGE vorgeschlagenen Epizykeltheorie und der Exzentertheorie des HIPPARCHOS betont, sich aber wegen der größeren Einfachheit bei der Sonne für die letztere entscheidet. Die scheinbar ungleichförmige Bewegung der Sonne wird daraufhin aus der Exzentrizität ihrer Kreisbewegung abgeleitet. Für den Mond zog PTOLEMAIOS die Epizykeltheorie ihrer größeren Anpassungsfähigkeit wegen vor, mußte sie aber zur Berücksichtigung der von ihm entdeckten Evektion gegenüber HIPPARCHOS durch einen beweglichen Exzenter als Träger des Epizykels, auf dem der Mond herumgeführt wird, erweitern. Für die damals bekannten fünf Planeten Saturn, Jupiter, Mars, Venus und Merkur reichte nicht einmal die Kombination beider Bewegungsmodelle aus, um die von der Erde aus ungleichförmig

erscheinenden Bewegungen als aus sich überlagernden gleichförmigen Kreisbewegungen (einem Epizykel auf exzentrischem
Trägerkreis / ›Deferenten‹) resultierend darstellen zu können.
PTOLEMAIOS mußte vielmehr einen sogenannten Ausgleichskreis
einführen, um die im Anschluß an die aristotelische Physik gefor-
derte Gleich- und Kreisförmigkeit aller Bewegungskomponenten
zu erhalten: Der Epizykelmittelpunkt bewegt sich weiterhin auf
einem zur Erde exzentrischen Kreis, jedoch jetzt nicht mehr mit
gleichförmiger Lineargeschwindigkeit, sondern mit gleicher Win-
kelgeschwindigkeit bezogen auf den Ausgleichspunkt außerhalb
des Mittelpunktes des Deferenten und der Welt (Erde). – Dieser
immer wieder kritisierte ›Verstoß‹ gegen die aus der aristotelischen Physik gezogenen Forderungen, der zwar auf eine gute
Übereinstimmung von Theorie und beobachteten Örtern führte,
aber physikalisch als Rotationsbewegung undenkbar gewesen
ist, war es übrigens, der COPERNICUS später veranlaßte, eine Verbesserung der ihm vorliegenden Theorien mit Ausgleichsbewegung durch strikte Befolgung der (aristotelischen) physikalischen
Grundsätze vorzunehmen. – Die weiteren Bücher handeln über
Ursachen und Berechnungen von Sonnen- und Mondfinsternissen sowie von den Fixsternen, deren nach Sternbildern geordneten Katalog mit genauen Örtern PTOLEMAIOS gegenüber HIP-
PARCHOS um 200 erweitern konnte. Er wurde immerhin bis hin
zu TYCHO BRAHE – nur wegen der Präzession jeweils auf die neue
Zeit reduziert – unverändert übernommen. Neue systematische
Fixsternbeobachtungen beginnen erst wieder im ausgehenden
17. Jahrhundert.

Das ptolemaiische, geozentrische Planetensystem dagegen,
das im ›Almagest‹ für jeden Planeten gesondert mathematisch
entwickelt wurde (so daß sich daraus kein zusammenhängendes
›System‹ ergab), fand zwar mit seiner Anordnung der Planeten
und mit seinen mathematischen Elementen ebenso lange Anerkennung, nur hatte sich ergeben, daß die Perioden der sich der
mittleren Bewegung überlagernden anomalistischen (Kreis-)Be-
wegungen einer Revision unterzogen werden mußten, damit die
danach berechneten Tafeln zu den beobachteten Werten führten:
Die Theorien für die einzelnen Planeten wurden durch neue Perioden modifiziert, das System nicht; und die auf EUDOXOS VON
KNIDOS zurückgehende Art, ungleichförmige Bewegungen auf
gleichförmige Bewegungen auf rotierenden Sphären (die im re-

duktionistischen mathematischen Modell wie im ›Almagest‹ als Kreise gedacht wurden) zurückzuführen, hat sich sogar so lange gehalten, bis das System JOHANNES KEPLERS mit den drei Bewegungsgesetzen sich seit dem ausgehenden 17. Jahrhundert allmählich durchsetzte.

Ein ›physikalisches‹ System neben der mathematischen Theorie hatte auch PTOLEMAIOS in seiner Schrift ›Hypotheses planetarum‹ aufzustellen versucht, indem er im Anschluß an THEON VON SMYRNA nach aristotelischem Muster die imaginären Kreise des ›Almagest‹ zu massiven Äthersphären ergänzte, zu Kugelschalen mit teils nicht-konzentrischen Begrenzungsflächen, und die Epizykel als Vollkugeln durch eine freigelassene Röhre in diesen Sphären rollen ließ. Durch das konzentrische Aneinanderreihen der Sphärensysteme aller Planeten (einschließlich Sonne und Mond), deren zum Durchmesser relative Dicke sich aus den Größen von Epizykel und Deferent ergab, gewann PTOLEMAIOS so die Möglichkeit, auch absolute Entfernungen zu berechnen, wie sie im Falle des Mondes aufgrund von Parallaxenbestimmungen und für die Sonne daraufhin aus den Finsternissen seit ARISTARCHOS VON SAMOS bekannt waren. Für die das Universum abschließende Fixsternkugel errechnete er so einen Durchmesser von knapp 20 000 Erddurchmesser, einen Wert, der mit geringfügigen Modifizierungen bei den Anhängern eines geozentrischen Weltbildes ebenfalls bis ins 17. Jahrhundert hinein anerkannt war. – TYCHO BRAHE erhielt nach derselben Methode für sein geo-heliozentrisches System einen Wert von 14 000 Erddurchmessern, während nach COPERNICUS eine große Lücke zwischen der Saturn- und der unermeßlich weit entfernten Fixsternsphäre klaffte (was lange Zeit einen der Gründe für die Nicht-Anerkennung seines heliozentrischen Systems bildete). Die Präzession, deren zu kleinen Wert von 1° in 100 Jahren PTOLEMAIOS unverändert von HIPPARCHOS übernommen hatte, wurde dann erst seit THABIT IBN KURRA und seiner Zeit in einem solchen ›physikalischen‹ System berücksichtigt. Es wurde im lateinischen Mittelalter und dann bis ins 17. Jahrhundert parallel zu dem reduktionistischen, rein mathematischen Berechnungsmodell tradiert und benutzt; erst COPERNICUS' Ziel war es dann, beide Betrachtungsweisen zu einer Einheit zusammenzufassen.

Von ähnlich großem Einfluß wie das ›Almagestum‹ waren die ›Tetrabiblos‹ (›Viererbuch‹) des PTOLEMAIOS, das erste astro-

logische Handbuch, in dem die Inhalte orientalischer Gestirns-
religionen auf griechische Naturphilosophie gegründet und die
Einflußnahme der (Gestirns-)Götter auf das irdische Geschehen
systematisch zusammengefaßt wird, seine astronomisch-geogra-
phischen Tafeln, in denen die Werte des ›Almagestum‹ bereits
revidiert wurden, und seine ›Geographie‹, die nach dem Vorbild
des HIPPARCHOS im wesentlichen nur die mathematische Geographie umfaßt und eine Sammlung von nach Landschaften und
›Klimata‹ zwischen zwei Parallelkreisen geordneten Örtern mit
ihrer geographischen Breite und Länge darstellt, die noch zu Beginn der Neuzeit die Grundlage für alle Weltkarten bildete. Die
›Harmonik‹ des PTOLEMAIOS ist ebenfalls ein Handbuch über die
ihm vorliegenden mathematischen Musiktheorien seit den älteren
Pythagoreern – sie übte noch starken Einfluß auf JOHANNES KEP-
LERS Vorstellungen von der ›Weltharmonik‹ aus. In seiner ›Optik‹
wird zwar die Reflexion im Anschluß an EUKLEIDES und HERON
VON ALEXANDRIA wieder zusammenfassend behandelt, doch erfährt die Brechung der Lichtstrahlen beim Eintritt in ein anderes
Medium (Luft – Wasser, Luft – Glas, Wasser – Glas) eine vollkommen selbständige Behandlung aufgrund eigener Meßreihen.
Einfalls- und Brechungswinkel wurden von ihm erstmals mittels
einer graduierten Scheibe in der Art der aus der Astronomie bekannten Astrolabien gemessen. Für Einfallswinkel zwischen 10°
und 80° kam PTOLEMAIOS so zu recht annehmbaren Ergebnissen,
wenn er auch noch weit von der Entdeckung des Brechungsge-
setzes durch WILLEBRORD SNELLIUS (1620/21) entfernt war, für
dessen Entdeckbarkeit aber selbst KEPLERS Korrekturen noch zu
ungenau gewesen waren.

GALENOS
(* 129 [oder 130] Pergamon, † ca. 216 Rom [?])

Der griechische Arzt GALENOS aus Pergamon, der sich als
Sohn eines Mathematikers und Architekten seit früher Jugend
für Mathematik und (Natur-)Philosophie interessierte und ab
dem Jahre 145 in Alexandria, Smyrna und Korinth Medizin studierte, begann seine Karriere mit etwa 25 Jahren als Gladiatoren-
arzt, anfangs in seiner Geburtsstadt Pergamon, ab etwa 162 in

Rom, das er allerdings im Jahre 166 nach dem Ausbruch einer Pestepidemie fluchtartig verließ. Nach der Rückkehr in seine Heimatstadt wurde er jedoch von Kaiser MARK AUREL erneut, dieses Mal als kaiserlicher Leibarzt, nach Rom berufen. Hauptsächlich in die folgenden Jahre in der Metropole der antiken Welt fällt seine ungewöhnlich reiche schriftstellerische Tätigkeit vor allem zu philosophischen und medizinischen Themen, wobei er sich ausschließlich des Griechischen, der damaligen Sprache der Gebildeten und der Wissenschaften im Römischen Reich, bediente. Im Hinblick auf diese fruchtbare Zeit in Rom wurde ihm in der Renaissance fälschlich der römische Gentilname Claudius (griechisch Klaudios) zugelegt. Im Jahre 192 kehrte GALENOS schließlich endgültig nach Pergamon zurück.

GALENOS ging es offenbar von Anfang an um die naturphilosophischen Grundlagen der Medizin, so daß er neben den Schriften des Begründers wissenschaftlicher Medizin HIPPOKRATES VON KOS und der medizinischen Schulen des Hellenismus die Philosophie von PLATON, ARISTOTELES und den Stoikern studierte. Als eklektischer Dogmatiker vereinigte er dann naturphilosophische Ansätze der verschiedenen Schulen mit dem Wissen der gesamten antiken Heilkunde zum einheitlichen medizinischen System der ›Humoralpathologie‹, das über das gesamte arabische und lateinische Mittelalter hinweg noch bis tief in die Neuzeit höchste Autorität genoß und mit der Grundidee selbst das 19. Jahrhundert noch beeindruckte (und in jüngster Zeit sogar innerhalb populistischer Medizinrichtungen wieder aufersteht). Als Arzt war er in erster Linie Hippokratiker, dem der individuelle Befund wichtiger war als alle Theorie und der sich gegen eine starre Anwendung jeglicher Theorie aussprach, in der Anatomie und Physiologie war er dagegen Aristoteliker und ordnete seine zahlreichen durch eigene Beobachtungen und sogar Experimente (am Tier) gewonnenen Erkenntnisse strikt dem aristotelisch-stoischen Prinzip der Teleologie unter, so daß seine Darlegungen trotz empirischer Basis oft spekulativen Charakter erhielten. Dennoch hat er auf vielen Gebieten der Medizin auch große Fortschritte erzielt. Hierzu zählen unter anderem seine Myologie, in der erstmals die einzelnen Muskeln genauestens beschrieben werden, und seine Beiträge zur Zeugungslehre, darunter die Erkenntnis, daß die Hoden die Bildungsstätte des Samens sind, auch unterschied er bei der Eunuchiebestimmung erstmals zwischen primären und sekundären Geschlechtsmerkmalen und konstatierte einen Kausalzusammenhanges zwischen Samen und Geschlechtsentwicklung. Seine anatomischen Kenntnisse des Menschen blieben dagegen eigentlich auf das Skelett beschränkt, weil er seine Beobachtungen über Organe und Körper durch Tiersektionen, besonders von Affen, gewann und einfach auf den Menschen übertrug – was man allerdings erst in der Renaissance bei Sektionen bemerkte, zu deren Erklärungen die Angaben von GALENOS herangezogen wurden. GALENOS verfaßte neben Abhandlungen über Diagnostik, Therapeutik und Hygiene, über medizinisch-pharmakologische und diätische Spezialprobleme auch einige Kommentare zu Schriften des HIPPOKRATES.

GALENOS verband seine auf der Basis der hippokratischen Viersäfte- und Qualitätenlehre entwickelte Humoralpathologie mit einer besonderen Pneumalehre. Er unterschied dazu drei Arten von ›Pneumata‹, die in den wichtigsten Organen säßen: 1. in der Leber das natürliche Pneuma (*pneuma physikon*), das die Funktion der Ernährung, des Wachstums und der Fortpflanzung steuere; 2. im Herzen das Lebenspneuma (*pneuma zōtikon*), das die Lebensfunktionen reguliere, indem es Wärme und Leben durch die Arterien verteile; 3. im Gehirn das psychische Pneuma (*pneuma psychikon*), das Herz, Nerven und somit Gefühle steuere. Auf diesen drei ›Pneumata‹ basierte das physiologische Systems des Menschen letztlich bis hin zu WILLIAM HARVEY. Für GALENOS müssen dann auch die drei Hauptorgane eines jeden Lebewesens, und zwar in dieser nach ihrer Lebenswichtigkeit geordneten Reihenfolge, als erstes gebildet werden: zuerst die Leber mit den Venen, dann das Herz mit den Arterien und endlich das Gehirn. GALENOS stellte fest, daß auch die linke Herzkammer und die Arterien Blut enthalten, und nahm daraufhin an (von der Erkenntnis eines Blutkreislaufes war man noch weit entfernt), daß das Blut durch das ›Septum‹, die Herztrennwand, hindurchsickere; denn es sollte in der Leber ständig neu gebildet und im Körper verbraucht werden.

Am nachhaltigsten wirkte GALENOS jedoch durch seine wissenschaftlich fundierte Krankheitslehre, in der die Ursachen der Krankheiten und die Fülle der Symptome sowie die Zustände der Leiden sorgfältig untersucht werden, und seine ebenso systematisch humoralpathologisch ausgerichtete Arzneimittellehre. Hiernach werden die in einer Mischung latent erhalten bleibenden Primärqualitäten der Elemente in den aus ihnen zusammengesetzten Pharmaka zu wahrnehmbaren Sekundärqualitäten vereint, aus denen man auf das Verhältnis unter jenen Primärqualitäten rückschließen kann. Die Primärqualitäten würden aber erst wieder im gesamten Körper oder in einem bestimmten Organ, zu dem das Arzneimittel als Vehikel sie trage, wirksam – etwa als hochgradig ›warmer‹ und damit wärmender Pfeffer. Da jegliche Krankheit auf einer für das entsprechende Individuum oder eines seiner Organe ›nicht naturgemäßen‹ (das ist: nicht gesunden) Mischung der Säfte und ihren Qualitäten (›Dyskrasis‹) beruhen soll, werden die Mittel mit ihren erwärmenden oder erkaltenden, erweichenden und verflüssigenden oder trocknendfestigenden Wirkungen vom Arzt ausgleichend eingesetzt (in der Regel als ›reinigende‹, zum Ausscheiden anregende Mittel, sogenannte ›Purgantien‹), bis im Organ oder Körper wieder der ›naturgemäße‹ Mischungszustand (›Eukrasis‹), das richtige ›temperamentum‹ erreicht wird (Theophrastos hatte ja nach dem Übermaß eines der vier Säfte – Blut, Schleim, gelbe und schwarze Galle – im ›Temperament‹ vier verschiedene Charaktere des Menschen unterschieden: Sanguiniker, Phlegmatiker, Choleriker und Melancholiker). Galenos hat dazu die Wirkeigenschaften der einfachen Mittel (Simplicia) und der aus ihnen zusammengesetzten Mittel (Composita) für jede der vier Primäreigenschaften in vier Grade mit (später) bis zu drei Zwischengraden unterteilt, um sie bei den ebenso in Grade unterteilten Eigenschaften der krankhaften Dyskrasien entsprechend einsetzen zu können. Aufgabe des Arztes oder seines Arzneibereiters (der erst im Mittelalter ein vom Arzt unabhängiger ›Apotheker‹ wurde) war es, durch entsprechende Verfahren (die spätere ›Apothekerkunst‹) die höchstgradigen oder falschgradigen Simplicia im Compositum entsprechend dem Bedarf zu ›korrigieren‹, »lege artis« zu bearbeiten. – Die Medizin und Pharmazie des Galenos wurde im Mittelalter vor allem in der schematisierten Form tradiert, die ihr der Iraner Avicenna (eigentlich Abu Ali al-Husalin Ibn Abd Allah *Ibn Sina*) in seinem enzyklopädischen ›Canon medicinae‹ gegeben hatte, der bis ins 20. Jahrhundert die arabische und bis ins 17. als maßgebliches Lehr- und Handbuch auch die europäische Medizin beherrschte, bis hier der echte, griechische Galenos an die Stelle des ›arabischen Galen‹ gesetzt wurde.

ALHAZEN

(eigentlich ABU 'ALI AL-HASAN IBN AL-HASAN
IBN AL-HAITHAM)

(* um 965 Basra, † 1039 oder später Kairo)

IBN AL-HAITHAM, im lateinischen Mittelalter kurz ALHAZEN
genannt, war in bereits reiferem Alter nach Ägypten übergesiedelt, wo er einige Jahre im Dienste des Fatimiden-Kalifen AL-HAKIM stand. Nach dessen Tod oder vielmehr Verschwinden im
Jahre 1021 sah ALHAZEN sich dann gezwungen, seinen Lebensunterhalt in Kairo als Abschreiber mathematischer und anderer
Bücher zu erwerben. Er selbst verfaßte insgesamt fast 200 Werke
mathematischen, physikalischen, naturphilosophischen und medizinischen Inhalts.

ALHAZENS mathematisches und naturwissenschaftliches
Wissen basierte wie das seiner Zeitgenossen im arabisch-muslimischen Kulturkreis auf dem der Griechen, deren Schriften über
die syrischen Christen in den Osten vermittelt und schließlich ins
Arabische, die Kultur- und Religionssprache des gesamten Islam,
übersetzt worden waren. Einer der wirksamsten Vermittler des
griechischen mathematischen Schrifttums war der syrische Arzt,
Mathematiker und Philosoph ABUL HASAN THABIT IBN KURRA
gewesen, der, als Angehöriger der Christentum und Islam trotzenden Sekte der Sabier im seit dem Hellenismus stark von griechischem Denken und griechischer Kultur geprägten Harran,
dem griechischen Hellenopolis, durch verschiedene Kulturen
geprägt, sich nach einem gründlichen mathematisch-philosophischen Studium in Bagdad mit seinen griechischen, syrischen
und arabischen Sprachkenntnissen den sogenannten ›Drei Brüdern‹, den Söhnen des MUSA IBN SCHAKIR, zur Verfügung stellte, die in Bagdad eine Übersetzerschule unterhielten. THABIT IBN
KURRA übersetzte hier die Werke griechischer Mathematiker,
verfaßte aber auch eigene Werke zu Medizin, Mathematik und
Astronomie auf der Grundlage der selbst übersetzten und noch
nicht übersetzter griechischer Schriften.

ALHAZEN ging dann in seinen Schriften erstmals verstärkt kritisch mit diesem Wissen um und gab den physikalischen Wissenschaften damit neue Impulse. In starkem Maße führte er auch das (qualitative) Experiment in seine Physik ein und bewies mittels genial erdachter und durchgeführter Versuche, daß die Erklärungen des ARISTOTELES nicht immer mit den Naturerscheinungen selbst übereinstimmten. Sein Hauptinteresse galt der Optik: Er hatte eine bessere Kenntnis vom Bau des Auges und vom Sehvorgang als seine Vorgänger, kannte die vergrößernde Wirkung von Linsen, untersuchte die sphärische Aberration und versuchte erstmals, aus der Dauer der Dämmerung, also aus dem Stand der Sonne unter dem Horizont während der letzten Dämmerungserscheinung, die Höhe der lichtbrechenden Lufthülle, später von WILLEBRORD SNELLIUS ›Atmosphäre‹ genannt, zu berechnen. Seine ›Große Optik‹, in der seine neuen Erkenntnisse mit dem antiken Wissen zu einem Handbuch vereint waren, wurde zusammen mit dem Werk über die Dämmerungsdauer, dem ›Liber de crepusculis et nubium ascensionibus‹, gegen Ende des 12. Jahrhunderts in Spanien, wahrscheinlich von GERHARD VON CREMONA an der Übersetzerschule von Toledo, ins Lateinische übersetzt und 1572 unter dem Titel ›Opticae thesaurus Alhazeni‹ von FRIEDRICH RISNER auch gedruckt herausgegeben. Besonders in der Bearbeitung von ROGER BACON und dem schlesischen Optiker WITELO beeinflußte sie stark die abendländische Optik bis hin zu JOHANNES KEPLER.

Einen ähnlich nachhaltigen Einfluß übten die kosmologischen Ansichten ALHAZENS aus, denen zufolge die Planetenbewegungen durch das Zusammenwirken mehrerer fester, undurchdringlicher Äthersphären entstehen, wozu er Vorstellungen, die PTOLEMAIOS abweichend von dem System homozentrischer Äthersphären des ARISTOTELES für ein mechanisches ›Planetarium‹ entwickelt und THABIT IBN KURRA ausgearbeitet hatte, zu physischen umformte. Diese nicht, wie bei ARISTOTELES, konzentrisch, sondern entsprechend den mathematischen Modellen unterschiedlich begrenzten Äthersphären gingen dann als ›physikalische‹ Erklärung der Elemente der mathematischen Astronomie in die ›Theoricae planetarum‹ des lateinischen Mittelalters ein, die, parallel zur mathematischen Astronomie der Sphärik tradiert, die astronomischen Vorstellungen bis zum Beginn des 17. Jahrhunderts mit prägten. Verständlich wird daraufhin, daß ALHAZEN die ptolemaiische ›Ausgleichsbewegung‹ als unphysikalisch ablehnte und darin eine ungebrochene, aber kaum konsequent bedachte Tradition

begründete, die letztlich zwar auf die Kritik von PTOLEMAIOS'
Zeitgenossen SOSIGENES zurückgriff, aber bis hin zu NICOLAUS
COPERNICUS fortlebte, dessen Ziel ja eine Astronomie ohne dieses
Manko ptolemaiischer Astronomie war.

AVERROËS

(eigentlich ABU-L WALID MUHAMMAD IBN AHMAD IBN
MUHAMMAD *IBN ROSCHD*)

(* 1126 Córdoba, † 10. 12. 1198 Marrakesch [Marokko])

IBN ROSCHD, im lateinischen Mittelalter lateinisiert zu AVER-
ROËS, studierte Rechtswissenschaft und Medizin in seiner Vaterstadt Córdoba auf der Iberischen Halbinsel, deren südliche
Hälfte seinerzeit zum Maurenreich gehörte. 1153 hielt er sich
in Marrakesch, der Residenz des Kalifen ABU JAKUB JUSUF, auf;
1169 wurde er selbst Kadi in Sevilla und zwei Jahre später in
Córdoba, wo auch sein Vater und Großvater Kadi gewesen waren. 1182 berief JUSUF AVERROËS als Leibarzt nach Marrakesch,
doch entließ er ihn – vermutlich bereits auf Drängen orthodoxer
Theologen – rasch wieder. Auch bei JUSUFS Nachfolger JAKUB
AL-MANSUR stand AVERROËS anfangs in hoher Gunst; beide Al-
mohadenherrscher waren Förderer von Philosophie und Wissenschaft. Um so mehr verwundert es, daß der Philosoph schon
bald in Ungnade fiel und um 1195 nach Lucena, einen kleinen
Ort bei Córdoba, verbannt wurde; dies war jedoch offensichtlich ein Zugeständnis AL-MANSURS gegenüber den spanischen
Theologen, die orthodoxer als die afrikanischen Muslime und in
hohem Maße intolerant waren und AVERROËS wegen angeblicher
Koranfeindlichkeit seiner Philosophie mehrfach angeklagt und
verhört hatten. Der Kalif hatte nämlich gleichzeitig die Verbrennung der Bücher des Philosophen mit Ausnahme seiner Schriften
zur Heilkunde, Arithmetik und elementaren Astronomie befoh-
len und einen Glaubenskrieg gegen die Christen in Spanien geführt. Nach Marrakesch zurückgekehrt, hob der Kalif auch den
Verbannungsbefehl auf und rief AVERROËS an seinen Hof zurück.
Die wiedererlangte Gunst konnte dieser jedoch nur kurze Zeit
genießen.

Trotz der Arbeitsbelastung verfaßte Averroës während seiner Richtertätigkeit seine bedeutendsten Werke, unter anderen ausführliche Kommentare zu sämtlichen Schriften des Aristoteles, die er zum Teil in drei verschieden ausführlichen Fassungen vorlegte (im Mittelalter, dem diese Schriften um 1250 bereits alle in lateinischen Übersetzungen vorlagen, hieß er deshalb schlechthin ›der Kommentator‹) und die von einer fast religiösen Verehrung für Aristoteles getragen sind. Angeregt hatte dieses Kommentarwerk Abu Bakr Ibn Tufail, der vor ihm Leibarzt in Marrakesch gewesen war und auf dessen Einfluß wesentlich die Erneuerung der ›echten‹, unverfälschten aristotelischen Lehren im 12. Jahrhundert zurückgeht. Zur Gruppe um Ibn Tufail zählte auch der Astronom Nur ad-Din al-Bitrudschi (latinisiert: Alpetragius), der im Zuge dieser Rückbesinnung die aristotelische Himmelsphysik erneuerte und gegen Ptolemaios und seine Anhänger die zur Erde konzentrischen Bewegungen der Planetensphären verteidigte. Seine Schrift ›Über die Bewegungen der Himmel‹, die um das Jahr 1185 entstand, wurde bereits 1217 von Michael Scotus, dem Hofastronomen Friedrichs II. und wohl erfolgreichsten Übersetzer wissenschaftlicher Werke aus dem Arabischen, ins Lateinische übertragen und konnte starken Einfluß auf die Himmelsphysik der Scholastik in Westeuropa bis hin zur Erneuerung der Astronomie ausüben.

Neben seinem ›Corpus Aristotelicum‹ verfaßte Averroës eine Reihe von philosophischen, mathematisch-naturwissenschaftlichen und medizinischen Werken und verteidigte Wissenschaft und Philosophie gegen die Angriffe, die ihnen von den muslimischen Theologen entgegengebracht worden waren. Mit Averroës starb der letzte Repräsentant der Philosophie und Wissenschaft des Maurenreiches. – Es waren dann besonders seine Lehren von dem anfanglosen Bestehen der Welt und dem Weltgeist oder der Weltvernunft, die sich nicht in der Seele des einzelnen Menschen vervielfältige, vielmehr allen Menschen gemeinsam sei und sich nur vorübergehend mit der Einzelseele verbinde, welche seine Anhänger, die sogenannten Averroisten, und seine Gegner, unter denen vor allem Albertus Magnus und Thomas von Aquino, die den Christlichen Aristotelismus schufen, zu nennen sind, heiße Kämpfe austragen ließen. Eine Folge dieser Lehren war nämlich beispielsweise das Leugnen der Unsterblichkeit der menschlichen Seele. Averroës suchte diese und andere Lehren dadurch mit dem ›Koran‹ zu harmonisieren, daß er dessen Aussagen einen mehrfachen Sinn unterlegte, während einzelne christliche Averroisten dem Konflikt mit dem Wortlaut der Bibel und der herrschenden Theologie dadurch zu entgehen suchten, daß sie davon ausgingen, etwas könne durchaus philosophisch wahr, aber theologisch falsch sein – womit ihnen einerseits die Möglichkeit gegeben war, zur Aussage der Bibel Widersprüchliches oder widersprüchlich Erscheinendes wenigstens spekulativ zu durchdenken, und andererseits langsam der Boden vorbereitet wurde für die spätere strenge Scheidung der Theologie von Philosophie und Naturwissenschaft. Wegen dieser ›doppelten Wahrheit‹ wurden die averroistischen Lehren und die Averroisten 1270 an der Universität Paris und in der Folgezeit überall nördlich der Alpen verboten; in Italien konnte daraufhin insbesondere Padua zu einer Hochburg des Averroismus werden, der dann noch die methodischen Überlegungen eines GALILEO GALILEI beeinflussen sollte.

ROBERT GROSSETESTE *(GREATHEAD)*
(* ca. 1168 Stradbrook [Suffolk],
† 9. 10. 1253 Buckden [Buckinghamshire])

Um die Heiligen Schriften besser verstehen zu können, wuchs in der ersten Hälfte des 12. Jahrhunderts im christlichen Abendland das Bedürfnis, über die relativ bescheidenen Sachkenntnisse, die in den lateinischen Enzyklopädien der römischen Antike über die Natur tradiert und aus den seit der Karolingischen Renaissance des ausgehenden 8. Jahrhunderts zugänglichen Kompendien des BOETHIUS über die Disziplinen der mathematischen Künste des Quadriviums entnommen worden waren, hinausgehendes Wissen zu erlangen. Das war angeregt durch die Universalienfrage, ob Allgemeinbegriffe (Ideen) tatsächlich existieren (Realismus) oder bloße vom Menschen erfundene Begriffe und ›Namen‹ sind, dem allein existierenden Einzelding nur beigegeben (Nominalismus), woraufhin sich das Interesse wieder mehr den individuellen materiellen Dingen zuwandte. ADELARD VON BATH reiste daraufhin an die Orte der Quellen, Salerno (Medizinschule), Sizilien und Syrien, und wurde durch seine lateinischen Übersetzungen und die Kenntnisse der Muslime verarbeitenden Schriften zum ersten gezielten Vermittler griechisch-arabischer Wissenschaft an das christliche Abendland, was dann insbesondere auf Sizilien und in Spanien, wo die beiden Kulturen aufeinander trafen, eine rege Übersetzertätigkeit auslöste. Daraufhin wurden im Laufe des 12. Jahrhunderts die meisten der arabisch sprechenden Gelehrtenwelt bekannten griechischen und die wichtigsten arabischen Werke in lateinischen Übersetzungen zugänglich, bis um 1250 dann sogar die arabische Kommentarliteratur zu ARISTOTELES und anderen wichtigen Autoren. So wurde in kurzer Zeit dem am von BOETHIUS allein ins Lateinische übersetzten ›Organon‹ des ARISTOTELES logisch-wissenschaftstheoretisch geschulten christlich-lateinischen Abendland eine gewaltige Fülle mathematisch-naturwissenschaftlichen Wissens, das sich über anderthalb Jahrtausende angesammelt hatte, mit einem Schlage bekannt – das jetzt natürlich in die christlichen Glaubensvorstellungen zu integrieren war; und das machte ähnliche Schwierigkeiten, wie sie den muslimischen Gelehrten von den Wächtern der Theologie entgegengebracht worden war. – Weniger Schwierigkeiten, Vernunft und Glauben zu vereinen, hatten dagegen die mehr augustinisch-neuplatonisch ausgerichteten Gelehrten, deren ›Physik‹ noch an dem seit der Antike lateinisch zugänglichen ›Timaios‹ PLATONS ausgerichtet war und die somit einerseits Mathematik in die erklärende Physik einbeziehen, andererseits aber auch im Sinne des ARISTOTELES zwischen den Aussagefähigkeiten der ›Physik‹ und ›Mathematik‹ unterscheiden konnten. Prädestiniert für eine Vernunft (Naturwissen) und Glauben verbindende Sehweise erwies sich daraufhin die Optik als Ausdruck neuplatonischer Lichtmetaphysik, galt doch seit AUGUSTINUS und anderen Neuplatonikern das Licht als Analogon einerseits der göttlichen Gnade und andererseits der Erleuchtung des menschlichen Geistes durch die göttliche Wahrheit. Einer der einflußreichsten Vertreter einer solchen Lichtmetaphysik war ROBERT GROSSETESTE.

GROSSETESTE wurde wahrscheinlich in Lincoln unterrichtet, studierte dann Philosophie, Mathematik und Medizin in Oxford, wo er 1198 im Hause des Bischofs von Hereford wohnte. Spätestens seit 1209 lehrte er auch an der Universität Oxford, deren ›Kanzler‹ er 1215–1221 war, nachdem er die theologische Magisterprüfung (wahrscheinlich in Paris) abgelegt hatte. Ihm wurden zwar in der Folgezeit mehrere kirchliche Ämter übertragen, doch blieb er seiner Universität als Lehrer treu und wurde 1229/30 zusätzlich ›lector‹ der Theologie für die Franziskaner, die 1224 in Oxford eine der Universität angeschlossene Ordensschule gegründet hatten. Der Einfluß, den GROSSETESTES auf die Ausbildung der englischen Franziskaner, die er auf gründliche Studien der Mathematik und Naturwissenschaften ausdehnte, ausübte, hielt auch an, als er 1235 Bischof von Lincoln wurde und deshalb Oxford verließ; denn dieses unterstand wie die Universität seinem Bischofsstuhl. Zu einem großen Teil verdankte die Universität ihr Emporkommen und den guten Ruf im Mittelalter der umsichtigen Tätigkeit GROSSETESTES als Kanzler und Bischof.

Die Erneuerung naturwissenschaftlicher Studien im lateinischen Mittelalter ging im wesentlichen von England aus, und GROSSETESTE, der Lehrer von ROGER BACON, war einer ihrer Protagonisten. Er wirkte nicht nur als Übersetzer von Schriften des ARISTOTELES und anderer griechischer Autoren unter Umgehung, wenn auch nicht in Unkenntnis der arabischen Tradition – 1230 hatte er eigens dazu mit dem Studium der griechischen Sprache begonnen – und als Kommentator theologischer und naturwissenschaftlicher Werke der Antike, sondern auch durch eine Reihe selbständiger naturwissenschaftlich-philosophischer Werke. Hierin stellte er seine kosmologisch-physikalischen Theorien dar und erprobte seine wissenschaftliche Methode hauptsächlich an optischen und astronomischen Problemen. Die Methode hatte er im Anschluß an ARISTOTELES innerhalb eines Kommentares zu dessen Wissenschaftstheorie, den ›Analytica posteriora‹, entwickelt. Sie stellt die erste systematische Theorie einer Experimentalwissenschaft (im Sinne von Erfahrungswissenschaft) dar und wurde von ROGER BACON weiter ausgebaut. Zugrunde liegt ihr die aristotelische Unterscheidung zwischen der Erkenntnis einer Sache (›demonstratio quia‹, ›demonstratio a posteriori‹) und der Erkenntnis der Gründe für eine Sache (›demonstratio propter quid‹, ›demonstratio a priori‹). Drei wesentliche Aspekte kommen dabei zum Tragen, der induktive (im weiteren Sinne wie bei ARISTOTELES), der experimentelle (ohne daß diesem bereits das Vertrauen des 17. Jahrhunderts entgegengebracht würde, häufig dagegen ›experimentum‹ noch bloße Erfahrung meinte) und der mathematische (Einfluß PLATONS). Aufgabe der Induktion sei es, aus der bestimmten, sinnlich wahrnehmbaren Wirkung durch einen aufsteigenden Abstraktionsprozeß die Ursachen zu entdecken, um dann deduktiv aus diesen Ursachen wieder die Wirkungen abzuleiten. Er nannte die beiden Abschnitte ›resolutio‹ (griechisch ›analysis‹) und ›compositio‹ (›synthesis‹). In der ›resolutio‹ werden die aufbauenden Prinzipien oder Elemente, die ein Phänomen zu bestimmen scheinen, nach Ähnlichkeit und Verschiedenheit aussortiert und klassifiziert. Daraus ergibt sich eine erste, ›nominelle‹ Definition. Aus einer Sammlung von Beispielen für das untersuchte Phänomen werden allen gemeinsame Eigenschaften ausgesondert; was die Beobachtung empirisch als Beziehung erfaßt hatte, wird so als ›gemeinsame Formel‹ bestätigt, und zwischen häufig zusammen auftretenden Eigenschaften werden Kausalbeziehungen vermutet. Die ›compositio‹ ordnet dann das gewonnene Material so um, daß die Beziehung vom Allgemeinen zum Besonderen die der Ursache zur Wirkung wird. Wie für ARISTOTELES bleibt so auch für GROSSETESTE die Möglichkeit bestehen, durch Intuition ein Grundprinzip wiederholt beobachteter Erfahrungen zu erkennen. Zwischen falschen und richtigen Theorien entscheiden dann speziell angeordnete Experimente oder – wo dies nicht möglich ist – eine ›reductio ad absurdum‹ beziehungsweise analoge Beobachtungen (Experimente) und eine Ableitung der Phänomene aus den intuitiv gewonnenen Prinzipien. Als Voraussetzung für die Erkennbarkeit des auszusondernden Falschen gilt für GROSSETESTE die als Prinzip der göttlichen Schöpfung postulierte Uniformität der Natur und ein Ökonomieprinzip. – Trotz aller Methode sei aber die Strenge eines mathematischen Beweises in der Naturwissenschaft nicht erreichbar, ihre Aussagen blieben stets von minderer Sicherheit – selbst wenn sie sich mathematischer Begriffe bediene. Aus deren Anwendbarkeit – allerdings nur auf die Beschreibung der Wirkungen – ergebe sich somit zwar der Grad der Sicherheit, doch seien mathematische und physikalische Voraussetzungen für die Theorie gleich wichtig.

Es handelt sich also um eine Methode, die ausgehend von ARISTOTELES als Theorie gerade wieder das 17. Jahrhundert beherrschen sollte (scheinbar neu entwickelt von FRANCIS BACON und GALILEO GALILEI). Alle Diskussionen über die Methode setzen jedoch eine Naturphilosophie, eine Vorstellung von dem, was Ursachen und Prinzipien sind, und von deren Wirkungen, voraus; und diese war bei GROSSETESTE noch die des ARISTOTELES. Folglich unterscheiden sich auch die ›experimentellen‹

Ergebnisse der Theoretiker des 13. Jahrhunderts von denen der des 17. Jahrhunderts grundlegend. Aber die ›Physik‹ des GROSSE-TESTE wird so notwendig zum Versuch einer Synthese jener des ARISTOTELES und jener PLATONS (des Neuplatonismus), und es ist verständlich, daß in diesem Rahmen die geometrische Optik eine große Rolle spielt und GROSSETESTE versucht, im Anschluß an neuplatonische Ideen, in dem Objekt dieser mathematischen Wissenschaft, im korpuskular aufgefaßten Licht, das materielle und dynamische Grundprinzip der sinnlichen und übersinnlichen Welt zu sehen.

Das Licht, ›lux‹ als ›prima materia‹ und ›prima forma‹ im aristotelischen Sinne, selbsterzeugend und selbstvermehrend mit instantaner kugelförmiger Ausbreitung, sei die erste körperliche Form (›corporeitas‹), und auch der Raum sei erst eine Funktion des Lichtes und seiner Wirkungsgesetze. (Ähnliches sollte sehr viel später ALBERT EINSTEIN von der Gravitation annehmen.) So entstünden aus dem Urlicht nicht nur die wahrnehmbaren Arten des Lichtes (›lumen‹, Farben und anderes), sondern auch die Trägerkörper, und somit der ganze Kosmos. Auch mit dieser, bis ins Detail ausgeführten, grandiosen lichtmetaphysischen Deutung der Welt und des physikalischen Geschehens hat GROSSETESTE besonders in neuplatonischen Kreisen bis ins 17. Jahrhundert gewirkt.

Nominalisten

JOHANNES BURIDANUS
(* um 1300 Béthune [Artuis], † nach 1358 Paris)

NICOLE ORESME (NICOLAUS VON ORESME)
(* 1320/25 in der Diözese Bayeux [Normandie],
† 1382 Lisieux)

Weil ihre Inhalte christlichen Glaubenssätzen widersprachen, war erstmals 1210 auf der Pariser Synode das öffentliche und private Lesen aller naturphilosophischen Schriften des ARISTOTELES und der Kommentare unter Androhung der Exkommunikation verboten worden. 1215 hatte die Pariser Universität dieses Verbot in ihre Statuten aufgenommen; 1245 war es von Papst Innozenz IV. namentlich auf die 1229 gegründete Universität Toulouse ausgedehnt worden, die gerade mit Aristoteles-Unterricht um die Studierenden geworben hatte; 1231 hatte aber bereits Papst Gregor IX. eine Kommission einberufen, um die dem Universitätsunterricht (in der Logik ja seit langem) zugrunde gelegten aristotelischen Schriften in christlichem Sinne zu revidieren. – Albertus Magnus sollte sich dieses davon unabhängig zur Lebensaufgabe machen und durch eine christliche Umformung von Grundideen des Aristoteles in der 2. Hälfte des 13. Jahrhunderts den sogenannten Christlichen Aristotelismus schaffen, auf dessen Basis er mit eigens dazu erstellten Übersetzungen und Lücken ergänzenden Schriften vor allem aus dem Bereich der Naturkunde (Botanik, Alchemie) die für die Folgezeit maßgebliche ›Aristoteles-Enzyklopädie‹ erstellte. – 1255 war dann zwar das Verbot, das für England nie gegolten hatte und selbst in Paris immer offener umgangen wurde, aufgehoben worden, doch waren inzwischen auch die Schriften des Averroës bekannt und eingeführt worden, mit Hilfe der darin vertretenen These der ›doppelten Wahrheit‹ die Magistri der Artistenfakultät christlichen Glaubenssätzen widersprechende Lehren des Aristoteles zu rechtfertigen vermochten. Auf päpstliche Intervention hin verbat daraufhin der auch für die Universität verantwortliche Bischof Tempier von Paris 1270, über einzelne Sätze des Averroës zu lehren, was 1277 auf insgesamt 219 das Naturgeschehen determinierende oder Bibelaussagen direkt widersprechende Lehren von Aristoteles, Averroës und dem Albertus-Schüler Thomas von Aquino ausgedehnt wurde und nach und nach für ganz Europa nördlich der Alpen galt. Diese Form, Widersprüche zwischen Vernunft (Wissen) und Glauben durch Verbot zu lösen, war natürlich unbefriedigend, mündete aber schließlich in den philosophischen Empirismus und Nominalismus, die im 14. Jahrhunderts als Reaktion gegen den an Aristoteles orientierten Realismus von Albertus Magnus und Thomas von Aquino und den Averroismus erneuert wurden und denen der Franziskaner Wilhelm von Ockham, der allein einen inneren Widerspruch ausschloß, zum Durchbruch verhalf. Daraufhin waren die Verbote nicht mehr nötig, zumal die Theologie mit philosophischen Mitteln hatte aufzeigen können, wie sinnlos es sei, die Existenz Gottes und seine Eigenschaften und Absichten logisch beweisen zu wollen. Eben diese Verbote hatten aber bewirkt, daß die Überzeugung von der jeglichem Determinismus widersprechenden Allmacht Gottes als spezifisch theologisches Axiom der Naturwissenschaft bis tief in die Neuzeit erhalten blieb.

Wichtigste Grundlage des erneuerten Nominalismus ist die Annahme, daß nur das Einzelne als real gilt, das Allgemeine aber als bloßer Begriff des denkenden Geistes. Wegen der alleinigen Realität beruht aber jegliche Erkenntnis des Einzelnen auf Intuition und läßt sich nicht a priori ableiten. Gott sei allerdings nicht intuitiv erkennbar, sondern durch einen Begriff, dessen Elemente von den Dingen der Schöpfung abstrahiert wurden, so daß daraus nicht seine Existenz folge. Die üblichen Gottesbeweise a priori werden deshalb durch Bezweifeln der aristotelischen Voraussetzungen bekämpft; ein Beweis Gottes könne nur a posteriori erfolgen und wäre daraufhin auch nicht zwingend. Theologische Sätze und Dogmen werden folglich als bloße unbeweisbare Glaubensartikel deklariert – und das mußte natürlich Reaktionen seitens der noch anders fundamentierten Theologie nach sich ziehen, hatte aber auch Konsequenzen für die Naturphilosophie, insofern der das Einzelne erfassenden Wahrnehmung größeres Gewicht zugeschrieben wurde, und die Frage nach dem Allgemeinen (dem ›Wesen‹ der Dinge) zurücktrat hinter die nach dem bloßen ›wie‹ des Geschehens und die apriorischen Grundprinzipien des ARISTOTELES als solche in Frage gestellt wurden: Die Ursachenkette kann unendlich sein, Gott braucht nicht die erste Ursache zu sein / nicht jede Bewegung bedarf eines Bewegers / Gottes Einheit und Unendlichkeit ist nicht nachweisbar / eine Mehrheit von Welten verschiedener Urheber ist denkbar usw. Diese nominalistische Skepsis, welche die vertrauten aristotelischen Grundsätze auch der Theologie als in der Tat ›fragwürdig‹ bloßlegte, eröffnete allerdings der Naturerkenntnis ganz neue Wege. Diese wurden zwar vorerst rein spekulativ als Diskussion verschiedener Möglichkeiten beschritten, wurden dann aber teilweise im 16. und 17. Jahrhundert als der Realität entsprechende erkannt oder gesetzt und führten so zur Überwindung des Weltbildes und der Naturwissenschaft des ARISTOTELES. Ansätze in dieser Richtung bei WILHELM VON OCKHAM wurden besonders an der Universität Paris weiter gebildet. Stieß hier jedoch die theologische Ausrichtung des Ockhamismus auf harte Kritik seitens der Kurie, so blieben die vorwiegend naturphilosophisch orientierten Anhänger unbehelligt. Unter ihnen ragte neben NICOLE ORESME besonders JOHANNES BURIDANUS hervor.

JOHANNES BURIDANUS war angesehener Lehrer und mehrmals Rektor der Pariser Universität, in deren Kollegium von Navarra auch NICOLE ORESME 1348 zum Studium der Theologie eintrat. Nach Erwerb des Doktortitels wurde ORESME 1356 Großmeister des Kollegiums, welches Amt er bis 1362 bekleidete; er scheint seine Lehrtätigkeit darüber hinaus auch nach der Übertragung verschiedener kirchlicher Ämter weiter ausgeübt zu haben, bevor er 1377 zum Bischof von Lisieux gewählt wurde und im Herbst 1380 dorthin übersiedelte. Die große Wirkung, die ORESME mit seinem naturphilosophischen Nominalismus ockhamistischer Prägung in Paris, meist im Zusammenhang mit Kommentaren zu Schriften des ARISTOTELES, entfalten konnte, hing sicherlich zum Teil auch damit zusammen, daß er seine wichtigsten Schriften nicht nur in der damaligen Gelehrtensprache des Lateinischen abfaßte, sondern auf Befehl des Königs erstmals auch in seine Landessprache übertrug. Durch die Prägung einer großen Anzahl neuer Ausdrücke legte er so den Grundstein für den wissenschaftlichen Wortschatz des Französischen.

In verstärktem Maße beschränkten BURIDANUS und ORESME sich in der Naturphilosophie auf die Frage nach dem ›wie‹ eines Vorganges. Hierzu entwickelte ORESME unter dem Einfluß platonischer Ideen eine geometrisch-graphische Methode zur Fixierung aller Arten von Veränderungen in Abhängigkeit von der Zeit. In seiner mehrteiligen Abhandlung ›De difformitate qualitatum‹, auch ›De latitudinibus formarum‹ (›Breite der Formen‹, Eigenschaften) genannt, stellte er diese erste graphische Darstellungsweise von Bewegungen und Veränderungen dar, eine Art Koordinatensystem mit der Zeit als ›Länge‹ und dem jeweiligen Grad oder der ›Intensität‹ einer Eigenschaft oder Bewegung (Wärme, Geschwindigkeit, aber auch Frömmigkeit und ähnliches) als ›Breite‹. Er weitet damit den Anwendungsbereich einer aus der Astronomie und Geographie seit der Antike gebräuchlichen punktuellen Bestimmungsmethode auf Prozesse qualitativer, quantitativer und kinematischer Veränderungen aus und führt den späteren Begriff der Funktion ein, der heute wieder eine ähnlich breite Anwendung über Mathematik und Physik hinaus wie bei ORESME erfahren hat. Nur ein Fall unter anderen war für ihn die Anwendung dieser Vorform der analytischen Geometrie

René Descartes' auch auf die gleichförmig ungleichförmige, das ist die gleichförmig beschleunigte Fallbewegung. Damit wurde er zum Wegbereiter der Entdeckung des Fallgesetzes durch Galileo Galilei, indem er aufzeigte, daß das die Bewegung nach dieser Methode graphisch wiedergebende Dreieck in ein gleichgroßes Rechteck verwandelt werden kann, das die mittlere Geschwindigkeit über denselben Zeitraum bestimmt. Für die Entwicklung der abendländischen Physik bestand seine Bedeutung daneben im wesentlichen in der Übernahme und Ausweitung der Impetustheorie von Johannes Buridanus.

Um Fall- und Wurfbewegung nach Aristoteles im Sinne von Gottes Allmacht christlich umformen zu können, hatte letzterer den Bewegungsantrieb der Einfachen Körper nach ihrer Erschaffung ihnen von Gott als (immerwährenden) Impuls, ›impetus‹, einpflanzen lassen, so auch die Rotationsbewegung den Äthersphären, für die es somit keines separaten Bewegers (Gott als Erster unbewegter Beweger oder die Geistseelen der Sphären, ›intelligentiae‹) mehr bedurfte. – Dank dieser Impetustheorie, die schon einmal im 6. Jahrhundert von Ioannes Philoponos aufgrund ähnlicher Überlegungen als Christianisierung aristotelischer Lehren erstellt worden war, ohne daß Buridanus davon gewußt zu haben scheint, brauchte die Astronomie (und ›Astrophysik‹) bis einschließlich N. Copernicus die Frage nach dem Beweger erst wieder zu stellen, als die Äthersphären als Träger der Gestirne wegfielen.

Ohne direkte Einwirkung auf das spätere Weltbild scheinen dagegen Buridanus' und Oresmes äußerst scharfsinnigen Bemerkungen zu den physikalischen und astronomischen Konsequenzen einer durchaus möglichen anderen Welt, etwa mit rotierender Erde und ruhender Fixsternsphäre, gewesen zu sein. Die These, für unsere Welt seit dem ausgehenden fünften vorchristlichen Jahrhundert immer wieder einmal diskutiert – auch Ptolemaios setzte sich ausführlich mit ihren physikalischen Konsequenzen auseinander wie später die Copernicaner, allerdings mit gegenteiligem Schluß –, ist auch keine Vorwegnahme der heliozentrischen Theorie des Nicolaus Copernicus, da sie nur spekulativ erörtert wurde, wenn auch scharfsinniger als durch Copernicus selbst. Veranlaßt durch die Verbote (1277) naturphilosophisch-deterministischer Sätze, welche die Allmacht Gottes eingeschränkt hätten – wie: daß Gott nur eine Welt hätte erschaffen können, daß Gott die Welt nicht geradlinig bewegen könne usw. – werden aus Erfahrungen und Beobachtungen der Erscheinungen am Himmel (gemäß der ›Optik‹ des EUKLEIDES ohne Unterscheidungskriterien für scheinbare oder tatsächliche Bewegungen) zahlreiche Argumente für die Existenz einer heliozentrischen Welt (der Achsendrehung usw.) in extenso dargelegt, so daß der Schluß auf die Richtigkeit dieses Weltbildes unumgänglich schien, bis er, für spätere Zeiten überraschend, schloß: »Da die Vorstellungen unseres Verstandes von unseren Sinnen abhängen, können wir den unkörperlichen Raum jenseits der Himmel weder begreifen noch erfassen. Verstand und Glaube sagen uns aber, daß er existiert. Deshalb folgere ich, daß Gott in seiner Allmacht eine andere Welt neben dieser oder mehrere, gleiche oder andersartige, schaffen kann und könnte. Weder ARISTOTELES noch irgendjemand anderes wird in der Lage sein, das Gegenteil zu beweisen. – Aber es hat natürlich nie noch wird es je mehr als diese eine körperliche Welt [in dieser geozentrischen Anordnung] geben«, wie die Bibel und ARISTOTELES bezeugen. Ähnlich wird lang und breit – und mit demselben Schluß – beispielsweise für eine Achsendrehung argumentiert, wobei die Impetustheorie gute Erklärungsargumente für das später berühmte Beispiel des von dem Mast eines fahrenden Schiffes senkrecht herabfallenden Steines liefert, nur daß das 17. Jahrhundert (G. GALILEI, I. NEWTON) dann nicht mehr von einem ›impetus‹ sprechen sollte, sondern von der durch Gott den Körpern eingeprägte Kraft (›vis impressa‹), während ein TYCHO BRAHE hieraus noch ein Argument gegen die Achsendrehung ableiten sollte.

NICOLAUS COPERNICUS

(*NIKLAS KOPPERNIGK;*
  im Deutschen auch fälschlich *KOPERNIKUS*)
    (* 19. 2. 1473 Thorn, † 24. 5. 1543 Frauenburg [Ermland])

NICOLAUS COPERNICUS, wie er sich im Sinne der Renaissance lateinisierend nannte, hatte keineswegs die Absicht, ein revolutionierendes Weltbild und eine neue Astronomie zu schaffen. Er wollte vielmehr durch strenge Beachtung der Grundlagen der vorptolemaiischen Astronomie, die PTOLEMAIOS mißachtet hatte, die alte Astronomie mit den Kenntnissen des PTOLEMAIOS und seiner Nachfolger unter den Arabern wieder herstellen – also nicht ›Revolution‹, sondern ›Restauration‹ war sein Ziel, ganz im Sinne des Renaisance-Humanismus. – PTOLEMAIOS hatte ja die gemäß der Physik des ARISTOTELES zugrundeliegenden ›physikalischen‹ Grundsätze (die COPERNICUS fälschlich als pythagoreische bezeichnete), woraufhin sämtliche Bewegungen am Himmel auf kreis- und gleichförmige Rotationen von Äthersphären beruhen, in einem Punkte entscheidend verletzen müssen, um die Bewegungserscheinungen überhaupt exakt wiedergeben zu können. Er hatte zur Bestimmung der ersten Anomalie, die später JOHANNES KEPLER durch den Flächensatz beschreiben sollte, die sogenannte Ausgleichsbewegung eingeführt, woraufhin der Mittelpunkt des (ersten) Epizykels auf dem Exzenter eine gleichförmige Winkelbewegung bezüglich eines imaginären Punktes (›punctum aequans‹) spiegelsymmetrisch zur Erde auf der Apsidenlinie ausführen sollte, statt entsprechend der Rotation des Exzenters eine gleichförmige bezüglich dessen Zentrums. Das war aber auf der Basis der damaligen Vorstellungen von gleichförmig rotierenden Äthersphären ›physikalisch‹ unvorstellbar – so daß in der Folgezeit die mathematische Beschreibung der Bewegungen von ihrer physikalischen Erklärung stark abwich und beide Betrachtungsweisen unverbunden parallel nebeneinander herliefen; und das wollte COPERNICUS durch eine gleichzeitige ›Physikalisierung‹ der ›mathematischen‹ und ›Mathematisierung‹ der ›physikalischen‹ Astronomie wieder in Ordnung bringen – aber natürlich jeweils auf der Basis der ›Physik‹ seiner Zeit, und das war die des ARISTOTELES.

COPERNICUS entstammte einer deutschen Kaufmannsfamilie in Thorn, das im Vertrag von Thorn 1466 vom deutschen Ritterorden wieder an den polnischen König abgetreten worden war (seine Umgangssprache blieb zeitlebens das Deutsche, so daß er sich später bei Verhandlungen mit der Bevölkerung stets eines Dolmetschers bedienen mußte, seine Wissenschaftssprache wurde das Lateinische). Nach dem Tode des Vaters übernahm 1483 der Onkel LUKAS WATZENRODE, ab 1479 Domherr in Frauenburg und später ab 1489 Bischof von Ermland, Nicolaus und dessen Bruder in seine Obhut und sorgte für ihre Unterrichtung bis hin zum Studium an der Universität Krakau, wo schwerpunktmäßig Mathematik und Astronomie nach den Werken und mit den Instrumenten von Georg Peurbach und Johannes Regiomontanus aus der bekannten Wiener Mathematiker- und Astronomenschule gelehrt wurden. Danach nahm Watzenrode Copernicus in seine persönlichen Dienste und sandte ihn zur weiteren Ausbildung und Vorbereitung auf die ihm zugedachte Domherrenstelle in Frauenburg nach Italien. Hier studierte er von 1496 bis 1500 in Bologna, wurde vor 1499 ›magister artium‹, widmete sich aber auch astronomischen Studien, zu denen er schon in Krakau angeregt worden war, und war Mitarbeiter des angesehenen Regiomontanus-Schülers Dominico Maria di Novara. Nach Ernennung zum Domherren setzte Copernicus 1501 sein Studium, jetzt der Medizin und des Kirchenrechts, in Padua fort und promovierte 1503 in Ferrara zum Doktor des kanonischen Rechtes. Nach Polen zurückgekehrt, war er zunächst persönlicher Sekretär und Leibarzt seines Onkels, bevor er 1510 die Domherrenstelle in Frauenburg antrat, die kein geistliches Amt darstellte, sondern eine Verwaltungsstelle mit juristischen, politischen und medizinischen Tätigkeitsmerkmalen. Abgeschlossen von der Welt, übte er hier sein Amt aus, unterbrochen nur durch eine Kommandantur der Burg und Stadt Allenstein während des sogenannten Reiterkrieges gegen den Ritterorden. Landesweit hatte er sich aber auch einen guten Ruf als Arzt erwerben können, den neben dem Klerus im Bistum Ermland auch das polnische Könighaus konsultierte. Zudem wurde er als Vertreter des Bistums zum Preußischen Landtag abgeordnet und verfaßte 1517–1526 im Zusammenhang mit der angestrebten Reform der preußischen Münze insgesamt drei Denkschriften.

Zu dieser Zeit galt Copernicus aber auch bereits als Experte der Astronomie. Vermutlich kurz nach seiner endgültigen Rückkehr aus Italien hatte er eine kurze Abhandlung, den ›Commentariolus‹, verfaßt, in der er seine neuen astronomischen Ideen niedergelegt hatte. Sie kursierte in mehreren Abschriften und fand besonders wegen der in Angriff genommenen Kalenderreform auch an der Curie große Beachtung, weil Copernicus in ihr die Möglichkeit einer Vereinfachung und Verbesserung der mathematischen Grundlagen der Astronomie andeutete: 1533 ließ Papst Klemens VII. sich von seinem Sekretär die Grundzüge des neuen Systems vortragen, 1536 forderte der Kardinal und Erzbischof von Capua eine Abschrift des angekündigten großen Werkes, das später Papst PAUL III. gewidmet wurde. Die mit diesem System verbundene Einführung der Heliozentrik wurde vorerst gar nicht beachtet; vordringlicher war die versprochene Einfachheit mit der vermuteten Folge einer exakteren Vorhersage der Planetenstellungen und einer vereinfachten Darstellung des Sonnenlaufes für die Erstellung eines Kalenders, der in der von GAIUS JULIUS CAESAR eingeführten Form ja inzwischen zu einer Abweichung des Kalenderjahres von dem natürlichen Jahr um zehn Tage geführt hatte. Daß die Berechnung der Planetenörter nach den auf den ptolemaiischen Theorien beruhenden Tafelwerken durch die Beobachtung nicht mehr bestätigt wurde, hatte COPERNICUS bereits während seines Aufenthaltes in Bologna an eigenen Beobachtungen erfahren können, ohne daß allerdings Zeitpunkt und direkter Anlaß für die Erarbeitung seiner neuen Theorien bekannt wären. In Italien hatte er in humanistischen und neuplatonisch beeinflußten Kreisen verkehrt, ihre Anregungen empfangen und als echter Humanist in griechischen und lateinischen Autoren nach Vertretern möglicher anderer astronomischer Systeme geforscht, von deren Existenz er aus der allgemeinen Kritik des PTOLEMAIOS gewußt haben muß; seit NICOLE ORESME war auch im lateinischen Mittelalter, jüngst etwa von REGIOMONTANUS, zumindest eine Erdrotation als theoretische Möglichkeit erörtert worden.

COPERNICUS bediente sich bei seiner Rückbesinnung auf die Vorstellungen der Astronomie vor der Zeit des gegen sie verstoßenden PTOLEMAIOS im Sinne einer echten ›Revolution‹ (= Zurückwälzung) der aristotelischen Argumente, die schon von AVERROËS und seinen Anhängern gegen die herrschende Astronomie des PTOLEMAIOS vorgebracht worden waren: Wäre eine Kreisbewegung (Rotation) ungleichförmig, so könnte das nur aufgrund einer Unbeständigkeit in der Natur des Bewegenden (letztlich Gottes) oder wegen einer Unregelmäßigkeit und Veränderlichkeit des bewegten Körpers (der Himmelssphären) geschehen; beides sei undenkbar. Hatte für PTOLEMAIOS ein Exzenter für die kinematische Wiedergabe der ersten Anomalie nicht ausgereicht, so mußte COPERNICUS Ersatz schaffen. Er ließ die ptolemaiische Ausgleichsbewegung aus einer Doppel-Epizykelbewegung resultieren: Der Planet durchläuft danach mit einer bestimmten gleichförmigen Geschwindigkeit eine kleine Kreisbahn (Epizykel), deren Mittelpunkt seinerseits gleichförmig auf einem weiteren Epizykel, dessen Mittelpunkt wiederum auf einem konzentrischen Kreis (vorläufig um die Erde) gleichförmig umläuft. Da der Epizykel aber mit anderer Geschwindigkeit bei Ptolemaios der Wiedergabe der scheinbaren Schleifenbewegungen der Planeten, der sogenannten zweiten Anomalie, diente, mußte Copernicus, nachdem er die Gleichförmigkeit der anderen Bewegung wieder hergestellt hatte, diese Erscheinung auf andere Weise erklären.

Copernicus' Überlegung war, daß die Schleifenbewegungen ja nicht tatsächlich ausgeführt zu werden brauchen, sondern nur als solche dem Beobachter erscheinen können, weil die Erde eine Bewegung ausführt, die diesen Eindruck erweckt. Führt die Erde selber eine dieser Erscheinung entsprechende Bewegung um die Sonne aus, so resultieren die Schleifenbewegungen sämtlicher Planeten eben aus dieser einen Bewegung der Erde, wenn gleichzeitig diese statt des Fixsternhimmels um ihre Achse rotiert. Die Sonne steht somit (fast) im Zentrum aller Planetenbahnen: Der größte Gestirnskörper, das Herz der Welt nach stoisch-neuplatonischer Auffassung, hätte damit die ihm gemäße Stelle eingenommen. Im Gegensatz zu dem Verfahren der antiken Astronomie, das nicht aus Beobachtungen, sondern aus mathematischen Theorieelementen für die einzelnen Planeten die relativen Entfernungen gleichsam ›konstruiert‹ hatte, ergaben sich aus der Größe der Erdbahn jetzt auch die wahren statt der relativen Abstände der Planeten, während die Fixsternsphäre gleichzeitig in weite Ferne rückte, da sich an ihr keine parallaktischen Erscheinungen wie die Schleifenbewegungen der Planeten zeigten. (Diese daraufhin zwischen Saturn und Fixsternsphäre entstehende riesige Lücke sollte später Tycho Brahe und anderen als Argument gegen das heliozentrische System dienen.) Andererseits brauchte aber wegen der Ruhe der Fixsterne deren Sphäre nicht mehr von endlicher Dicke zu sein.

Die einzige Konsequenz, mit der Copernicus die gültige Physik des Aristoteles verlassen muß, wird von ihm wiederum durch einen Rückgriff auf antike Vorstellungen, nämlich Platons, autorisiert, wonach nicht das Weltzentrum Schwerezentrum der irdischen Elemente ist, sondern verwandte Stoffe zueinander streben. Schon Nicolaus von Kues hatte nach antiken Ansätzen diese Idee zu einer Kohäsionstheorie ausgebaut, wonach es so viele spezifische Schwerezentren gibt wie Gestirnskörper: Für die Erdmaterie ist es das Erdzentrum, für die Mondmaterie das

Mondzentrum und entsprechend für die Sonne und die fünf damals bekannten Planeten. Alles andere blieb für COPERNICUS beim Alten. Das zeigt besonders die Notwendigkeit der Einführung einer dritten Erdbewegung neben der jährlichen und täglichen, damit die Erdachse ihre Richtung im Weltraum nicht verändert; denn wegen der Rotation der unveränderlichen Himmelssphären, in welche die Erde wie die anderen Planeten eingebettet sei, hätte sie anderenfalls jeweils denselben Pol der Sonne zugekehrt oder von ihr abgekehrt, so daß es nicht zu den Jahreszeiten hätte kommen können. J. KEPLER, der dann im Anschluß an TYCHO BRAHE solche festen Äthersphären leugnete, sollte daraufhin diese dritte ›Erdbewegung‹ wieder abschaffen und statt dessen die Konstanz der Richtung der Erdachse einer quasi ›magnetischen‹ Kraft zuschreiben. Allerdings hatte COPERNICUS sich aufgrund der herrschenden Impetus-Theorie über die Mechanik seiner mathematisch-kinematischen Astronomie weiter keine Gedanken gemacht. Seine Astronomie unterscheidet sich deshalb auch nicht wesentlich von der des ›Almagestum‹ von PTOLEMAIOS, dessen Aufbau sogar Vorbild seines Hauptwerkes ›De revolutionibus orbium coelestium‹ gewesen ist (›Über die Umwälzungen der Himmelssphären‹, nicht: der Himmels*körper*, gemeint sind vielmehr die Exzenter und Epizykel, in die die Planeten eingefügt sind) – hier faßte COPERNICUS dann auch den Konzenter und ersten, größeren Epizykel wieder zu einem Exzenter zusammen. Trotzdem ist die Anzahl der schließlich zur Berechnung nötigen Sphären nicht sehr viel geringer als bei PTOLEMAIOS geworden. COPERNICUS sagt auch ausdrücklich, daß seine Theorie nicht zu einer genaueren Vorhersage führe als die ptolemaiische, sondern dasselbe nur anders, nämlich ›physikalisch‹ korrekt wiedergebe. Seinen Überlegungen und Berechnungen lagen ja auch keine neueren Beobachtungsdaten zugrunde; sie stellen vielmehr eine neue Deutung des Vorhandenen dar, das nur von zwischenzeitlichen ›Verfälschungen‹ zu befreien gewesen wäre.

Gerade die Möglichkeit, alles scheinbar wieder auf solide Grundlagen stellen zu können, hat sicherlich verhindert, daß COPERNICUS die Fülle der physikalischen, theologischen und weltanschaulichen Konsequenzen seiner Idee auch nur geahnt hätte, die seit dem ausgehenden 16. Jahrhundert einen harten Kampf um die Anerkennung seines heliozentrischen, scheinbar der Bibel widersprechenden Weltbildes entbrennen ließen. Ein gewisses Unbehagen vor dem Wagnis des Neuen scheint man jedoch auch seitens COPERNICUS zu spüren, wenn er die Ausarbeitung der im ›Commentariolus‹ skizzierten Ideen erst auf Drängen anderer vollendete und sein Hauptwerk dann so lange zurückhielt, daß er dessen endgültiges Erscheinen nicht mehr erlebte. – Die Überwachung des Druckes in Nürnberg hatte er dem jungen Wittenberger Mathematikprofessor GEORG JOACHIM RH(A)ETICUS übertragen, der bereits 1540 in seiner ›Narratio prima de libris revolutionum Copernici‹ einen ausführlichen Vorbericht über das Werk des COPERNICUS veröffentlicht hatte.

Die ›Väter der Botanik‹

OTTO BRUNFELS
(* 1488 Mainz, † 25.11.1534 Bern)

HIERONYMUS BOCK (latinisiert TRAGUS)
(* 1498 Heidesbach [bei Zweibrücken],
† 21.02.1554 Hornbach [Pfalz])

LEONHARD FUCHS
(* 17.01.1501 Wemding [bei Nördlingen],
† 10.05.1566 Tübingen)

Die drei sogenannten (deutschen) ›Väter der Botanik‹ lebten nicht nur etwa zur selben Zeit, ihr Leben als protestantische Ärzte war auch durch vergleichbare Schicksale in der frühen Zeit der Glaubensauseinandersetzungen und Reformationsbewegungen geprägt.

OTTO BRUNFELS war nach dem Studium an der Mainzer Artistenfakultät ursprünglich Mönch (Kartäuser) in Mainz und Straßburg gewesen, wo er 1514 sogar die Priesterweihe empfangen hatte. Er war jedoch später dem Kloster entflohen und hatte sich 1521 ULRICH VON HUTTEN angeschlossen, der ihm die Pfarrverweserstelle vermitteln konnte. Schon im folgenden Jahr befand er sich jedoch wieder auf der Flucht vor der kirchlichen Oberbehörde in Mainz und begab sich nach Neuenburg in die Nähe von Basel, wo er bis 1524 als Stadtprediger wirkte, aber auch begann, sich mit naturwissenschaftlichen und medizinischen Fragen zu beschäftigen, anscheinend auch in Basel studierend, wo er jedenfalls 1530 den medizinischen Doktortitel erwarb. Zuvor hatte Brunfels jedoch auch Neuenburg verlassen müssen und nahm, inzwischen Lutheraner geworden, ein Lehramt an der Karmeliterschule in Straßburg an, bis er 1532 aufgrund seiner medizinischen Arbeiten und des Kräuterbuches einen Ruf als Stadtarzt nach Bern erhielt.

Hieronymus Bock studierte Philosophie, Theologie und Medizin in Heidelberg. Ursprünglich ebenfalls zum Mönch bestimmt, hatte er sich frühzeitig der neuen lutherischen Glaubenslehre angeschlossen. Er wurde 1522 Schullehrer, Arzt und Alchemist bei Herzog Ludwig II. in Zweibrücken, wo ihm auch die Aufsicht über den herzoglichen Garten übertragen wurde, und erhielt 1532 die Stelle eines Stiftsherren am St. Fabianstift in Hornbach, als welchem ihm auch die medizinische Betreuung der Bevölkerung oblag; 1538 wurde ihm zusätzlich das Amt des Predigers in der Pfarrei übertragen. Von Hornbach aus unternahm er ausgedehnte Wanderungen mit intensiven Pflanzenstudien; erst Brunfels regte ihn dann jedoch zur Abfassung eines Kräuterbuchs an. Im Zuge der Gegenreformation wurden ihm 1548 die Ämter entzogen; 1550/51 war er dann Leibarzt des Grafen Philipp III. von Nassau-Saarbrücken, dem er einen Botanischen Garten anlegte. Den Lebensabend verbrachte er wieder in der Pfarrei von Hornbach.

Leonhard Fuchs war nach dem Schulbesuch in Heilbronn und Erfurt schon mit zwölf Jahren an die dortige Universität gekommen und hatte nach dem erfolgreichen Abschluß der Artistenfakultät in Wemding eine Privatschule eröffnet, bevor er 1519 erneut das Studium aufnahm, um sich jetzt in Ingolstadt den klassischen Sprachen zu widmen. Er erwarb 1521 den Grad eines Magister artium, wechselte dann zur Medizin, promovierte 1524 und übte danach zwei Jahre eine ärztliche Praxis in München aus, bevor er 1526 auf den medizinischen Lehrstuhl nach Ingolstadt zurückgerufen wurde. Hier schlug er sich als Humanist im damaligen Streit der Medizin auf die Seite der humanistischen Ärzte und erwarb sich große Verdienste um die Herausgabe und Kommentierung von Schriften der griechischen Mediziner, die den Vorlesungen zugrunde gelegt wurden. Als überzeugter Lutheraner hatte er es in der Hochburg des Katholizismus allerdings nicht leicht; und so nahm er zwei Jahre später mit Freuden eine Leibarztstelle beim Markgrafen Georg von Brandenburg in Ansbach an, der eine protestantische Universität errichten wollte. Als diese Pläne scheiterten, kehrte er 1533 enttäuscht nach Ingolstadt zurück, sah sich aber nach einem Verbot seiner Vorlesungstätigkeit bald gezwungen, erneut in Ansbach Zuflucht zu suchen. 1535 folgte er einem Ruf als Professor der Medizin nach Tübingen und trug entscheidend zur Neuordnung und zum Ruhm dieser Universität bei, der er auch bis zu seinem Tode treu blieb, obwohl er etwa 1548 auf Veranlassung von Andreas Vesalius den ehrenvollen Ruf des Herzogs Cosimo de Medici erhielt, die Leitung des neu errichteten Botanischen Gartens in Pisa zu übernehmen.

Alle drei ›Väter der Botanik‹ stehen noch wie ihre italienischen, meist betont philologisch an den Quellen orientierten Vorgänger und Zeitgenossen, unter denen insbesondere der Dioskurides-Kommentator Pietro Andrea Mattioli zu nennen ist, zwischen der empirischen Forschung der Neuzeit und dem an die antike Tradition gebundenen Bücherstudium des Hochmittelalters. Die Medizin galt als abgeschlossene Wissenschaft und wurde deshalb weitgehend als ›Buchwissenschaft‹ gelehrt; es kam nur auf die Art der benutzten Quellen an, und darüber entbrannte ein heftiger Streit zwischen den ›arabistischen‹, an den in lateinischen Übersetzungen vorliegenden arabischen Schriften orientierten und den ›humanistischen‹, an den griechischen Schriften orientierten Ärzten. Allein die für die Wirksamkeit der Rezepturen so wichtige Identifizierung der von den antiken Ärzten genannten Kräuter und Heilpflanzen bereitete den humanistischen Ärzten fast ebenso große Schwierigkeiten wie es bei den häufig verballhornten Namen in den arabischlateinischen Schriften der Fall gewesen war. Gemeinschaftliches Ziel der ›Väter der Botanik‹ war deshalb die gegenüber der ersten Phase des Humanismus nicht mehr ausschließlich philologische, sondern auch praktische Wiedergewinnung der antiken Kenntnisse; denn einer sinnvollen Anwendung antiker Rezepturen stand die Unkenntnis der verwendeten Ingredienzien, vorwiegend aus dem Bereich der Pflanzen, entgegen, die weitgehend auf einem heillosen Wirrwarr der Terminologie schon in den antiken Schriften beruhte. Das führte natürlich unbewußt auch zu ersten Ansätze einer Verselbständigung der Pflanzenkunde als ›allgemeiner‹ neben der ›speziellen‹ (nämlich pharmakognostischen) Botanik; denn dazu gehörte auch das Bemühen, die heimische Flora aus eigener Anschauung kennenzulernen,

wenn auch vorerst nur, um die Pflanzen der Heimat mit den in
der ›Materia medica‹ des griechischen Arztes PEDANIOS DIOS-
KURIDES und anderen griechischen Medizinern genannten zu
identifizieren, was natürlich zu mancherlei Irrtümern führte, die
wiederum die Nachfolger dann auf die geographischen Unterschiede der Floren aufmerksam machten.

Die sich in Umfang und Tiefe des von ihnen vermittelten Wissens gegenseitig hochschaukelnden Kräuterbücher der ›Väter der
Botanik‹, die schnell jeweils mehrere Auflagen in lateinischer und
deutscher Sprache erfuhren, sind die ersten ihrer Art gewesen.
Während jenes des Humanisten BRUNFELS (›Herbarium vivae ei-
cones‹, 1530–1536, deutsch als ›Contrafayt Kreüterbuch‹, 1532–
1537) dabei durch die Güte der Holzschnitte nach naturgetreuen
Aquarellen des Dürerschülers HANS WEIDITZ, wodurch der neuartige Naturalismus der Renaissancemalerei erstmals in ein wissenschaftliches Werk einging, ebenso hervorsticht wie durch die
große Fülle der sich teils wiederholenden Pflanzenbeschreibungen
aus der lateinischen, griechischen und arabischen Literatur, welche die wenigen eigenen Bemerkungen noch fast erdrücken, sind
es bei BOCK ein gewisses Gefühl für natürliche Verwandtschaften,
welches die Anordnung innerhalb seines ›New Kreutterbuch von
unterscheid würckung und namen der Kreutter, so in Teutschen
landen wachsen‹ (1539, ²1546; erweiterte Ausgabe erstmals 1551;
lateinisch 1552) bestimmt, und die genauen Beschreibungen der
selbst gesehenen Pflanzen. Die Krönung bildet jedoch LEONHART
FUCHS' 1542 in lateinischer Fassung und ein Jahr später in deutscher Übersetzung in Basel erschienenes ›New Kreüterbuch‹, das
schon im Titel verspricht, daß es neben der verbalen Beschreibung der Pflanzen »auch aller derselben wurtzel, Stengel, bletter,
blumen, samen, frücht, und in summa die gantze gestalt […] ab-
gebildet und contrafayt« enthalte, wie »deßgleichen vormals nie
gesehen, noch an tag kommen« – womit ihr Autor keineswegs zu-
viel versprach; denn die künstlerische Vollkommenheit und botanische Genauigkeit der über 500 großformatigen ganzseitigen
Holzschnitte ist nach der Meinung von Fachleuten noch heute
unübertroffen. Die Holzschnitte bildeten bis ins 19. Jahrhundert
darüber hinaus oft sklavisch kopierte Muster; auch die auf Ver-
langen des Verlegers nach diesem Vorbild in die zweite Auflage des Kräuterbuchs von HIERONYMUS BOCK aufgenommenen
Holzschnitte von DAVID KANDEL sind zumindest nach ihnen aus-

gerichtet. FUCHS hatte nicht nur wie BRUNFELS auf naturgetreue Abbildung gedrängt, sondern von seinen Künstlern ALBRECHT MEYER und HEINRICH FÜLLMAURER gleichzeitig verlangt, in den Abbildungen bereits eine möglichst vollständige Lebensgeschichte der betreffenden Pflanze zu bieten. So sind etwa Blüten in mehreren Stadien von der Knospe bis zur reifen Frucht dargestellt, Blätter in mehreren Stufen ihrer Entfaltung an derselben Pflanze, die alle als ganze samt ihren Wurzeln dargestellt sind. Gelegentlich fällt die botanische Richtigkeit sogar diesem Prinzip zum Opfer, indem nicht nur nicht gleichzeitig auftretende Stadien nebeneinander stehen, sondern auch Blüten und Blätter der besseren Anschaulichkeit wegen anders gestellt sind als an der lebenden Pflanze. Die Abbildungen sind aber bei allen dreien in erster Linie als (entscheidende) Hilfe für die Identifizierung der in den antiken Rezepturen genannten Pflanzen gedacht; sie sind von daher auf ein und dieselbe Stufe mit den aus den antiken Quellen entnommenen Beschreibungen zu stellen, was verkannt wird, wenn man, wie es gern seit dem 19. Jahrhundert geschieht, bei den drei Autoren zwischen dem ›modernen‹ Illustrator und dem ›antiquierten‹ Philologen unterscheidet.

Deshalb wurden die verbalen Beschreibungen der Pflanzen auch noch nicht nach botanischen, etwa morphologischen Gesichtspunkten vorgenommen; sie sollen vielmehr hauptsächlich der Identifizierung der Ingredienzien von Rezepturen dienen, weshalb das größte Gewicht jeweils auf die Nennung ihrer Heil- und anderen ›Kräfte‹ nach den antiken und mittelalterlichen Quellen gelegt wurde. Die Beschreibung der Heilpflanzen in seinem ›Handbuch‹ war es bezeichnenderweise erst, durch welche BOCK den Übergang in den Arztberuf fand. Sie übertreffen dann bei FUCHS mit ihrer einheitlichen und systematischen Fassung ähnliche Werke seiner Zeit bei weitem; und das gilt auch für die bis dahin unerreichte Vollständigkeit. Beides ist das Ergebnis einer sorgfältigen zehnjährigen Arbeit und beruht im beschreibenden Teil auf eigenen Beobachtungen, wenn er nicht ausdrücklich sagt, daß er eine bestimmte, von DIOSKURIDES genannte ›Form‹ (›Art‹) noch nicht gesehen habe – es fehlt dann natürlich auch eine Abbildung.

Allerdings deutet sich besonders im Falle von FUCHS auch eine allmähliche Loslösung dieser umfangreichen Material-sammlung von der ursprünglichen Intention und der Bindung an die Pharmakognosie an, wie schon die separate Publikation der Holzschnitte (auch in verkleinerter Form) andeutet, selbst wenn dies vorerst aus rein kommerziellen Gründen erfolgte. In erster Linie dieser Abbildungen wegen erfuhr das Kräuterbuch bereits zu Lebzeiten des Autors immerhin 31 Ausgaben der lateinischen und deutschen Fassung sowie von Übersetzungen ins Französische, Holländische, Englische und Spanische. Ein bereits fertiggestellter zweiter und dritter Teil mit nochmals 1500 Abbildungen, die teilweise schon auf Holzstöcke übertragen oder gar geschnitten waren, fand allerdings keinen Verleger mehr; das Risiko war, wie die vielen unerlaubten Nachdrucke und Kopien der Holzschnitte zeigen, zu groß.

Georgius Agricola

(latinisiert aus *Georg Pawer* [Bauer])

(* 24.03.1494 Glauchau, † 21.11.1555 Chemnitz)

Während der Prozeß der Wiederaneignung antiken Wissens in Botanik und Zoologie mehrerer Generationen von Humanisten mit im Wechselspiel zwischen Übersetzung der Quellen und Erschließung ihrer Sachinhalte wachsendem Wissen bedurfte, bevor er etwa in der Botanik den Stand bei ihren sogenannten ›Vätern‹ erreichte, fand der Erneuerungsprozeß für die zuvor noch gar nicht existierende Disziplin ›Mineralogie‹ von dem bewußten Rückgriff auf antike Texte über die Anhäufung des aus ihnen gewonnenen Wissens bis zu seiner systematischen Ordnung und empirischen Überprüfung fast zugleich Anfang und Höhepunkt in der einen Person des humanistischen Arztes Georgius Agricola.

Als Sohn eines wohlhabenden Tuchmachers und Färbers konnte er die Lateinschule in Zwickau besuchen und von 1514 bis 1518 in Leipzig Theologie, Philosophie und klassische Sprachen studieren. In den Jahren zwischen 1518 und 1522 wirkte er als Griechischlehrer, Konrektor und Rektor in Zwickau. Nach Übertragung eines Lehens mit jährlichem Ertrag von 30 Gulden setzte er sein Studium der klassischen Sprachen in Jena fort, wurde hier allerdings bereits für die Medizin interessiert und ging zu deren Studium 1523 an die damaligen Hochburgen in Bologna und Padua. In Italien promovierte er auch zum Doktor der Medizin (vermutlich 1524 in Bologna). Nachdem ihm die Pfründe in Zwickau entzogen worden war, stellte er seine griechischen und medizinischen Kenntnisse in die Dienste der Druckerfamilie Manutius in Venedig, für die er sich an der jeweils ersten, aus den Handschriften erarbeiteten griechischen Ausgabe der Mediziner GALENOS (1525), HIPPOKRATES (1526) und PAULOS VON AIGINA (1526 abgeschlossen) beteiligte. Danach ließ er sich 1527 als Stadtarzt und Apotheker in St. Joachimsthal, dem aufstrebenden jungen Mittelpunkt des Silberbergbaus im böhmischen Erzgebirge, nieder – in der erklärten Absicht, schrieb er in dem Dialog ›Bermannus oder über den Bergbau‹ (1530), dem derzeitigen Zustand abzuhelfen, daß die Ärzte sich im Anschluß an die Übersetzungen der griechischen Mediziner lang und breit über den Gebrauch und die Wirkung von Arzneimitteln ausließen, ohne diese überhaupt zu kennen. An diesem Bergwerksort wollte er deshalb nach fachmännischer Anleitung und Führung aus eigener praktischer Anschauung in Bergbau und Hüttenwesen die Grundlagen zum Verständnis der in den Rezepten der antiken Autoren erwähnten Minerale zurückgewinnen und durch ihre Identifizierung gleichzeitig die antiken Anschauungen über ihr Entstehen und ihre ›Wirkkräfte‹ für seine Zeit wieder fruchtbar machen. Genau im Sinne dieser auf dem Renaissance-Humanismus seiner Zeit beruhenden Vorstellungen begründete denn auch schon der genannte Dialog AGRICOLAS Ruf als Mineraloge und Bergbaufachmann. Um auch andere Lagerstätten und Bergbaugebiete kennenzulernen, gab AGRICOLA das Amt des Stadtarztes von St. Joachimsthal noch im Erscheinungsjahr des ›Bermannus‹ auf. Seine Studienreisen führten ihn – teilweise wohl schon als bergbaulicher Berater – nach Thüringen, Schlesien, Mähren und in den Harz. Die Jahre seit 1533 verbrachte er dann bis zu seinem Tode hauptsächlich in Chemnitz, wo er wieder die Stelle eines Stadtarztes einnahm, 1546 Bürger und Ratsmitglied wurde, im selben Jahr und drei weitere Male auch Bürgermeister.

In die Chemnitzer Jahre fallen AGRICOLAS umfangreichen mineralogischen, bergbau- und hüttentechnischen sowie metrologischen Veröffentlichungen; mit letzteren wollte er dem durch die regionale Vielfalt verwirrenden Maßsystem seiner Zeit durch Rückführung auf das römische Einheitlichkeit gewinnen. In den mineralogischen und montanistischen Werken wurden durch die Synthese der praktisch-empirischen Kenntnisse aus Bergbau und Hüttenwesen mit den daran kritisch geprüften und differenzierten theoretischen Anschauungen der Antike die Grundlagen für eine wissenschaftliche Mineralogie gelegt, aus der sich später weitere Einzeldisziplinen wie Petrographie, Geologie und Kristallographie ausdifferenzierten. Sein bergbautechnisches Hauptwerk ›Über den Bergbau‹ (›De re metallica‹, 1556) blieb darüber hinaus bis ins 18. Jahrhundert das maßgebliche Hand- und Lehrbuch der Bergbau- und Hüttentechnik. Das umfangreiche und nach systematischen Gesichtspunkten gesammelte und zusammengestellte mineralogische und technologische Wissen hatte Agricola sich durch eigene Anschauung, durch ein fast lückenloses kritisches Literaturstudium der griechischen, lateinischen und arabischen, aber auch der volkssprachlichen italienischen und deutschen Autoren sowie durch einen lebhaften persönlichen und brieflichen Verkehr mit Berg- und Kaufleuten einerseits und mit Gelehrten der verschiedensten Fachrichtungen andererseits erworben. So wurde er weniger durch grundlegend neue Ideen (wie sie sich etwa zur Klassifizierung der Minerale bei ihm finden) als aufgrund der systematischen Aufarbeitung des bis zu seiner Zeit vorliegenden empirischen und wissenschaftlichen Materials sowie aufgrund der Umsetzung der volkssprachlich fixierten Kenntnisse in die Wissenschaftssprache seiner Zeit zum Begründer der mineralogischen und montanistischen Wissenschaften.

Andreas Vesalius

(latinisiert aus *André Vésale*)

(* Neujahrsnacht 1514/15 Brüssel,
† 15.[?]10.1564 Insel Zakynthos [Griechenland])

Vesalius stammte aus einer über mehrere Generationen bekannten Arztfamilie; sein Vater war Leibapotheker Karls V. Diese Tradition und Aufgeschlossenheit waren es wohl, die ihn schon mit 14 Jahren die Schriften des Albertus Magnus studieren und ohne Anleitung kleine Tiere sezieren ließen, während der Unterricht der Schule, die er vom 7. bis zum 17./18. Lebensjahr in Löwen besuchte, sich üblicherweise noch jeglichen mathematischen und naturwissenschaftlichen Stoffes enthielt. 1533 begann er mit dem Medizinstudium in Paris, sezierte auch hier selbständig Tiere und suchte auf dem Friedhof und Richtplatz nach Knochen zum Selbststudium des menschlichen Skelettes. Das so erworbene Wissen machte ihn schnell bekannt: Als 21jähriger Student durfte er erstmals die öffentliche Sektion einer Leiche leiten und beschränkte sich dabei nicht wie die Professoren auf das bloße Dozieren aus den Schriften des GALENOS – das zudem nicht immer dem anatomischen Befund entsprach –, sondern sezierte und demonstrierte gleichzeitig selbst, während jene die unter ihrer Würde stehende Tätigkeit des Prosektors stets ungebildeten Barbieren überlassen hatten. Diese Bestrebungen zur Reform des anatomischen Unterrichtes setzte VESALIUS 1536 in Löwen fort; er ging dann 1537 nach Venedig (wo er in Künstlerkreisen verkehrte) und 1538 nach Padua, wo er mit Glanz zum Doktor der Medizin promovierte und bereits am Tage nach der Promotion mit dem Unterricht der Chirurgie beauftragt wurde, der auch die Anatomie umfaßte. 1544 wurde er zum Leibarzt KARLS V. ernannt und widmete sich seitdem vorwiegend und mit großem Erfolg der praktischen Medizin. Er hatte den Kaiser auf seinen Reisen und Feldzügen zu begleiten und wurde nach dessen Abdankung 1556, inzwischen zum Pfalzgrafen ernannt, auch Leibarzt seines Nachfolgers PHILIPP II., dem er 1559 nach Madrid folgte. Auf einer Reise nach Jerusalem starb er an einem nicht bekannten Ort auf der Insel Zakynthos.

Die wenigen Jahre seiner theoretischen Tätigkeit in Padua (1538–1544) hatten ihm jedoch im Gegensatz zu einigen gleichgesinnten zeitgenössischen Kollegen ausgereicht, die neuzeitliche Anatomie zu begründen; denn die Sektion diente ihnen nicht mehr zur bloßen Demonstration des im Text von GALENOS (oft anders) Gesagten, sondern der Erforschung des menschlichen Körpers. Auch VESALIUS konnte natürlich nicht alle Irrtümer des GALENOS sofort als solche erkennen, wie besonders deutlich die Unterschiede zwischen einigen 1538 zu Unterrichtszwecken gedruckten Schautafeln und seinem 1543 erschienenen, der Anatomie neue Wege weisenden großen Werk ›De humani corporis fabrica‹ zeigen. Doch erlaubten ihm die Beobachtungen an eigenhändig sezierten Leichen von Menschen und Tieren und das gleichzeitige, durch die Mitarbeit an einer kritischen Gesamtausgabe bedingte gründliche Studium der Schriften des GALENOS nicht nur, auf dessen Irrtümer hinzuweisen, sondern auch zu erklären, wie der von ihm hochgeschätzte antike Arzt zu seinen falschen Ansichten gekommen war: Er hatte Hunde und Affen seziert und deren Anatomie aus einer zu weit gehenden analogen Gleichstellung höherer Lebewesen heraus unbekümmert auf den Menschen, dessen Sektion verboten war, übertragen. Daß viele Ärzte und Medizinprofessoren selbst nach diesen Erkenntnissen noch auf der Richtigkeit der Angaben der mehr als ein Jahrtausend gültigen medizinischen Autorität beharrten und Abweichungen im anatomischen Befund als singulär oder auf einer Veränderung des menschlichen Körpers seit dem antiken Arzt beruhend wegdisputierten, läßt VESALIUS' Leistungen und seine neue Auffassung und Wertung des empirisch Wahrgenommenen, die auch in der Neuartigkeit der als naturgetreu angestrebten Illustrationen in dennoch künstlerischer Darstellung (sie stammen unter anderem von TIZIAN und einigen seiner Schüler) gegenüber dem älteren Funktionsschema zum Ausdruck kommt, vor dem Hintergrund der Medizin seiner Zeit in nur noch hellerem Licht erscheinen.

WILLIAM GILBERT

(* 24. 5. 1544 Colchester,
† 30.11. /10.12. n.St. 1603 London)

Nachdem die Ausrichtung einer Kompaßnadel seit etwa 1200 in Europa aus China bekannt geworden war, hatte schon der französische Naturforscher und Ingenieur im Heer KARLS VON ANJOU PETRUS PEREGRINUS (*Pierre de Maricourt* in der Picardie) erste experimentelle Untersuchungen mit Magneten angestellt, die sowohl die Ausrichtung als die seit alters her bekannte Anziehung berücksichtigten, und 1269 in einem in vielen Abschriften kursierenden Brief an einen Freund mitgeteilt (Erstdruck 1558) – er hatte unter anderem die gegensätzliche, anziehende beziehungsweise abstoßende Wirkung der zwei ›Pole‹ eines Magneten erkannt, nach den zwischen ihnen verlaufenden ›Meridianen‹ sich eine Magnetnadel ausrichte, wobei die Wahl dieser Begriffe mit seiner Vorstellung einer sympathischen/antipathischen Kor-

relation zwischen Fixsternsphäre und Erde (Magnet) zusammen-
hing (ein angemessen aufgehängter Kugelmagnet würde sich
daraufhin täglich drehen, so daß er sich bestens als Uhr eignete).
Der Brief war auch dem Nürnberger Instrumentenbauer und
Kompaßmacher GEORG HARTMANN bekannt, der 1544 erstmals
die Inklination der Magnetnadel beobachtete, die der britische
Seefahrer und Navigator ROBERT NORMAN in seiner Schrift ›The
newe attractive‹ 1581 dann näher untersuchte. Entscheidende
Anregungen theoretischer Art erhielt GILBERT darüber hinaus
aus der erweiterten Ausgabe der ›Natürlichen Magie‹ von GIAM-
BATTISTA DELLA PORTA, so daß er seine Theorie des Magnetismus
erst nach 1587 aufgestellt haben kann. – Mit der experimentell
abgesicherten Theorie begründet GILBERT die Vorstellung einer
›Fernwirkung‹ von Kräften eines Körpers, mit denen dieser auf
einen anderen Körper Einfluß nehmen kann, ohne ihn zu be-
rühren, was zuvor lediglich ›seelischen Kräften‹ zugeschrieben
worden war. Die schon von GILBERT selbst vorgenommene kosmische Ausrichtung des Magnetismus als zwischen Himmelskörpern (vor allem Erde und Mond) wirkende Fernkraft übte im 17.
Jahrhundert großen Einfluß auf die Naturforscher aus; besonders
JOHANNES KEPLER und OTTO VON GUERICKE sahen die Möglichkeit, die Theorie zu einer nach der Widerlegung der Existenz von
Äthersphären für das heliozentrische Weltsystem des NICOLAUS
COPERNICUS notwendig gewordenen neuen, nicht-aristotelischen
Himmelsphysik auszubauen.

WILLIAM GILBERT hatte 1561 am St. Johns College in Cambridge mit dem Studium der Medizin begonnen und nach der
Promotion 1569 ausgedehnte Reisen nach Italien, Frankreich und
in die Niederlande unternommen, bevor er sich 1573 als praktischer Arzt in London niederließ. Schon während seiner Reisen
scheint er intensive Naturbeobachtungen angestellt zu haben; und
in London werden dann bald die Experimente mit natürlichen
Magneten begonnen haben, die er später durch Armierungen
der Pole mit Eisenkappen in ihrer Wirkung wesentlich verstär-
ken konnte. GILBERT verfaßte insgesamt drei Werke, die hauptsächlich gegen die herrschende aristotelische Naturphilosophie
gerichtet sind und der Empirie größeren Stellenwert einräumen
– eine Meteorologie, seine ›Neue Naturlehre vom Magneten, von
magnetischen Körpern und dem großen Magneten Erde‹ und
eine allgemeine Naturlehre (›Physiologia‹) der Stoffe und Kräfte,

die wahrscheinlich in dieser Reihenfolge entstanden, bis auf die Magnetlehre aber unvollendet blieben. Letztere erschien 1600 in London und brachte ihm sogleich einen hervorragenden Ruf unter den Naturforschern ein – ELISABETH I. ernannte ihn daraufhin 1601 zu ihrem Leibarzt, und auch ihr Nachfolger JACOB I. beließ ihn in dieser Stellung. Die beiden anderen Schriften wurden, von seinem Halbbruder unter dem Titel ›De mundo nostro sublunari physiologia nova‹ zusammengefaßt, 1651 in den Druck gegeben. Die Magnetlehre, die inzwischen mehrere Auflagen erfahren hatte, enthielt jedoch in großen Zügen bereits GILBERTS Anwendungen der neuen, empirisch-induktiv gewonnenen Kenntnisse vom Magnetismus auf die kosmische Physik.

Indem er die Erde als großen Magneten deutete, konnte er nicht nur erstmals die Nordweisung der Kompaßnadel und ihre Inklination (damals ›Deklination‹ genannt) erklären, sondern auch eine angenommene allgemeine Wechselwirkung zwischen den Weltkörpern (besonders zwischen Mond und Erde, woraus sich die Gezeiten erklärten) und deren über den als leer erschlossenen Raum hinweg wirkenden kosmischen Kräfte – als magnetisch oder magnetähnlich angesehen – an einem kleinen Kugelmagneten als Modell der Erde (›terrella‹) demonstrieren und im Detail untersuchen. Diese magnetischen (kosmischen) Wirkungen sollen zwar nach allen Richtungen gleichmäßig erfolgen, jedoch nur innerhalb eines begrenzten Bereiches, dessen Form von der Gestalt des Magneten abhänge, für die Erdkugeln also sphärisch sei. Hatte PORTA noch jedem Magnetpol einen eigenen anziehenden ›orbis virtutis‹ (›Kraftkugel‹, ›Wirkkugel‹) zugewiesen, so hat dieser ›orbis virtutis‹ bei GILBERT den Schwerpunkt des Magneten zum Zentrum. Abweichungen der Erdoberfläche von der Kugelgestalt konnte er so als Ursache für die von CRISTOFORO COLOMBO erstmals beobachtete Mißweisung der Kompaßnadel heranziehen. Da die ›Kraft‹ eines Magnetkörpers ohne Berührung in die Ferne und durch andere Körper hindurch auf für sie empfängliche (Eisen, verwandte Körper) wirke, also keines materiellen Mittlers bedürfe, handele es sich um eine ›virtus‹ (*vis*) der ›forma‹ und nicht der ›materia‹ des Körpers – er muß sich also noch der aristotelischen Begrifflichkeit bedienen. Allerdings unterschied GILBERT entsprechend den beiden Traditionsketten, die bei ihm zusammenliefen, noch zwischen zwei unterschiedlichen ›Kraftkugeln‹ eines jeden Magneten (und Himmelskörpers), einer kleineren, innerhalb der die schon als gegenseitig (auch zwischen Erde und Mond) erkannte Anziehung erfolge, und einer von größerer Ausdehnung, innerhalb der noch eine Magnetnadel ausgerichtet werde – und das sollte sich in der Folgezeit als verhängnisvoll erweisen.

GILBERT stellte daneben erste systematische Untersuchungen über die Anziehung von ihm sogenannter ›corpora electrica‹ an, das heißt von Körpern, die wie der Bernstein (*electrum*) durch Reiben in die Lage versetzt werden, kleine leichte Teilchen anzuziehen. Er hat die Zahl solcher ›elektrischer‹ Körper beträchtlich vermehrt und nahm wegen der Unterbrechung der Wirkung durch zwischengeschobene Dinge zur Erklärung feine ›elektrische Ausflüsse‹ (*effluvia*) an, die durch das Reiben verursacht würden und beim Rückfluß in den ›elektrischen‹ Körper die leichten Teilchen mitrissen. Diese Idee sollte OTTO VON GUERICKE zu einer zwischen den Weltkörpern wirkenden ›kosmischen Kraft‹ ausweiten. Begriff und Wort ›Elektrizität‹ kannten beide allerdings noch nicht.

GALILEO GALILEI
(* 15.02.1564 Pisa, † 08.01.1642 Arcetri [bei Florenz])

Insbesondere durch seine brillante Sprache und die in Anlehnung an italienische Humanisten nach dem Beispiel seines Vaters in Dialogform und für die mathematischen Wissenschaften erstmals in der Volkssprache abgefaßten Werke gewann GALILEI Freunde und Gönner für die neue Naturwissenschaft und ihre Methoden, deren Schlagkraft durch die Konfrontation mit den Methoden der Scholastik in den Dialogen deutlich herausgestrichen wurde. Allerdings wird in vielen Darstellungen aus der Sicht des 19. Jahrhunderts die heuristische Rolle des Experiments für GALILEI stark überbetont: Er ging nie induktiv von experimentellen Erfahrungen aus, und er war auch weder der Schöpfer der experimentellen Methode, noch hatte diese im Rahmen seiner neuen Erkenntnistheorie neben dem wichtigen Gedankenexperiment und der Mathematik (Geometrie) einen wesentlichen Platz. Er war auch kein eigentlicher Astronom, aber ein vorzüglicher Beobachter von rascher Auffassungsgabe

und ungewöhnlich hohem Abstraktionsvermögen. Seine Beobachtungen und Erkenntnisse und deren mathematische Analyse
bildeten Anregungen und Grundlage für die Entwicklung der
neuen mathematisch-experimentellen Naturwissenschaften bis
hin zu ISAAC NEWTON.

GALILEI war von seinem Vater, dem mathematisch gebildeten
Komponisten und Musiktheoretiker VINCENZO DI MICHELANGE-
LO GALILEI, im Hause unterrichtet worden, bevor er 1581 bis 1585
in Pisa Medizin, Mathematik und aristotelische Physik studierte.
Bereits 1586 baute er sich eine hydrostatische Waage, nachdem er
an der Florentiner ›Accademia del Dissegno‹ mit den Schriften
des ARCHIMEDES bekannt geworden war. 1589 erhielt er auf Empfehlung seines Gönners GUIDO UBALDO, MARCHESE DEL MONTE
die Mathematikprofessur in Pisa. Hier befaßte GALILEI sich mit
Studien zur traditionellen Bewegungslehre und im Anschluß
an entsprechende Vorarbeiten G. DEL MONTES mit Problemen
der Mechanik der Einfachen Maschinen auf der Grundlage der
›Quaestiones mechanicae‹ des ARISTOTELES sowie der Statik des
ARCHIMEDES. Er wandte dabei erstmals ein Prinzip der virtuellen
Verrückungen allgemein an. Die angeblichen ›Fallversuche‹ am
schiefen Turm zu Pisa beruhen allerdings auf einer Legende;
sie hätten damals auch höchstens dem Versuch dienen können,
ein falsches, auf der scholastischen Impetustheorie von NICOLE
ORESME und JOHANNES BURIDANUS beruhendes ›Fallgesetz‹ zu
bestätigen, das GALILEI seinerzeit noch vertrat. 1592 siedelte er
der besseren Bezahlung wegen als Professor der Mathematik
nach Padua über, wo er die Isochronie der Pendelschwingungen
entdeckte und die Pendelgesetze ableitete, einen Proportionalzir-
kel erfand, sich eine feinmechanische Werkstatt einrichtete – und
erst ab 1604 und in reinen Gedankenexperimenten das Gesetz
des Freien Falls ableitete, zuerst vergebens von einem falschen
Ansatz, 1609 endlich von dem richtigen ausgehend, daß die Ver-
mehrung der Geschwindigkeit proportional zur Zeit erfolge, es
sich also in der Terminologie der Scholastik um eine ›gleichförmig ungleichförmige‹ Bewegung in der Zeit handle, wobei er
zur Berechnung der mittleren Geschwindigkeit pro Zeiteinheit
ORESMES Verfahren der ›Formlatituden‹ benutzte. Überlegungen
zum Fallen ein und desselben Körpers in verschieden dichten Me-
dien (Luft, Wasser, Quecksilber) hatten ihn davon überzeugt, daß
im Vakuum alle Körper gleich schnell fallen. Erst zur (eigentlich

nicht erforderlichen) Bestätigung des Gesetzes konstruierte GALI-
LEI eine Fallrinne auf schiefer Ebene, um den ›Fall‹ (unter Beibe-
haltung der abgeleiteten Gesetzmäßigkeit) so weit zu verzögern,
daß auch damalige Zeitmeßverfahren (Pulsschlag, Sanduhren)
zur Bestimmung der Fallzeiten ausreichen konnten. Aufwendige
Versuche des Freien Falls wurden erstmals 1642 von den Jesuiten-
patres GIAMBATTISTA RICCIOLI und FRANCESCO MARIA GRIMALDI
in Bologna am schiefen Torre degli Asinelli durchgeführt – ursprünglich, um GALILEIS Fallgesetz zu widerlegen. Das Gesetz
mußten sie zwar bestätigen; es ergab sich jedoch, daß verschieden
schwere Körper gleicher Größe und Gestalt im Medium Luft tatsächlich verschieden schnell fallen, wie ARISTOTELES angenommen hatte (erst die Scholastik hatte die von GALILEI bekämpfte
direkte Proportionalität von Schwere und Geschwindigkeit angenommen). Den Idealfall eines Freien Falles im Vakuum konnte
GALILEI sowieso nur hypothetisch annehmen, da er die Existenz
eines zusammenhängenden Vakuums leugnete.

Um 1608 war in Holland, vermutlich von dem Brillenmacher
JAN LIPPER[S]HEY, das zweilinsige Fernrohr erfunden worden.
GALILEI hatte hiervon durch eine Zeitungsnotiz erfahren und
1609 das (sogenannte holländische oder GALILEIsche) Fernrohr
nachgebaut. Er führte es den Senatoren von Venedig als eigene
Erfindung vor, woraufhin sein Professorengehalt in Padua ange-
hoben wurde; entsprechend groß war die Verärgerung, als man
wenig später dieses Gerät in allen größeren Städten käuflich erwerben konnte. GALILEI hat allerdings als erster das Fernrohr für
die Wissenschaft eingesetzt und auf Himmelskörper gerichtet.
Er entdeckte dabei die Oberflächenstruktur des Mondes, die vier
ersten, von ihm ›Mediceische Gestirne‹ genannten Monde des Jupiter (07.01.1610), löste Sternhaufen und (Teile der) Milchstraße
in Einzelsterne auf (diese Entdeckungen veröffentlichte er – mit
einer ersten groben Mondkarte – noch 1610 im ›Nuncius sidere-
us‹, der ›Sternenbotschaft‹), entdeckte die Phasen der Venus und
1611 die Sonnenflecken, unabhängig von CHRISTOPH SCHEINER
und JOHANNES FABRICIUS, der ihm damit zuvorgekommen war.

Im September 1610 folgte GALILEI einem Ruf als Hofmathe-
matiker und, was er sich ausbedungen hatte, Hofphilosoph (das
ist: Hofphysiker) nach Florenz. Er trat seitdem auch öffentlich
für das heliozentrische Planetensystem des NICOLAUS COPERNI-
CUS ein – da die Jupitermonde die Sonderstellung des einen *be-*

wegten Körper umkreisenden Mondes in diesem aufhöben. 1611 reiste GALILEI in seiner neuen Eigenschaft nach Rom und erfuhr hier vielfältige Ehrungen, die ihn veranlaßten, in noch stärkerem Maße für die copernicanische Lehre einzutreten: 1613 erschienen seine ›Istoria e dimostrazioni intorno alle macchie solari e loro accidenti‹, in denen er gegenüber SCHEINER die Priorität der Entdeckung verteidigte und aus den Wanderungszeiten der Flecken auf die Rotation der Sonne und deren Dauer schloß. Im Dezember desselben Jahres entwickelte er in einem Brief an einen seiner Schüler, den Benediktiner BENEDETTO CASTELLI, seine Vorstellungen über das Verhältnis der Bibel zur (neuen) Naturerkenntnis und insbesondere zum heliozentrischen Planetensystem, die eine Neuinterpretation der bislang zur Verteidigung der Geozentrik herangezogenen Stellen in der Heiligen Schrift erforderten. Er bekräftigte diese Forderung 1615 in einem weiteren Brief an die Großherzoginmutter CHRISTINA VON LOTHRINGEN. Diese Kompetenzanmaßung gegenüber der ›zünftigen‹ Exegese der Theologen führte aufgrund einer Denunziation zweier Patres des für die Inquisition zuständigen Dominikanerordens zu einer ersten Auseinandersetzung mit der römischen Kurie, an deren Ende am 26.02.1616 die Ermahnung Kardinal ROBERT BELLARMINS in Rom stand, das Irrtümliche seiner Auffassungen aufzugeben. (Zu diesem Zeitpunkt hatte GALILEI aber weder abschwören müssen, noch war ihm Buße auferlegt worden.) GALILEI widmete sich daraufhin intensiv der Widerlegung der aristotelisch-scholastischen Physik, die dem kirchlichen Weltbild zugrundelag. In den aus Anlaß der Kometen von 1618 entbrannten Streit über die Natur der Kometen griff er nach der polemischen Schrift des Jesuitenpaters HORATIO GRASSI 1622 mit dem Buch ›Il Saggiatore‹ (›Der Prüfer mit der Goldwaage‹) ein, einer geistreichen und nicht minder polemischen Schrift, die auch einen Markstein der italienischen Literatur-Sprache bildet. Als Kardinal MAFFEO BARBERINI, ein alter Verehrer GALILEIS, 1623 als URBAN VIII. den päpstlichen Stuhl bestieg, hoffte GALILEI in diesem aufgeklärten Kirchenfürsten einen Fürsprecher für die copernicanische Lehre gefunden zu haben. Im April 1624 begab er sich deshalb nach Rom; 1625 veröffentlichte er Argumente für diese Lehre, ohne sie jedoch ausdrücklich schon für wahr zu erklären; 1630 war er wieder in Rom, um für seinen ›Dialog über die beiden hauptsächlichen Weltsysteme, das ptolemaiische und das copernicanische‹ die Druckerlaubnis einzuholen. Wegen Verzögerungen der Zensurbehörde erschien das Werk erst 1632 – um kurze Zeit später auf kirchlichen Befehl wieder eingezogen zu werden. GALILEI hatte nicht der Auflage URBANS und der Zensurbehörde genügt, alle Versuche eines ›Beweises‹ der nur als Hypothese zu vertretenden Bewegung der Erde zu unterlassen, und der Papst konnte in seiner damaligen innen- und außenpolitischen Bedrängnis nicht einen diesbezüglichen Ungehorsam dulden. GALILEI wurde am 01.10.1632 vor die Inquisition zitiert und aufgrund der Übertretung eines (angeblich?) bereits 1616 (geheim) ausgesprochenen Verbotes, die Lehre weiter zu verbreiten, verurteilt. Am 22.06.1633 schwor er nach wenigen Tagen Haft »seinen Irrtum« als treuer Katholik ab, ohne jedoch den legendären Ausspruch »Und sie [das ist: die Erde] bewegt sich doch!« getan zu haben oder zuvor Folterungen unterworfen gewesen zu sein. Ende des Jahres wurde er zu unbefristeter Haft in seiner eigenen Villa nach Arcetri verbannt. Dort verfaßte er in einem Kreis von begeisterten Schülern die 1638 in Holland erschienenen ›Discorsi‹, die ›Unterredungen und mathematischen Beweisführungen über zwei neue Wissenschaften, die Mechanik [Festigkeitslehre] und die Lehre von den örtlichen Bewegungen [Fall und Wurf] betreffend‹, sein für den Fortgang der neuen Physik einflußreichstes Werk. 1637 erblindete er.

GALILEIs wichtigster Beitrag zur neuzeitlichen Naturwissenschaft besteht in der neuen Auffassung von der Möglichkeit physikalischer Erkenntnisse. An die Stelle der aristotelisch-scholastischen Ontologie mit ihren Erklärungen von natürlichen Prozessen aus dem ›Wesen‹ eines Dinges setzte er die Frage nach dem ›Wie‹ eines Prozesses, nach dem Verlauf, soweit er kinematisch erfaßbar ist; denn nur darin könne die menschliche Vernunft Einblick in den göttlichen Schöpfungsplan gewinnen. Hilfsmittel (nicht Ontologie, wie bei den Neuplatonikern) sei dafür die Mathematik als die der Schöpfung zugrundeliegende ›Sprache‹, in der die ›Natur‹ geschrieben sei, im Gegensatz zu den Buchstaben, mit denen die Offenbarung in der Heiligen Schrift geschrieben sei. Diese Sprache gelte es von den Dingen und Vorgängen zu abstrahieren, um sie mit daraufhin durchführbaren mathematischen Verfahren so umformen zu können, daß sie auf andere Vorgänge anwendbar wird und so alle zu einem einheitlichen System zusammengefaßt werden können (insofern Freier Fall, Fall auf schiefer Ebene, Wurf, Pendel auseinander ableitbar werden). Folglich konzentrierte GALILEI sich auf die Kinematik und analysierte hier die als unabhängig aufgefaßten Komponenten zusammengesetzter Bewegungen (etwa beim Freien Fall auf der bewegten Erde) und ihre daraus resultierende Form (etwa die tatsächliche Fall-Linie) – wie bei der daraufhin abgeleiteten und nachträglich experimentell bestätigten Parabellinie der Wurfbahn. Zu einer Dynamik vermochte er allerdings über Ansätze für die Wirkweise der Einfachen Maschinen im Anschluß an ARISTOTELES nicht hinauszukommen, da er jede Art von Massenanziehung oder sonstiger Einwirkung von Körpern aufeinander leugnete und weiterhin zwischen ›künstlichen‹, vom Menschen ausgelösten, und ›natürlichen‹ Bewegungen unterschied. Letztere waren für ihn die von dem einem Körper innewohnenden Streben zur Weltmitte (oder vielmehr jetzt: zur Erdmitte) hin selbst ausgelösten geradlinigen Bewegungen. Er überwand die aristotelische Vorstellung also nur darin, daß er die ›künstliche‹ Bewegung nicht mehr als *gegen* die Natur gerichtete ansah, wie es die traditionelle Mechanik seit ARISTOTELES gelehrt hatte, weil der Mensch gar nichts gegen die Natur verrichten könne. Vielmehr verliere er an Zeit (oder Weg), was er bei Anwendung einer Maschine an Krafteinsatz spare (Moment). Beschleunigung und Verzögerung natürlicher Bewegungen resultierten aus der Annäherung beziehungsweise Entfernung zum Schwerezentrum (hier: zur Erde, für die Planeten: zur Sonne), so daß bei gleichbleibender Entfernung, wenn beides also nicht stattfinde, die daraufhin notwendig konzentrische Kreis-Bewegung gleichförmig bleibe – zum Beispiel längs des Horizonts der Erde. Diese horizontale Bewegung senkrecht zur Fallrichtung verlaufe für kurze Strecken angenähert geradlinig (etwa auf einer waagerecht angeordneten geschliffenen Marmorplatte). Dieses Prinzip einer kräftefreien kreisförmigen Bewegung (auf annähernd geradlinigen Streckenstücken) als Vorform des Trägheitsprinzips (für tatsächlich geradlinige Bewegungen), das erst von Schülern GALILEIS in die von ISAAC NEWTON verwendete Form umformuliert wurde, erklärt ihm die Planetenbewegungen als bezogen auf die Sonne als Zentrum gleich- und kreisförmig – die unterschiedliche, mit größerer Nähe zur Sonne wachsende Bahngeschwindigkeit erklärte er als Folge des Schöpfungsaktes aus der längeren Fallstrecke, die der betreffende Planet von der Stelle, von der Gott sie alle fallen gelassen habe, bis zur Umlenkung in die konzentrische Kreisbahn zurückgelegt hätte. GALILEI setzte sich damit über die Erkenntnisse der Astronomie seit PTOLEMAIOS hinweg und fand insbesondere für die Entdeckung der Gesetze der Planetenbewegungen durch JOHANNES KEPLER keinerlei Verständnis; auch erwähnt er das manche seiner Argumente für eine Heliozentrik geozentrisch auffangende geo-heliozentrische Planetensystem des TYCHO BRAHE eigenartigerweise nirgends, obgleich er es zumindest aus Briefen BRAHES kannte. So konnten die astronomischen Entdeckungen GALILEIS denn auch den Zeitgenossen nicht als Beweise für die Richtigkeit des heliozentrischen Planetensystems gelten (Venusphasen, Jupitermonde), da sie ebensogut in diesem System eine Erklärung fanden, während die von ihm selbst aus seiner falschen Theorie der Gezeiten (Hin- und Herschwappen des Wassers in engen Meeresbecken) gezogene, vermeintliche Beweiskraft für die Rotation der Erde keine Anhänger finden konnte.

JOHANNES KEPLER
(* 27. 12. 1571 Weil der Stadt, † 15. 11. 1630 Regensburg)

Nachdem TYCHO BRAHE die überkommene mathematische Astronomie durch eine gewaltige Vergrößerung der instrumentellen Hilfsmittel auch in der Meßgenauigkeit der Beobachtungen zum Höhepunkt vor Einführung der teleskopischen Messung geführt hatte, das Material aber lediglich zur Präzisierung der reduktionistisch-hypothetischen mathematischen Astronomie mit ihren Exzentern und Epizykeln genutzt wissen wollte – bei NICOLAUS COPERNICUS überzeugte ihn allerdings die ökonomische Bündelung der zweiten, synodischen Anomalien aller Planeten in der einen Bewegung der Sonne, so daß er für sein eigenes, geo-heliozentrisches System einen Kompromiß wählte, indem er die Sonne als Bewegungszentrum aller Planetenbahnen ihrerseits (wie den Mond) um die Erde als ruhendes Zentrum kreisen ließ –, bedurfte es eines JOHANNES KEPLER, um diesem Schatz auf der Grundlage von völlig neuen, aber auch von erneuerten Ideen wie der pythagoreisch-platonischen Weltharmonie und dem neuplatonischen Schöpfungsgedanken in eine neue, gleichzeitig mathematische und physikalische Astronomie »sine orbibus« umzusetzen, ohne Verwendung von Äthersphären oder ihrer Reduktion auf Exzenter und Epizykel.

KEPLER war der älteste von sieben Geschwistern, ein Siebenmonatskind von schwächlicher Konstitution, das in seiner Kindheit, wie später in der Jugend und im Mannesalter, häufig von Krankheiten befallen wurde, die es in seiner Entwicklung zurückwarfen. Die Blattern nahmen ihm fast das Augenlicht und machten ihn für sein Leben kurzsichtig. Ein angeborenes Augenleiden hatte zur Folge, daß KEPLER alles Gesehene vervielfacht empfand. Von Natur aus war er also wahrlich nicht dazu bestimmt, einmal einer der größten Astronomen zu werden; und auch in seiner geistigen Entwicklung war er anfangs zurückgeblieben: Für die dreiklassige Lateinschule in Leonberg benötigte er fünf Jahre. Danach wurde er 1584 in die Klosterschule zu Adelberg aufgenommen. Sein allgemeiner Gesundheitszustand besserte sich aber erst, nachdem er 1586 in die höhere Stiftsschule in Maulbronn eingetreten war. Hier legte er 1588 das Bakkalaureatsexamen ab. Im folgenden Jahr erhielt er ein Stipendium zum Studium der Theologie am Tübinger Stift, wo er neben Theologie und Philosophie im Rahmen der Grundausbildung an der Artistenfakultät der Universität auch Mathematik und Astronomie studierte. Sein Lehrer in diesen Fächern war MICHAEL MÄSTLIN, der ihn privat auch in die neue Planetentheorie des NICOLAUS COPERNICUS einführte – öffentlich vertrat er diese Lehre nie. Seiner Empfehlung verdankte KEPLER dann Anfang 1594 eine Berufung an die protestantische Landschaftsschule von Graz als Lehrer der Ethik und Mathematik. KEPLER hatte zwar 1591 seine Magisterprüfung abgelegt, war jedoch noch ohne Abschluß des theologischen Studiums. Den Ruf nach Graz scheint er hauptsächlich angenommen zu haben, um seine Lehrer nicht zu enttäuschen und sich selbst in der Mathematik weiterzubilden.

Zu den Aufgaben des Landschaftsmathematikers gehörte seinerzeit die Erstellung astrologischer Kalender. Mit den Vorhersagen in seinem ersten Prognostikon für das Jahr 1595 hatte er großes Glück; sowohl der schwere Winter als auch die Unruhen unter den Bauern Oberösterreichs und die Flucht vor den einfallenden Türken traten ein, was KEPLERS Ansehen in Graz sehr förderlich war. Ablehnend stand man jedoch hier und in Tübingen seiner Benutzung der 1582 eingeführten ›katholischen‹ Kalenderreform Papst GREGORS XIII. in den Prognostika gegenüber. Aber auch diese Einstellung nützte dem aufrichtigen Protestanten nichts, als im Zuge der Gegenreformation am 28.09.1598 alle protestantischen Geistlichen und Lehrer aus der Steiermark ausgewiesen wurden. KEPLER floh nach Ungarn, erhielt aber nach einmonatigem Exil als einziger Erlaubnis zurückzukehren. Der Druck wurde hier jedoch immer unerträglicher, nach Tübingen an MÄSTLIN gesandte Hilfegesuche blieben unbeantwortet; nach der Rückkehr von einem halbjährigen Aufenthalt in Prag, wohin TYCHO BRAHE ihn eingeladen hatte, traf ihn im August 1600 die endgültige Ausweisung aus Graz, jetzt unter Verlust fast der gesamten Habe. BRAHE nahm den mittellosen Flüchtling und seine Familie in Prag auf und verschaffte ihm eine Stelle als Gehilfe. Beide verband die unbedingte Suche nach der ›Wahrheit‹, die der eine als Anhänger, der andere als Gegner des COPERNICUS zu finden gedachte; beide waren jedoch auch von so verschiedenem Charakter, daß eine dauerhafte fruchtbare Zusammenarbeit nicht möglich gewesen wäre. Ein Glück für KEPLER war es deshalb, daß BRAHE bereits im folgenden Jahr starb und ihm von RUDOLF II. dessen Nachfolge als kaiserlicher Mathematiker angetragen wurde. Er erhielt zwar mit 500 Gulden, die zudem bald sehr unregelmäßig gezahlt wurden, ein erheblich geringeres Jahresgehalt als BRAHE, konnte hier aber wenigstens anfangs in größerer Ruhe seinen astronomischen Forschungen nachgehen, da ihn die Pflichten, das Erstellen von Prognostika und Horoskopen, nicht sehr in Anspruch nahmen. Verständnis fand er in Prag allerdings nicht, und die für seine Arbeiten nötigen Aufzeichnungen BRAHES erhielt er erst nach einem langwierigen Kampf mit den Erben zur Einsicht. Wegen der Wirren im Vorfeld des Dreißigjährigen Krieges wurde das Gehalt bald immer seltener ausbezahlt. KEPLER geriet von neuem in finanzielle Not und suchte nach einer neuen Anstellung. Ein erneuter Versuch, in Tübingen eine Professur zu erhalten, scheiterte an dem Einspruch der dortigen protestantischen Theologen, die KEPLERS liberale Einstellung zur Abendmahlsfrage ins Feld führten. Erst nach dem Tode seiner ersten Frau erhielt er 1612 eine neue Stelle an der Landschaftsschule in Linz. Kaiser MATTHIAS, der Nachfolger RUDOLFS II., hatte zwar KEPLER als kaiserlichen Mathematiker bestätigt, ihm jedoch erlaubt, eine zusätzliche Stelle außerhalb des Hofes anzunehmen. Doch auch hier in Linz litt KEPLER unter der Verfolgung der ultraorthodoxen Protestanten. Wieder entbrannte der Streit an der Konkordienformel, die KEP-

LER zu unterschreiben sich weigerte. Seine religiöse Einstellung kennzeichnet, daß er aus ehrlicher Überzeugung bei dieser Haltung auch blieb, nachdem er bereits kurz nach seiner Ankunft in Linz exkommuniziert worden war. Der Konflikt zwischen seiner Überzeugung und der Intoleranz der kirchlichen Stellen traf ihn schwer. 1619 wurde der Ausschluß vom Abendmahl endgültig von Württemberg aus bestätigt. Trotzdem konnte er sich nicht entschließen, Deutschland zu verlassen, als er 1617 einen Ruf als Professor der Astronomie nach Bologna erhielt. Es klingt fast wie Ironie, daß er gerade die in seiner Heimat herrschende geistige Freiheit als Begründung anführte – er hatte von dem Prozeß gegen GALILEO GALILEI erfahren. Weitere Sorgen brachte ihm eine Anklage gegen seine Mutter wegen Hexerei. Drei Monate im Jahre 1617 und 13 der Jahre 1620 und 1621 verbrachte er in Württemberg, um die Anklage zu widerlegen; ein halbes Jahr nach der Entlassung aus dem Gefängnis starb sie im Jahre 1622. Während dieser Zeit hatten sich die Zustände in Linz verschlechtert. Nach der Eroberung durch Herzog MAXIMILIAN im Juli 1620 war die protestantische Macht gebrochen worden und das Leben für die Protestanten allmählich so unerträglich geworden wie zuvor in Graz. Als zu Beginn des Jahres 1626 seine ganze Bibliothek wegen ihres ›ketzerischen‹ Inhaltes beschlagnahmt wurde und im Herbst während einer Belagerung durch Bauern mit der Druckerei auch die fertigen Teile der ›Rudolphinischen Tafeln‹ vernichtet wurden, die auf Wunsch des Kaisers hier gedruckt werden sollten, verließ KEPLER endgültig Linz und begann mit seiner Familie – er hatte 1613 wieder geheiratet – ein unstetes Wanderleben, das ihn erst für ein Jahr nach Ulm führte, wo die Tafeln jetzt gedruckt wurden, dann nach Frankfurt, Ulm und Linz sowie je zweimal nach Regensburg und Prag – meist um das vom Kaiser vorenthaltene Gehalt vergebens einzubetteln.

Im Juli 1628 schließlich siedelte er nach Sagan über. Der Kaiser hatte sich wegen der Kriegslasten außerstande gesehen, den Verpflichtungen gegenüber KEPLER nachzukommen, und hatte den Herzog von Friedland und Sagan, ALBRECHT VON WALLENSTEIN, einen seiner reichsten Untertanen, gebeten, den Hofastronomen zu entschädigen. WALLENSTEIN nahm ihn als Astrologen gegen ein Jahresgehalt von 1000 Gulden in seine Dienste, blieb aber die rückfällige Zahlung ebenfalls schuldig. Als er 1630 KEPLER schließlich eine Professur in Rostock anbot, machte dieser die Annahme von der Auszahlung abhängig – weil er den Ruf in das ungewohnte Norddeutschland nicht abzuschlagen wagte. Nachdem er dann mehr und mehr einsah, daß WALLENSTEIN dem Wunsche des Kaisers auch nicht Folge leisten würde, trat er im Oktober eine Reise nach Regensburg an, um vor dem Reichstag vom Kaiser persönlich das rückständige Gehalt einzufordern. Hier starb er jedoch kurz nach seiner Ankunft an den Folgen der großen Anstrengungen dieser Reise.

Übersieht man die hauptsächlichen Etappen des durch äußere und innere Umstände rastlosen Lebens, so scheinen die wissenschaftlichen Leistungen dieses wohl bedeutendsten Astronomen fast ins Übermenschliche zu wachsen; und von Gott her nahm er auch die Kraft, sein Leben und Werk zu meistern. Ihm und seinem Erkennen wollte er dienen: »Ich wollte Theologe werden«, schrieb er aus Graz an MÄSTLIN, »Lange war ich in Unruhe. Jetzt aber sehet, wie Gott durch mein Bemühen auch in der Astronomie gefeiert wurde«; und diese Haltung nahm er sein ganzes Leben über ein. Getragen von einem selbstverständlichen Glauben an die Ratio und die Ordnung der göttlichen Schöpfung als Ausdruck der Ratio Gottes, suchte er diese a priori gegebene Ordnung in der Welt als dem »körperlichen Abbild Gottes«. Alles ist für ihn verklammert durch die Dreiheit Gott, Welt, Mensch – Urbild, Abbild, Ebenbild. Die Vermittlung wird durch die Idee der Quantität hergestellt, die in Gott ihren Ursprung habe; die Mathematik ist wie bei PLATON, auf den sich KEPLER auch ausdrücklich beruft, das erste Erkenntnismittel. Die Kugel als vollkommenste Quantität ergebe die äußere Gestalt des deshalb notwendig begrenzten Kosmos, sie sei durch den gleichmäßigen Ausfluß von ihrem Zentrum aus entstanden und sei symbolisch Abbild der Heiligen Dreifaltigkeit: Gott-Vater bedeute das Zentrum, Gott-Sohn die Oberfläche, der Zwischenraum den Heiligen Geist. Die Natur erkennen ist für KEPLER dann nichts anderes, als die Gedanken und Absichten Gottes bei der Schöpfung ›nachzudenken‹, und das heißt: Geometrie zu treiben. In ihr lägen die Gründe und Ur-Sachen des Kosmos.

Bereits in seinem in Graz entstandenen Erstlingswerk, dem ›Mysterium Cosmographicum‹ (*Weltgeheimnis*), kam diese Grundidee zum Tragen: Die neben der Kugel vollkommensten Körper, die fünf regulären PLATONischen Polyëder, bestimmen hiernach ineinandergeschachtelt mit ihren Um- und Inkugeln die Abstände der Planeten (die überraschend genau mit den Werten im he-

liozentrischen System des COPERNICUS übereinstimmten), ihre
Fünfzahl die Anzahl der Planeten im copernicanischen System,
in dem der Mond mit der Erde eine kosmische Einheit bilden.
Die Richtigkeit dieser Theorie sei dadurch erwiesen. – Aber die
Meßdaten entsprachen nicht genau genug den Berechnungen
nach diesem Modell. Zwar reichte die Übereinstimmung, um
KEPLER in seiner Überzeugung zu bestärken, die Gründe des
harmonischen Aufbaues der Welt und damit den Schöpfungsplan entdeckt zu haben, sie blieb aber unbefriedigend, zumal sie
auf Copernicanischen Werten basierte, von denen BRAHE ihm
als Reaktion auf das Werk schrieb, daß sie zu ungenau wären.
Sein Versprechen, ihm seine eigenen, besseren Werte zugänglich
zu machen, bewog dann KEPLER schließlich, nach Prag überzu-
siedeln. Er hatte volles Vertrauen in die empirischen Daten, da
die Welt der Geometrie entsprechen müsse. Dieses Vertrauen zu
bestätigen und die exakte Beobachtbarkeit mit TYCHOS instrumentellen Mitteln zu erweisen, diente auch sein großes optisches
Werk von 1604, die auf den Erkenntnissen ALHAZENS und WITE-
LOS aufbauende ›Astonomiae pars optica‹; auf ihm basierte aber
auch die sofortige Anerkennung der Entdeckungen GALILEO GA-
LILEIS mit dem Fernrohr. Auch zur Entdeckung der elliptischen
Bahnform und der Bewegung der Planeten gemäß den beiden
ersten sogenannten KEPLERschen Gesetzen (1605) konnte KEPLER
auf einem langen, mit mühsamen Rechnungen gepflasterten Weg
nur deshalb vordringen, weil er, unfähig, selber zu beobachten,
volles Vertrauen in die Meßkunst BRAHES setzte und andere von
ihm erwogene und durchgerechnete, noch an der bis dahin allgemein anerkannten Kreisförmigkeit aller Bewegungselemente
orientierte Bahnformen schließlich eine Abweichung in der Tiefe
von 8' ergeben hatten – eine Genauigkeit, die andere wie KEPLER
ursprünglich auch vollauf befriedigt hätte. Aber die in der ›Astronomia nova‹ 1609 veröffentlichten Ergebnisse galten KEPLER
nur als notwendige Vorarbeit auf dem Weg zur Erkenntnis der
eigentlichen inneren Ordnung des Kosmos, der ›Weltharmonik‹.
Das Werk mit diesem Titel, das gleichsam als Abfallprodukt auch
das sogenannte dritte KEPLERsche Gesetz enthält, erschien 1619.
Für heutige Formen der Naturbetrachtung ungewohnt, werden
hierin wie überall in der Welt harmonische, musikalische Verhältnisse auch zwischen den einzelnen Bahnelementen der Planeten
aufgewiesen. Nur dem geistigen Ohr erklingen allerdings diese

himmlischen Harmonien, wie KEPLER sich ausdrückte, die den Menschen Gott in seinen Werken erkennen lassen.

Das Auffinden von Gesetzmäßigkeiten in den Bewegungen der Planeten wurde allerdings erst durch KEPLERS Bemühen ermöglicht, die aus empirischen Daten mathematisch abgeleiteten Größen auch ›physikalisch‹ neu zu erklären, da TYCHO BRAHE an Parallaxenmessungen der Nova von 1572 und des Kometen von 1577 aufgewiesen hatte, daß die unveränderlichen und undurchdringlichen aristotelischen Äthersphären nicht existieren können; zumal KEPLER die Epizykel als ›physikalisch‹ völlig irreal ansah. Nachdem die Magnetlehre WILLIAM GILBERTS eine begeistert aufgenommene Möglichkeit geboten hatte, die abgeleitete Bewegungsquelle Sonne statt mit der anfangs postulierten bewegenden Seele mit einer körperlichen Kraft auszustatten, deren Größe und Ausbreitung daraufhin aus der Größe der bewirkten Bewegung zu erschließen war, entwickelte KEPLER eine völlig neuartige, einen kosmischen Magnetismus zugrundelegende Himmelsphysik: Die dazu erforderliche Rotation des Sonnenkörpers, der mit seinem magnetischen ›orbis virtutis‹ die Planeten herumführe, wurde ihm durch die von GALILEO GALILEI berechneten Wanderungsbewegungen der oberflächlichen Sonnenflecken offenbar bestätigt. Die mit der Entfernung abnehmende Wirkung der sich in der Äquatorebene der Sonne als der Ebene der Planetenbewegungen ausbreitenden Kraft bewirke auch eine mit der Entfernung abnehmende Geschwindigkeit der Planetenbewegung, nicht nur in seiner Umlaufbahn im Vergleich zu der anderer Planeten, sondern auch auf dieser Bahn selbst, je nach Entfernung zur Sonne im Aphel und Perihel. Diese wechselnde Entfernung, aus der ein Wandel der Bahngeschwindigkeit notwendig (›physikalisch‹) folgt (die frühere Funktion des Epizykels), entstehe durch die Wechselwirkung zwischen dem nach außen einpolig wirkenden Zentralmagneten Sonne (der Gegenpol zur Oberfläche befinde sich im Zentrum) und den mit ihrer Rotationsachse schräg zur Bahnebene gestellten und deshalb einmal angezogenen und einmal abgestoßenen bipolaren Magnetplaneten. – Diese Physik eines kosmischen Magnetismus war heuristischer Ausgangspunkt und Basis der beiden ersten Keplerschen Gesetze der Planetenbewegungen; sie wurde von den Zeitgenossen fast ausnahmslos abgelehnt, was dann aufgrund dieser erkenntnismäßigen Verquickung fast zwangsläufig auch die beiden Bewegungsgesetze selbst traf. Und das galt dann in noch stärkerem Maße für das in seine nur von wenigen nachvollziehbaren Überlegungen zu einer harmonikalen Weltordnung eingebettete und aus ihnen abgeleitete dritte Gesetz. Die Bewegungsgesetze fanden erst im Zuge der Anerkennung der Physik des ISAAC NEWTON, der sie mit der Allgemeinen Gravitation, dem Gravitationsgesetz und dem Trägheitsprinzip auf eine völlig neue physikalische Grundlage stellte, auch selber Anerkennung.

Bei KEPLER verbindet sich eine Vielfalt alter und neuer Ideen und erkenntnistheoretischer Vorstellungen zu einem grandiosen Weltbild, gegen das auch in den Augen KEPLERS seine anderen Leistungen verblaßten, weil sie Ausdruck dieser Weltharmonik seien. Zu nennen ist neben bereits Erwähntem sein umfangreiches Lehrbuch der copernicanischen Astronomie auf den neuen Grundlagen, die ›Epitome astronomiae Copernicanae‹ (1618/21), die nach der neuen Theorie berechneten ›Rudolphinischen Tafeln‹ (1627), die für fast 100 Jahre Grundlage für die Berechnung der Planetenörter blieben, sowie die ›Dioptrik‹ (1611) als Lehre der astronomischen Teleskopbeobachtung mit der Idee des sogenannten KEPLERschen Fernrohres, die erstmals von CHRISTOPH SCHEINER verwirklicht wurde.

WILLIAM HARVEY
(* 1. 4. 1578 Folkestone [Kent], † 3. 6. 1657 London)

Die quantitativ-mechanistische Sehweise der neuen Physik des Himmels und der Mechanik fand relativ rasch auch in die Welt des Menschen und der Lebewesen Eingang. Sie blieb allerdings vorerst auf die Dynamik und Statik von Bewegungen beschränkt, so daß es auch noch nicht zu einer Zusammenfassung der naturwissenschaftlichen Menschenkunde, Botanik und Zoologie zu einer allgemeinen ›Physik‹ des Lebens hat kommen können. Die wichtigsten Vertreter der neuartigen, physikalischen Betrachtung der Lebewesen waren neben WILLIAM HARVEY GIOVANNI ALFONSO BORELLI und STEPHEN HALES.

HARVEY studierte in Cambridge und in Padua Medizin, wo er bei GIROLAMO FABRICI promovierte, praktizierte ab 1604 in London (1609–1643 als Arzt am St. Bartholomew's Hospital) und war dort ab 1607 Mitglied des Royal College of Physicians (ab 1615 auch als Professor). 1618 wurde er Leibarzt JACOB I. und 1621 seines Nachfolgers CHARLES I. Er war hochangesehen und hatte breite Interessen in Literatur, Kunst und Philosophie.

HARVEY wandte erstmals konsequent quantitative Betrachtungen auf den zwar schon in frühester Antike als lebensnotwendig erkannten, aber immer noch geheimnisvollen Körpersaft Blut an, das nach GALENOS, der damals immer noch unumstrittenen Autorität der Medizin, in der Leber entsteht und zu den Organen transportiert wird, die es als Nahrung verbrauchen. Auf dem Wege dorthin sickere es durch die Herzscheidewand von einer zur anderen Kammer (was bereits A. VESALIUS bestritten hatte). Aufgrund quantitativer Überlegungen, die für das angeblich durch die Herzscheidewand fließende Blut auf den unvorstellbar hohen Wert von zehn Pfund pro Minute führten, kamen ihm große Zweifel an der Richtigkeit der Theorie, zumal er bereits von den diese Skepsis nährenden Entdeckungen des Lungenkreislaufs durch REALDO COLOMBO (1559), der Venenklappen durch GIROLAMO FABRICI (1603) und von Bau und Funktion des Septums durch ANDREAS VESALIUS wußte. Jahrlange Sektionen, Vivisektionen an verschiedenen Säugetierarten und (unblutige) Blutstau-Versuche am Menschen führten HARVEY schließlich zu einer Aufklärung der Funktionen von Herz, Venen und Arterien als einem quantitativ bestimmbaren mechanischen System zum Hin- und Rücktransport des Blutes – ganz im Sinne der neuen Physik eines GALILEO GALILEI – statt seines ständigen Neuentstehens. Er sah deshalb auch das Blut selbst – statt des Herzens, wie seine Vorgänger – als Sitz der lebensspendenden ›Hitze‹ an. Allerdings vermochte er die Kapillaren als Verbindungsglied im großen Kreislauf vorerst nur theoretisch zu postulieren, was seine zahlreichen Gegner stärkte. Deren Nachweis gelang erst 1661 MARCELLO MALPIGHI unter Einsatz des erst nach HARVEY erfundenen Mikroskops. Seine Entdeckung des großen Blutkreislaufes publizierte HARVEY 1628 in der Schrift ›Exercitatio anatomica de motu cordis et sanguinis in animalibus‹.

Wegen der Bedeutung, die das Herz in den medizinischen Lehren seit der Antike besessen hatte, muß HARVEYS Entdeckung als ein Meilenstein in der Entwicklung der Medizin angesehen werden. Die zuvor stärker morphologische Anatomie wurde daraufhin zu einer mehr funktionell ausgerichteten ›anatomia animata‹

und bereitete damit den Weg zur Physiologie des ausgehenden 18. und des 19. Jahrhunderts. Medizinisch stand er aber durchaus weiterhin in der Tradition des Renaissance-Humanismus mit seinem Bestreben, die Lehren von GALENOS und ARISTOTELES korrekt zu erfassen, zu aktualisieren und zu verbessern, wobei er aber mit seinem funktionellen Denken philosophisch näher bei ARISTOTELES mit der Bevorzugung von Kreis- und zyklischen Bewegungen stand, für die er sich auf dessen ›Meteorologika‹ berufen konnte. In seinem zweiten, auch sachlich mehr an ARISTOTELES' Biologie orientierten Hauptwerk, den ›Exercitationes de generatione animalium‹ von 1651, vertrat HARVEY zur Embryologie die Theorie der Epigenese und die These, daß sich alles tierische Leben aus einem Ei entwickle. Die Maxime »omne vivum ex ovo« ist allerdings nicht in der Schrift selbst, sondern erstmals auf dem Titelblatt formuliert, dessen Gestaltung aber sicherlich zwischen Autor und Stecher diskutiert worden war.

GIOVANNI ALFONSO BORELLI (getauft 28.01.1608 Castelnuovo [bei Neapel], † 31.12.1679 Rom) stellte seine erstmals systematischen Untersuchungen zu den inneren und äußeren Bewegungsvorgängen bei den Lebewesen auf der Grundlage der neueren Erkenntnisse der Physik erst in den letzten anderthalb Lebensjahrzehnten an. Sein CHRISTINA von Schweden, an deren Hof er nach der Aufhebung der ›Accademia del cimento‹ der MEDICI 1674 Aufnahme gefunden hatte, gewidmetes zweibändiges, mit zahlreichen Holzschnitten illustriertes Werk ›De motu animalium‹ (*Die Bewegung der Tiere*) erschien auch erst posthum 1680–1681 in Rom. Hierin weist er experimentell nach, daß in lebenden Körpern dieselben Gesetze (vornehmlich der Mechanik und Hydrostatik) herrschen wie in der unbelebten Natur. – Der Theologe und Pfarrer in Teddington STEPHEN HALES (* 17.09.1677 Bekesbourne [Kent, England], † 04.01.1761 Teddington [Middlesex]) wandte mathematisch-physikalische Untersuchungen dann erstmals systematisch auf Pflanzen an, deren Wasserhaushalt, Wurzeldruck und Saftbewegung er experimentell bestimmte; seine Schrift ›Vegetable staticks‹ erschien erstmals 1727 in London. 1733 folgten entsprechende Untersuchungen zu Blutdruck und Blutzirkulation in tierischen Lebewesen: ›Statical essays, containing haemostaticks‹.

OTTO VON GUERICKE

(1666 geadelt, ursprünglich *OTTO GERICKE*)

(* 20./30.11.1602 [a./n.St.] Magdeburg,
† 11./21. 5. 1686 [a./n.St.] Hamburg)

Mit der Widerlegung des von ROGER BACON zur Erklärung der Heberwirkung eingeführten ›horror vacui‹, des Vermeidens eines ihr widersprechenden Vakuums durch die auf ihre generelle Ordnung achtende Natur, war eines der letzten hartnäckigen Bollwerke der aristotelisch-scholastischen Physik beseitigt worden. Sie beruhte auf Experimenten zu zwei unterschiedlichen Überlegungen: Die barometrischen Versuche EVANGELISTA TORRICELLIS und VINCENZO VIVIANIS zur Erzeugung der sogenannten Torricellischen Leere waren angeregt worden durch die bekannte Tatsache, daß eine Saugpumpe Wasser nur bis etwa 10 m hochziehen kann. GALILEO GALILEI selbst, bei dem TORRICELLI die letzten Monate Gehilfe war, hatte noch einfacher handhabbare Versuche mit schweren Flüssigkeiten angeregt. TORRICELLI und seine Mitarbeiter fanden bei ihren Experimenten mit einer einseitig geschlossenen, anfangs ganz mit Quecksilber gefüllten Röhre, deren offenes Ende in ein ebenfalls mit Quecksilber gefülltes Gefäß eingetaucht wurde, daß die Quecksilbersäule sich unabhängig von der Neigung der Röhre auf eine etwa 76 cm entsprechende Höhe einstellt. Also konnte nicht, wie zuvor seit ROGER BACON angenommen wurde, der ›horror vacui‹ der Grund für das Verharren des Quecksilbers sein; denn warum sollte dieser ›horror‹ nur bis zu einer bestimmten Höhe wirken können? Die richtige Schlußfolgerung, der äußere Luftdruck müsse dafür verantwortlich sein, wurde bald darauf von BLAISE PASCAL in weiteren Experimenten erhärtet. Er beobachtete an einem System zweier torricellischer Röhren, von denen die eine die tragende Luft der anderen abziehen konnte, wie deren Quecksilbersäule dabei absank. Aufgrund der Vermutung, daß der äußere Luftdruck dafür verantwortlich sei und dieser von der Menge der darüber befindlichen Luft abhänge, ließ er 1648 von seinem Schwager ein Barometer auf den Puy de Dôme bringen, um zu prüfen, ob das ›Vakuum‹ über der Quecksilbersäule mit größerer Höhe tatsächlich größer werde – obgleich ein größeres Vakuum ja eine größere Kraft seines ›horror vacui‹ auf das Quecksilber ausüben müßte. Seine Vermutungen wurden bestätigt. Die Existenz eines Vakuums (über der Quecksilbersäule) konnte nicht länger bezweifelt werden. Besonders eindrucksvoll zeigten dann die Magdeburger Versuche OTTO VON GUERICKES, welche Kräfte durch die Erzeugung eines luftleeren Raumes innerhalb der unter Atmosphärendruck stehenden Umgebung zur Wirkung kommen können.

Als Mitglied einer reichen und angesehenen Patrizierfamilie für die politische Laufbahn in seiner Vaterstadt bestimmt, hatte GERICKE nach der Vorbereitung durch Hauslehrer 1617 mit dem Studium in Leipzig begonnen, das er in Helmstedt und ab 1621 an der juristischen Fakultät in Jena fortsetzte, ohne es jedoch mit dem Erwerb eines akademischen Grades abzuschließen. Seit 1623 ergänzte er seine Ausbildung durch ein Studium der mathematischen Wissenschaften in Leiden, wo allein auch speziell der Festungsbau berücksichtigt wurde, und machte, bevor er in den Rat seiner Vaterstadt eintrat und 1630 das Amt des ›Bauherrn‹ übernahm, eine ausgedehnte Bildungsreise nach Frankreich und England. – Wie nicht wenige seiner politisch tätigen Zeitgenossen war OTTO VON GUERICKE Fragen der aufblühenden experimentellen Naturwissenschaften gegenüber sehr aufgeschlossen: Nur wenige haben sich allerdings wie er auch aktiv ihrer Lösung angenommen. Erstaunlich ist, daß ihm dies gelang, obwohl der Magdeburger Rat ihm während der Wirren des Dreißigjährigen Krieges und dessen Folgen von der Eroberung und Zerstörung Magdeburgs im Mai 1631 über die Friedensverhandlungen in Münster und Osnabrück bis zum erzwungenen Vergleich zu Kloster Berge 1666 vielfältige, teils mehrere Monate währende diplomatische Reisen aufbürdete. Ursprünglich der alten Hansestadt dank seiner Interventionen zugestandene Privilegien (woraufhin man ihm 1646 das Amt des vierten Bürgermeisters übertrug) gingen jedoch bei dem Vergleich von 1666 endgültig verloren. Seine Politik hatte sich damit überlebt; er zog sich allmählich von der politischen Bühne zurück, ließ sich 1678 gänzlich von seinen Amtspflichten entbinden und ging 1679, als Magdeburg die Pest drohte, zu seinem Sohn nach Hamburg, wo er seinen Lebensabend verbrachte.

Die 1631 einsetzenden Wirren gaben GUERICKE frühestens nach der Rückkehr aus Osnabrück, also nach 1646, die Muße, jenes Problem auch experimentell zu untersuchen, das ihn nach eigener Auskunft seit langem beschäftigt hatte, nämlich die Frage nach dem Wesen des interplanetarischen Raumes: Kann dieser seit Anerkennung der Lehre des NICOLAUS COPERNICUS, der sich auch GUERICKE anschloß, in seiner vorgestellten Ausdehnung ungeheuer gewachsene Raum wirklich von einem Stoff wie dem Äther erfüllt sein? Ist Raum nur als erfüllter Raum zu denken, oder ist er als bloßer Raum leerer Raum? Im zweiten Falle müßte sich auch auf der Erde ein leerer Raum, ein Vakuum, künstlich wenigstens angenähert herstellen lassen, obwohl RENÉ DESCARTES dieses in seinen ›Principia philosophiae‹ (1644) gerade wieder geleugnet hatte, weil sich aus der Identität von Raum und Materie ergäbe, daß bei Entleerung eines Gefäßes dessen Wände aneinander stoßen müßten. GUERICKE gelang es jedoch, diese Behauptung zu widerlegen, indem er anfänglich wassergefüllte Behälter (Bierfässer) mit einer umgebauten Feuerspritze auspumpte, ohne daß etwas anderes an die Stelle des Wassers hätte eindringen sollen, was ihm mit schrittweise verbesserter Technik auch gelang. Danach versuchte er auf dieselbe Weise, nämlich von unten, auch Luft, die er als Ausdünstungen der gesamten Erdwasserkugel ansah, die als ihr zugehörige von dieser angezogen würden, aus einem Behälter zu pumpen und dadurch ein Vakuum zu erzeugen. Diese Versuche lehrten ihn allmählich die Elastizität der Luft und das Wesen des für damalige Vorstellungen ungeheuer großen, jedoch , wie er später feststellte, schwankenden Luftdrucks und seinen Zusammenhang mit der Wetterlage erkennen. 1654 führte GUERICKE dann seine Luftpumpe und Versuche mit und in dem Vakuum auf dem Regensburger Reichstag erstmals einem größeren Publikum vor – hier erst erfuhr er auch von ähnlichen Untersuchungen über das Vakuum in Italien (EVANGELISTA TORRICELLI) – und erregte damit so großes Aufsehen, daß der Erzbischof von Mainz, JOHANN PHILIPP VON SCHÖNBORN, GUERICKE die Geräte abkaufte, in seine Residenz nach Würzburg brachte und die Versuche von dem Mathematikprofessor am dortigen Gymnasium, dem Jesuitenpater KASPAR SCHOTT, wiederholen ließ. Dieser berichtete darüber erstmals 1657 ausführlich in einem Anhang zu seinem Werk ›Mechanica hydraulico-pneumatica‹. Hierdurch wurden die Geräte und die Vorstellungen GUERICKES schnell allgemein bekannt und regten besonders CHRISTIAAN HUYGENS in Holland und ROBERT BOYLE in England zum Nachbau und zur

Verbesserung der Luftpumpe und zum Experimentieren mit dem Vakuum an. Auch GUERICKE selbst verbesserte seine Luftpumpe und erdachte neue Versuche, darunter besonders jenen zur Demonstration der ungeheuren Größe des Luftdrucks mit den sogenannten Magdeburger Halbkugeln, die evakuiert kaum getrennt werden können, während sie von selbst auseinanderfallen, wenn nach dem Öffnen eines kleinen Hahnes Luft eingeströmt ist. Er führte diesen Versuch erstmals 1657 in Magdeburg an einem Galgen aus und erregte mit der Variante, sie vergebens von einer großen Anzahl zusammengespannter Pferde auseinander ziehen zu lassen, im Dezember 1663 am Hofe des Großen Kurfürsten bei Berlin großes Aufsehen.

Aber nicht mehr darum ging es ihm zu dieser Zeit, sondern um ein neues, auf den Erkenntnissen vom Luftdruck und Vakuum beruhendes Weltbild, das er in seinem damals bereits abgeschlossenen, aber erst 1672 im Druck erschienenen Werk ›Neue, sog. Magdeburger Versuche über den leeren Raum‹ darlegte. Zwischen den Weltkörpern, die auf Kreisen um ihr Bahnzentrum ziehen, sollen danach spezifische, bewegende und qualifizierende, unkörperhafte Kräfte über das Vakuum hinweg wirken. Zur Demonstration solcher Wirkkräfte konstruierte er eine erste, allerdings von ihm selbst noch nicht als solche verwendete Elektrisiermaschine in Form einer drehbar gelagerten und zu reibenden Schwefelkugel (anfangs einer der ›terrella‹ WILLIAM GILBERTS entsprechenden Mineralkugel mit hohem Schwefelanteil) und machte dabei wichtige Beobachtungen elektrostatischer Erscheinungen (Anziehung und Abstoßung, Leitung, Spitzenwirkung, Leuchten usw.). Die Beschreibung der Schwefelkugel in GUERICKEs Werk, das er auch an die Royal Society in London schickte, hat deren Experimentator ROBERT HOOKE und FRANCIS HAWKSBEE zu ähnlichen Versuchen über Reibungselektrizität und letzteren zur Konstruktion der Glaskugel-Elektrisiermaschine angeregt. – GUERICKE gelang 1660 auch die erste Vorhersage eines Unwetters mittels barometrischer Beobachtungen der extremen Luftdruckänderung. Seine Anregung, ein Netz barometrischer Beobachtungsstationen einzurichten, hatte jedoch noch kein Verständnis finden können.

Robert Boyle
(* 25. 1. 1627 Lismore Castle [Irland],
† 30. 12. 1691 London)

Als siebter Sohn des Großgrundbesitzers Richard Boyle, Earl of Cork, trug Robert Boyle lediglich den Titel ›Honourable‹. Er verbrachte vier Jahre auf dem Eton College, reiste dann durch den Kontinent und blieb einige Jahre in Genf, wo er Studien in Latein und Biblischer Geschichte betrieb und die Sprachen des Alten und Neuen Testaments erlernte. 1644 kehrte er nach England zurück. In Oxford erwarb er schließlich den Grad eines Doktors der Medizin. Die letzten Jahrzehnte seines Lebens verbrachte er zurückgezogen, aber doch in der Nähe von London, auf seinem Landgut Stalbridge in Dorset und führte das Leben eines unabhängigen Privatgelehrten und scientific ›virtuoso‹. Er gehörte zwar zu den Gründern der Royal Society of London (1662), lehnte aber bewußt das ihm angetragene Präsidentenamt ab. Das findet sicherlich neben dem damit verbundenen Verlust der Unabhängigkeit auch darin eine Erklärung, daß die Royal Society statutengemäß jegliche Beschäftigung mit religiösen Fragen ausschloß, für Boyle aber die Naturwissenschaften nicht einem Selbstzweck dienten, sondern der Erkenntnis (oder gar dem Beweis des Daseins) Gottes aus der von ihm erschaffenen Natur. So haben viele seiner Schriften, die oft auch anonym erschienen, religiöse und theologische Inhalte, und die von ihm testamentarisch begründeten ›Boyle Lectures‹ behandeln ausdrücklich auch Fragen der Physikotheologie, die nicht zuletzt dadurch wichtige Impulse erhielt, die im Gegensatz zu Deutschland, wohin sie zu Beginn des 18. Jahrhunderts übertragen wurde, im angelsächsischen Raum bis in die Gegenwart fortwirken. In seinen naturwissenschaftlichen Untersuchungen legte er deshalb das Hauptgewicht auch auf das Experiment als genaue Beobachtung von Gottes Schöpfung und hegte vor theoretischen Deutungen und Hypothesen eine gewisse Scheu – sieht man einmal von seinen korpuskularen Deutungen der Materie ab. Der in manchen Zügen spleenig wirkende und hinsichtlich seiner anfälligen Gesundheit hypochondrische Boyle war seiner Zeit aber auch als durchaus gern gelesener Autor belletristischer Literatur mit romantisch-

schwärmerischer Ader und feinem Humor bekannt (etwa seiner
›Occasional Reflections upon Several Subjects‹ von 1665).

BOYLE arbeitete über fast alle zu seiner Zeit bekannten Gebiete
der Naturwissenschaft und versuchte vor allem, ihnen eine experimentelle Grundlage zu geben. Zu diesem Zweck konnte er
eigene Finanzmittel einsetzen, um Fachleute als Experimentatoren in seine Dienste zu nehmen, darunter vor allem ROBERT
HOOKE, zusammen mit dem er, angeregt durch KASPAR SCHOTTS
1657 veröffentlichte Darstellung der Luftpumpe des OTTO VON
GUERICKE und der damit von diesem angestellten Versuche, die
erste Luftpumpe in England (1660) baute und GUERICKES pneumatische Versuche wiederholte und ergänzte (›New Experiments
Physico-Mechanical, Touching the Spring of the Air, and Its Ef-
fects‹, 1660) – in diesem Zusammenhang entwickelte er auch eine
Apparatur zur Vakuum-Destillation. Aufgrund dieser Versuche
spricht man im angelsächsischen Raum noch heute bei einem
künstlich mittels Luftpumpe erzeugten vom ›Boyleschen Vakuum‹, obwohl BOYLE selbst auf OTTO VON GUERICKE als Erfinder
und KASPAR SCHOTT als seine Quelle verweist. Mit einem U-för-
mig gebogenen, auf der einen Seite zugeschmolzenen Glasrohr,
das, mit Quecksilber gefüllt, ein bestimmtes Luftvolumen abschloß, machte BOYLE ab 1660 Versuche, die 1662 zu dem später
– nachdem es fälschlich nach EDME MARIOTTE benannt worden
war – nach ihm benannten Gesetz führten, wonach das Volumen
einer abgeschlossenen Gasmenge einem darauf einwirkenden
Druck umgekehrt proportional ist ($P \cdot V$ = const.), ohne daß bereits der Einfluß der Temperatur berücksichtigt worden wäre. Sein
damaliger Mitarbeiter RICHARD TOWNLEY hatte diese Beziehung
aus BOYLES Zahlenwerten abgelesen. Von BOYLE stammt auch die
neutrale Bezeichnung ›Barometer‹ für die meist gläsernen Instrumente zur Bestimmung des Luftdrucks, nachdem das von ihnen
angezeigte Heben einer Flüssigkeitssäule eindeutig auf den äußeren Luftdruck (die ›Schwere‹ der Luft) zurückgeführt worden
war. BOYLE stellte weiterhin fest, daß Flüssigkeiten unter vermin-
dertem Druck schon bei Temperaturen *unter* dem Siedepunkt ko-
chen. – Aber das alles bleiben experimentelle Einzelerkenntnisse,
die noch nicht in ein System eingebettet wurden und werden
konnten – wie auch in der Optik, zu der er wichtige Vorarbeiten für ISAAC NEWTON leistete (›Experiments and Considerations
Touching Colours‹, 1663). Er meinte, daß die Körper ihre Farben

durch Modifikation des Lichts an ihrer Oberfläche erhalten. Wei-ße Körper würfen das meiste des Lichtes zurück, schwarze Kör-per verschluckten das meiste. BOYLE erwähnte auch als erster die Farben dünner Blättchen oder Schichten.

ROBERT BOYLES berühmtestes und einflußreichstes Werk ist jedoch ›The Sceptical Chymist‹ von 1661, das in Form eines Dia-logs zwischen Vertretern unterschiedlicher Lehrmeinungen (wie bei GALILEO GALILEI) mit skeptisch-kritischer Methode eine neue Denkweise einführt, die den Weg von vielfältigen Spekulationen weg und zur modernen Chemie hin führte. Er verwarf sämtliche spekulativ gewonnenen ›Prinzipien‹ der Materie, vor allem so-wohl die Vierelementetheorie der aristotelischen Naturphilo-sophen (Feuer, Wasser, Luft und Erde) als auch die Dreielemen-tenlehre der Alchemisten und Paracelsisten (Schwefel, Salz und Quecksilber). Einzig und allein das Experiment, die Analytik, entscheide darüber, ob ein Stoff nicht weiter zerlegbar sei und daraufhin ›Element‹ oder ›Prinzip‹ genannt werden dürfe – und er wies damit den richtigen Weg, ohne schon selbst den heutigen Begriff des chemischen Elements geprägt zu haben. So ist er sich beispielsweise auch nicht ganz sicher, ob Wasser sich nicht doch in Erde verwandeln lasse, und vermeidet, irgendwelche Stoffe be-reits als ›Element‹ zu benennen. Er unterscheidet aber klar ›Ele-ment‹ und ›Verbindung‹, verhielt sich entgegen seiner sonstigen Einstellung dabei aber durchaus auch hypothetisch-fiktiv und neigte einerseits zu den Auffassungen PIERRE GASSENDIS, der die antike Atomistik eines EPIKUROS wiederbelebt hatte, andererseits aber auch zur auf ARISTOTELES zurückgehenden Lehre von den ›minima naturalia‹ in der Form, die ihr DANIEL SENNERT gege-ben hatte, der damit die wahren Vorstellungen des DEMOKRITOS wiedergewonnen zu haben meinte: Alle Materie baue sich aus kleinsten (qualitätsgleichen und damit qualitätslosen) Teilchen, Korpuskeln, auf, die verschiedene Gestalt, Größe und Bewegung besäßen; einfache Teilchen könnten aber dauerhaft zusammen-haltende Korpuskeln als stoffliche Teilchen der Dinge (›primä-re Konkretionen‹) entsprechend den ›minima naturalia‹ bilden – welche Stufe allein der Chemiker mit seinen Operationen errei-chen könne –, wobei die Art der Zusammensetzung und Struktur (›Textur‹) die qualitativen Eigenschaften des daraus bestehenden Stoffes ergebe. Solche ›primären Konkretionen‹ (*prima mista*) könnten sich dann auch ihrerseits zu solchen (weniger dauerhaften) ›zweiter‹ Ordnung verbinden, die er im Unterschied zu den ›texturae‹ der *prima mista* ›mixturae‹ nennt. BOYLE vermeidet so durch operative Definitionen den mit den ›minima naturalia‹ verbundenen aristotelischen Begriff der ›Form‹. Für ein ›Element‹ fordert er zuerst, daß es sowohl durch chemische Analyse aus anderen Stoffen gewonnen, sodann, daß es auch aus unterschiedlichen Ausgangsstoffen immer wieder gewonnen werden könne; diese operativen Voraussetzungen führten allerdings zur Bestimmung und Gewinnung eines ›Elementes‹ nur dann, wenn man dabei einen Stoff erhalte, den man (noch) nicht weiter zerlegen könne. Diese Beschränkung bereitete dann den späteren Begriff des ›chemischen Elementes‹ von ANTOINE LAURENT DE LAVOISIER gedanklich vor, der ja eine weitere Unterteilung bei Anwendung nicht-chemischer Verfahren durchaus einschließt. – Die Untersuchung und Zerlegung von Substanzen kann nach BOYLE nicht nur durch das Feuer (dabei benutzte er bereits das Lötrohr), sondern auch in wäßriger Lösung vorgenommen werden; eingehend untersuchte er deshalb Säuren und Basen und führte dabei das Indikatorpapier ein. Die Gewichtszunahme bei der Verkalkung der Metalle (Kalzination), die später innerhalb der Auseinandersetzung mit der Phlogistontheorie GEORG ERNST STAHLS eine große Rolle spielen sollte, erklärte er mit aufgenommener Wärme, die Wirkung spezifischer Arzneimittel von seiner Korpuskulartheorie her mit Hilfe feiner Effluvien, auch dabei den Begriff der ›Form‹ vermeidend. Er experimentierte auch mit Blut (›Memoirs for the Natural History of Human Blood‹, 1684) und führte die Farbänderung beim Übergang von arteriellem zu venösem Blut auf die Aufnahme von Luftteilchen zurück.

Mikroskopisten

MARCELLO MALPIGHI
(* 10.03.1628 Crevalcore [bei Bologna], † 29.11.1694 Rom)

ANTONI VAN LEEUWENHOEK
(* 24.10.1632 Delft, † 27.08.1723 Delft)

ROBERT HOOKE
(* 18.07.1635 Freshwater [Isle of Wight], † 03.03.1703 London)

Nachdem durch Luftpumpe und Elektrisiermaschine völlig neue Welten experimentell erschlossen worden waren und durch das Fernrohr die Welt der Sterne optisch hatte so nahe gebracht werden können, daß deren Topographie im Sonnensystem erkennbar wurde, was den Dualismus des Kosmos endgültig aufhob (zu Positionsmessungen wurde es erstmals systematisch von OLE RØMER in Kopenhagen eingesetzt), gestatteten auch erste, noch recht primitive Mikroskope völlig neue Einblicke in die uns scheinbar so nahe, aber wegen der Kleinheit nicht eigentlich wahrnehmbare Mikrowelt der Lebewesen. Erste wichtige Vertreter mikroskopischer Untersuchungen waren, unterschiedlich motiviert, MARCELLO MALPIGHI, ROBERT HOOKE und ANTONI VAN LEEUWENHOEK.

Der Pfarrerssohn ROBERT HOOKE, von schwächlicher Gesundheit, zeigte früh technisches Talent. Während seines Studiums in Oxford lernte er ROBERT BOYLE kennen und wurde sein bezahlter Assistent und damit der erste hauptberufliche Naturforscher überhaupt. Er konstruierte zusammen mit ihm nach KASPAR SCHOTTS illustrierten Berichten über die Erfindung OTTO VON GUERICKES die erste in England benutzte Luftpumpe (›Pneumatical Engine‹ 1660, 1670 verbessert), in der ein mit Kurbel versehenes Zahnrad auf ein Zahngestänge einwirkt, um den im Laufe des Pumpvorganges bei GUERICKES Konstruktion wachsenden Kraftaufwand zu reduzieren (letzterer verwendete später dazu einen Pumphebel). HOOKE gehörte auch dem Kreis an, aus dem 1662 die Royal Society of London erwuchs, die ihn dann zu ihrem ›Curator of experiments‹ und 1677(–1683) zu einem ihrer Sekretäre machte. Seine Aufgabe war es, regelmäßig Experimente (meist aus eingereichten Schriften) für anstehende Diskussionen vorzubereiten. Er kam dadurch einerseits mit zahlreichen aktuellen Fragen direkt in Berührung, geriet aber auch in Zeitnot für die Verfolgung eigener, Konzentration erfordernder Ideen und Vorhaben, zumal er sich dabei nicht mit der Wiederholung von Versuchen anderer begnügte, sondern auch eigene Anordnungen und Ideen entwickelte. 1665 wurde er Professor der Geometrie am Gresham College in London.

Hookes Stärke lag ohne Zweifel auf praktisch-technischem Gebiet, was sich auch in seiner Tätigkeit als Architekt niederschlug. Beim Bau von Instrumenten für meteorologische Beobachtungen war er besonders einfallsreich. So schlug er vor, mit einem Eis-Wasser-Gemisch den Nullpunkt des Thermometers festzulegen. Als einer der ersten sah er das Wettergeschehen als komplexen Vorgang, so daß seine Wetterstation Instrumente zur Beobachtung des Luftdrucks, der Temperatur, des Niederschlags, der Feuchtigkeit und der Windgeschwindigkeit enthielt. Elf Jahre nach dem Erscheinen der ›Optica promota‹ (1663) von James Gregory baute er nach dessen Angaben ein erstes Spiegelteleskop, doch Isaac Newton war ihm mit einer anderen Konstruktion, die ihm die Mitgliedschaft in der Royal Society eintrug, zuvorgekommen. Hooke erwarb sich allerdings allgemein anerkannte Verdienste um technische Verbesserungen des Fernrohrs für Winkelmessungen (Haare für das Mikrometer, Kreisteilung). Mit anderen Erfindungen und Entdeckungen geriet er jedoch ebenfalls in Prioritätsstreitigkeiten, so mit Christiaan Huygens wegen der Idee, eine Spiralfeder als Unruhe in Uhren zu benutzen (1675 ließ Hooke als erster ein Schiffschronometer mit Uhrfeder anfertigen), so mit den Astronomen der Pariser Akademiesternwarte um die Idee eines Luftfernrohrs, vor allem aber auch wieder mit Newton, der seine Anregungen nicht erwähnte, obgleich er erstmals durch ihn brieflich auf die Idee einer allgemeinen Gravitation hingewiesen worden war. Die Auseinandersetzungen um ihre optischen Untersuchungen veranlaßten Newton immerhin, nach 1672 zu Lebzeiten Hookes darüber nichts mehr zu veröffentlichen.

Hooke hatte in seiner ›Micrographia‹ von 1665 erstmals auch seine Ansichten über die Natur des Lichts und der Farben dargelegt, mit denen sich Newton damals ebenfalls beschäftigte und

dabei seine Entdeckungen über die spektrale Zerlegung des weißen Lichts machte. HOOKE hatte die Farberscheinungen an Sei-
fenblasen, dünnen Schichten und Glimmerblättchen ebenso wie
die von ihm zuerst beobachteten, später so genannten NEWTON-
schen Ringe beschrieben und zu erklären gesucht, wozu er sich
einer Undulationstheorie des Lichtes bediente, das sich in einem
Medium ähnlich den Wellen auf einer Wasseroberfläche ausbrei-
te. Seine Vorstellungen von einer Periodizität blieben allerdings
noch recht unbestimmt, auch konnte er noch nicht auf eine Interferenz beim Licht schließen, obwohl er von verschiedenen Strahlen sprach, die an den Grenzebenen einer dünnen Schicht reflek-
tiert würden. HOOKE meinte auch, nur zwei Grundfarben, Rot
und Blau, zulassen zu können, während NEWTON, der seinerzeit
ein Ätherwellen-Modell für das Licht verwendete und HOOKE gegenüber schon den Gedanken aussprach, daß jede Spektralfarbe
wohl dann ihre eigene Wellenlänge besäße, auf seine Entdeckung
der Spektralfarben verweisen konnte.

Die ›Micrographia, or some Physiological Descriptions of
Minute Bodies, made by Magnifying Glasses‹ von 1665 stell-
te HOOKES Erstlingsarbeit dar, für deren Hauptinhalt ihm auch
niemand die Priorität streitig machen konnte. Es stellt nach einer
Beschreibung des von ihm konstruierten zusammengesetzten
Mikroskops die damit (allerdings noch ziemlich unsystematisch)
angestellten Beobachtungen im Mikrobereich dar, scheinbar spitze oder scharfe Gegenstände, winzige Organismen, organische
Strukturen, kleine Kristalle und anderes, und die vielen, alle
Einzelheiten darstellenden Stiche bezeugen seine sehr gute Beobachtungsgabe und künstlerisches Geschick. So stellte er erstmals
die Wunderwelt der Insekten mit ihren ins Riesige gewachsenen
Gliedmaßen und Organen dar (gleichsam als Vorbild für die Welt
der Riesen im sozialkritischen Gesellschaftsroman ›Gulivers Reisen‹ von JONATHAN SWIFT), beschrieb die Metamorphosen von Insekten und benutzte für die von ihm entdeckte Mikrostruktur des
Korks (Zellwände) erstmals den Begriff ›Zelle‹. Die unterschiedliche Kristallform führte er auf die regelmäßige Anordnung der
kleinsten gleichartigen Materieteilchen gemäß ROBERT BOYLES
Vorstellungen zurück und zeichnete bei der Wiedergabe diese als
kleine Kreise (Kügelchen) ein.

Da die Royal Society in London nicht zuletzt aufgrund der
regen Korrespondenz ihres ersten Sekretärs HENRY OLDENBURG

eine Art ›Umschlagplatz‹ für aktuelle naturwissenschaftliche Erkenntnisse geworden war, die dann auf ihren regelmäßigen Sitzungen vorgetragen und vorgeführt, häufig auch in der Form der brieflichen Mitteilung in ihren ›Transactions‹, einer der ältesten wissenschaftlichen Zeitschriften, veröffentlicht wurden, teilten auch der bologneser Anatom und Physiologe M. MALPIGHI und der niederländische Tuchhändler A. VAN LEEUWENHOEK ihre Entdeckungen ihr in Form von Briefen mit.

MARCELLO MALPIGHI, der Begründer einer vergleichenden Anatomie des Tier- und Pflanzenreiches, die sich auf mikroskopischer Ebene einander vergleichbar anglichen, war nach seinem dortigen Studium der Medizin 1653 in Bologna promoviert und 1656 als Professor für theoretische Medizin nach Pisa berufen worden. Drei Jahre später wurde er Professor an seiner Heimatuniversität Bologna, 1691 Leibarzt des Papstes INNOZENZ XII. in Rom (zwischenzeitlich 1662–1669 in Messina lehrend). Den Hintergrund seiner mikroskopischen Untersuchungen bildete somit die humoralpathologische Medizin und Anatomie eines GALENOS mit den ersten Zweifeln, wie sie besonders ANDREAS VESALIUS und WILLIAM HARVEY mit ihren Entdeckungen erhoben hatten. Er untersuchte zunächst den Feinbau der Lunge von Wirbeltieren, erkannte die halbkugelförmigen, durch Poren miteinander verbundenen Alveolen und entdeckte die Kapillargefäße und damit die von W. HARVEY nur erst vorausgesetzte Verbindung von arteriellen und venösen Gefäßen. Zahlreiche weitere mikroskopische Entdeckungen aus der Anatomie des Menschen, der Tiere und der Pflanzen, die zum Teil noch heute seinen Namen tragen, teilte er der Royal Society mit, die nicht nur seine Briefe in ihren ›Philosophical Transactions‹ veröffentlichte, sondern ihn 1667 auch zum auswärtigen Mitglied wählte. Sie brachte 1675 und 1679 auch seine zweibändige ›Anatome plantarum‹ heraus, trotz der Konkurrenz, die das Werk zu dem geplanten pflanzenanatomischen Lehrbuch von NEHEMIAH GREW, das dann 1682 herauskam (›The Anatomy of Plants‹), darstellte. GREW war 1677 gemeinsam mit ROBERT HOOKE Sekretär der Royal Society geworden.

Auch der akademische Laie ANTONI VAN LEEUWENHOEK, der 1660 die Stelle eines Bediensteten beim Ältestenrat der Stadt Delft übernommen hatte, wandte sich mit seinen Aufsehen erregenden Entdeckung in mehreren Briefen an eben diese Instanz. Er hatte erst fast vierzigjährig um 1671 begonnen, Linsen zu schleifen und einfache Mikroskope zu bauen. Die Vorstellung, daß jegliches Leben sich in Bewegung äußere, so daß Bewegtes auch lebendig sein müsse, ließ in ihm die Überzeugung wachsen, daß die vielen winzigen bewegten Objekte, die er bei seinen mikroskopischen Studien in Wassertropfen beobachtet hatte, tierische Lebewesen sein müßten, und er erschloß damit eine völlig neue, bislang ungeahnte Dimension organismischen Lebens. In seinem ersten Brief vom 9. Oktober 1676 teilte er der Royal Society seine ersten Beobachtungen mit, ihnen folgten dreißig weitere mit der Beschreibung zahlreicher Bakterien, Einzeller und Rädertierchen. Er gab sie 1685–1718 in vier Bänden gesammelt heraus (eine lateinische Übersetzung folgte 1722). Er berichtete darin beispielsweise über die Entdeckung der Spermatozoen bei seinen Untersuchungen der Samenflüssigkeit von Fischen, Amphibien, Säugetieren und Menschen; er hielt sie für vollständige Keime und nannte sie deshalb ›animalcula‹ (das Säugetier-Ei war noch nicht bekannt). Die auf dieser Entdeckung basierende Lehre von der Präformation der Keime sollte die Embryologie bis in die Mitte des 18. Jahrhunderts beherrschen, bis der junge CASPAR FRIEDRICH WOLFF ihr 1759 (1764 lateinisch neu bearbeitet) mit seiner ›Theoria generationis‹ die vitalistische Vorstellung einer ›Epigenese‹ aufgrund einer besonderen Lebenskraft entgegensetzte. Auch zur Widerlegung der letztlich auf ARISTOTELES zurückgehenden Urzeugungslehre konnte VAN LEEUWENHOEK durch den Nachweis beitragen, daß Flöhe und Blattläuse keineswegs aus Schmutz oder organischen Abfällen entstehen.

SIR (ab 1705) ISAAC NEWTON

(* 25.12.1642 [a. St.] / 04.01.1643 [n. St.] Woolsthorpe [Lincolnshire],
† 20./31.03.1726/1727 Kensington [heute zu London gehörig])

ISAAC NEWTON, dessen Vater (ein Farmer) schon vor der Geburt seines Sohnes verstorben war, besuchte ab seinem zwölften Lebensjahr die Lateinschule in Grantham, wo er bei einem mit der Mutter befreundeten Apotheker wohnte, und soll sich schon in seiner Jugend durch die Anfertigung von Modellen und mechanischen Apparaten hervorgetan haben. Dennoch verdankte ISAAC es nur der energischen Fürsprache des Schulrektors von Grantham, daß er sich statt dem landwirtschaftlichen Betrieb der Mutter zu dienen auf den Besuch der Universität vorbereiten konnte. Im Sommer 1661 bezog er in Cambridge das ›Trinity College‹ der Universität, an dem 1663 durch eine Stiftung die Lucas-Professur für Mathematik und Naturwissenschaften eingerichtet wurde, dessen erster Inhaber (ISAAC BARROW) NEWTON zu den modernen mathematischen und physikalischen Wissenschaften hinführte, nachdem er zuvor noch aus Lehrbüchern der Barockscholastik unterrichtet worden war. Während einer verheerenden Pestepidemie wurde die Universität 1665 bis 1667 geschlossen, während welcher Zeit NEWTON sich wieder in die ländliche Stille der mütterlichen Farm zurückzog und die Muße fand, über viele während seines Studiums der Mathematik, Physik und Chemie aufgekommene Probleme nachzudenken. Er berichtete später, daß er während dieser knapp zwei Jahre sein wissenschaftliches Programm in den Grundideen entwickelt und in Teilen auch bereits einer Lösung zugeführt hätte. Dazu zählte er auch die Entdeckung der Zusammensetzung des weißen Lichtes aus den Spektralfarben und die Vorstellung einer Allgemeinen Gravitation sowie das Gravitationsgesetz. Schon 1664 war er, angeregt durch RENÉ DESCARTES und JOHN WALLIS, bei seinen mathematischen Untersuchungen zur Infinitesimalmathematik und Reihenlehre vorgestoßen, woraus er dann später die Fluxionsrechnung entwickelte, die veränderliche Größen als sich bewegende, fließende vorstellt und dem mathematischen Gehalt nach mit dem Infinitesimalkalkül von GOTTFRIED WILHELM VON LEIBNIZ übereinstimmt, obwohl es hierüber einen heftigen Prioritätsstreit geben sollte. Nach der Wiedereröffnung des College wurde NEWTON 1667 ›minor fellow‹, womit bereits eine Unterrichtserlaubnis verbunden war, 1668 ›major fellow‹ und nach dem Erwerb des ›master of arts‹ 1669 durch den Verzicht BARROWS auch der Lucas-Professor für Mathematik. Zu dessen Lehrverpflichtung gehörten nur wenige Stunden im Jahr, die NEWTON dann auch noch mit Ergebnissen seiner eigenen Forschungen füllte, zu denen ihm ja viel Zeit gelassen wurde, mit denen er aber auch die Studierenden völlig überforderte. So wurde er auch nicht etwa als Lehrer bekannt und berühmt, sondern als Forscher.

1696 tauschte er diese Fast-›sine cura‹-Stellung mit der tatsäch-
lichen an der königlichen Münzanstalt in London, der er ab 1699
vorstand. Im Jahre 1703 wählte ihn die Royal Society of London
zu ihrem Präsidenten.

Auf dem Gebiet der Naturwissenschaften waren es vor allem
zwei grundlegende Entdeckungen, die er in aller methodischen
Strenge und experimentell abgesichert zu einem System aus-
baute, das die folgenden Jahrhunderte bis hin zu Albert Einstein ausschließlich beherrschte und auf vielen Gebieten nicht
nur in der Physik zu erfolgreichen Nachahmungseffekten führte,
die seine große Prognosefähigkeit dokumentieren und es immer
wieder bestätigten. Sie werden entwickelt in den axiomatisch
vorgehenden ›Philosophiae naturalis principia mathematica‹ von
1687 (^{2}1713, ^{3}1726) sowie, aufbauend auf früheren Arbeiten, in
den ›Opticks‹ von 1704. Die methodische Strenge resultiert dabei
aus der bewußten reduktionistischen Beschränkung auf mathematisch erfaßbare Erscheinungen (auch wenn sie experimentell
erzeugt werden), ohne sich über die Art der ›Kräfte‹ Gedanken
(Hypothesen) zu machen, die diese Erscheinungen erzeugten.
– Ganz kann er sich allerdings des in den Scholien zu den ›Principia‹ geäußerten Mottos »hypotheses non fingo« (ich *erdichte* keine Hypothesen, nicht: ich verwende keine; denn das tut auch er,
bevor er sich um ihre Bestätigung bemüht) nicht enthalten, wenn
er in den Scholien und den ihnen entsprechenden ›Queries‹ der
›Opticks‹ ebenso wie seine Physiker-Zeitgenossen durchaus Spekulationen über die Art und Wirkungsweise jenseits der Wirk-
größe der den Körpern von Gott eingepflanzten Kräfte anstellt;
und daß er die Religion aus seinem Denken nicht verbannte,
zeigen seine allerdings lange Zeit verdrängten theologischen
Arbeiten. Sein wissenschaftliches Prinzip war es jedoch, »die
Kräfte der Natur aus den Bewegungserscheinungen aufzuspüren
und anschließend aus diesen Kräften die übrigen Naturerscheinungen herzuleiten«, also ein induktiv-deduktives Verfahren:
Die ›*allgemeine*‹ Gravitation also, die sowohl im Kleinen (bei der
Kohäsion, bei chemischen Verbindungen, für die er in ›Query‹
31 analog der Elektrizität und dem Magnetismus anziehende
und abstoßende Kräfte zwischen den kleinsten Teilchen statt
der üblichen ›Sympathie‹ und ›Antipathie‹ vorschlägt, welcher
Theorie man sich schnell anschließen sollte) als auch im Großen
(zwischen den Himmelskörpern) gelte, und zwar nicht nur als

›Prinzip‹, sondern auch in der Größe der Kraftwirkung und ihrer Abschwächung im umgekehrten Verhältnis zur Entfernung, die er nach verschiedenen fehlgeschlagenen Anläufen schließlich aus den Werten der Mondbahn unter Anwendung des Trägheitsprinzips ablesen konnte. Die Anwendung des Trägheitsprinzips und des Gravitationsgesetzes machte es ihm dann auch möglich, JOHANNES KEPLERS Gesetze der Planetenbewegungen, soweit sie empirisch waren, auseinander abzuleiten und damit gegen alle zwischenzeitliche Kritik ›physikalisch‹ zu bestätigen; und NEWTON äußerte die Hoffnung, daß neben »den Bewegungen der Planeten, der Kometen [für deren Bahn er die Parabel ableitete], des Erdmondes und des Meeres [Ebbe und Flut]« auch alle anderen Naturerscheinungen aus diesen mechanischen Prinzipien hergeleitet werden könnten – was die Folgezeit dann ja auch in Angriff nehmen sollte. Man verlieh dieser ihre Aussagen auf die mathematisch zu bestimmten Größen beschränkenden Physik das Attribut ›klassisch‹, und das einflußreichste Lehrbuch dieser ›klassischen Physik‹ sind noch immer die NEWTONschen ›Mathematischen Prinzipien der Naturwissenschaft (*philosophiae naturalis*)‹ selbst. Sie stellen die axiomatisch begründete und mathematisch exakte vollständige Durchführung eines einfachen, aber damals neuen Gedankens dar, daß die wechselseitige Wirkung der allen Körpern eigenen Schwerkraft, deren Rolle für den freien Fall auf der Erdoberfläche und für das Erde-Mond-System J. KEPLERS (magnetische) Überlegungen in der Einleitung zur ›Astronomia nova‹ hatten erkennen lassen, weit über die irdische Welt hinausgeht und zumindest sämtliche Bewegungsvorgänge innerhalb des Sonnensystems einschließlich der Kometen bestimmt. Damit war gleichzeitig erstmals bewiesen, daß auch die himmlischen Körper den auf der Erde geltenden Gesetzen unterworfen sind, sie also nicht wesentlich verschieden sind von der Erde, wie man seit der Antike noch lange angenommen hatte. Die Vertauschung der Positionen von Erde und Sonne im Planetensystem durch NICOLAUS COPERNICUS hatte den Gedanken der Gleichartigkeit von irdischer und himmlischer Materie zwar bereits nahegelegt, und GALILEIS Fernrohrbeobachtungen sowie WILLIAM GILBERTS und JOHANNES KEPLERS kosmischer Magnetismus hatten ihn gestützt, doch erst NEWTONS Ableitung der Keplerschen Gesetze aus dem allgemeinen Gravitationsgesetz lieferte den unanfechtbaren Beweis – jedenfalls für die Newtonianer, die sich nach und nach gegen die Cartesianer durchzusetzen vermochten. Für RENÉ DESCARTES und gegen NEWTON hatte lange gesprochen, daß letzterer die doch von ersterem bereits durch seine alles mechanisch erklärende Wirbeltheorie aus der Physik verbannten ›okkulten‹ Kräfte der Scholastik in Form unerklärlicher, lediglich in ihrer Größe bestimmbarer Schwerkraft wieder hätte aufleben lassen. Nicht umsonst versuchte man bis ans Ende des 18. Jahrhundert, diese Lücke zu schließen und wie die Wirkungen von Elektrizität, Magnetismus, Feuer und Wärme auch die mathematisch eindeutig bestimmte Gravitation ›physikalisch‹ auf eine sehr fein verteilte ›imponderable‹ Materie zurückzuführen, insbesondere nachdem NEWTONS Physik gegenüber DESCARTES' Alternative, die vor allem in Frankreich anerkannt geblieben war, ausgerechnet von französischen Wissenschaftlern empirisch hat bestätigt werden können. Aus der cartesischen Physik der Wirbel folgt nämlich eine andere Form der rotierenden Erde (eiförmig) als aus der NEWTONSchen (abgeplattet), weshalb zur Entscheidung des jahrzehntelangen Streites von der Pariser Akademie der Wissenschaften 1736 zwei Gradmessungsexpeditionen in die Polnähe (Lappland) unter der Leitung von PIERRE DE MAUPERTUIS und in die Nähe des Äqators (Peru) unter der Leitung von PIERRE BOUGUER entsandt wurden. Nach der Auswertung, die im Norden eine längere Strecke für den Grad des Meridians ergab und damit die Abplattung der Erde an den Polen bestätigte, wurde dann insbesondere durch die energische Fürsprache von VOLTAIRE um die Mitte des 18. Jahrhunderts auch in Frankreich der Cartesianismus von der Physik ISAAC NEWTONS abgelöst, während er an deutschen Universitäten zumindest als verdeutlichende Alternative auch noch weiterhin im Physikunterricht parat blieb. Das von NEWTON geschaffene mathematisch-dynamische System wurde dann auch durch die Relativitätstheorie nicht umgestoßen, sondern lediglich modifiziert und ergänzt. Deren Schöpfer ALBERT EINSTEIN charakterisierte ISAAC NEWTON denn auch mit den Worten: »In einer Person vereinigte er den Experimentator, den Theoretiker, den Mechaniker und – nicht zuletzt – den Meister der Darstellung. Er steht vor uns: stark, sicher, und einsam; seine Schöpferfreude und seine präzise Genauigkeit zeigen sich in jedem Wort, in jeder Zahl.«

Das zweite Feld, dem NEWTON sich über weite Phasen seines Lebens widmete, war die Optik und die Frage nach der Natur des

Lichtes – wieder nur unter seiner bekannten methodischen Strenge. Im Jahr 1668 konstruierte und baute er, um Farbfehler zu vermeiden, deren Entstehung er ja aufgeklärt hatte, ein Spiegelteleskop. Es war der von JAMES GREGORY kurz zuvor vorgeschlagenen
Anordnung nicht nur konstruktiv überlegen, sondern war auch
das erste tatsächlich (von NEWTON selbst) ausgeführte Instru-
ment dieser Art und trug ihm die Mitgliedschaft in der Royal Society ein, wenn es sich auch in der Praxis gegen das GREGORYsche
Bauprinzip nicht durchzusetzen vermochte. Die Wahl eines Reflektors statt eines Refraktors war dabei sicherlich bedingt durch
die schon während der Pestjahre 1664/1666 erfolgten Entdeckung
der Zerlegung des weißen Lichtes beim Durchgang durch ein
brechendes Prisma (oder eine Linse) in verschiedenfarbiges Licht
entsprechend den Farben des Regenbogens, die folglich unterschiedlich gebrochen würden. Die Zerlegung und damit auch die
weiße ›Natur‹ des (Sonnen-)Lichtes ließ sich bestätigen, indem
NEWTON die farbigen Strahlen in einem optischen Umkehrver-
fahren wieder zu weißem Licht vereinigen konnte. Doch über
die ›Natur‹ des Lichtes war sich NEWTON lange nicht im Klaren,
und er führte darüber heftige Auseinandersetzungen mit ROBERT
HOOKE. Während er in den 1670er Jahren noch wie dieser eine
Undulationstheorie vertrat, wie sie von CHRISTIAAN HUYGENS
entwickelt worden war, und dabei sogar unterschiedlichem farbigen Licht auch eine unterschiedliche Wellenlänge zuschreiben
wollte, neigte er in den erst nach HOOKES Tod veröffentlichten
›Opticks‹ einer mit Vibrationsvorstellungen verbundenen Korpuskulartheorie zu. Beide Theorien konkurrierten in der Folgezeit, wobei immer wieder die Entdeckung einer nicht durch die
gerade anerkannte Theorie erklärbaren neuen Eigenschaft zum
Theoriewechsel führte, bis beide Vorstellungen letztlich auf mathematischer, keine Rücksicht auf Anschaulichkeit nehmender
Ebene von ALBERT EINSTEIN zusammengeführt wurden.

GEORG ERNST STAHL
(getauft 22.10.1659 Ansbach, † 14. 5. 1734 Berlin)

Der Sohn des Fürstlichen Hof-Raths-Secretarius in Ansbach besuchte das dortige Gymnasium und interessierte sich frühzeitig für Naturwissenschaften, speziell die Chemie. So studierte er dann ab 1679 Medizin in Jena und wurde dort besonders von dem Iatrochemiker GEORG WOLFGANG WEDEL beeinflußt, von dem er auch 1684 zum Doktor der Medizin promoviert wurde, um sogleich die damit verbundene Berechtigung, Vorlesungen zu halten, für ein ›collegium chemico-pharmaceuticum‹ in die Tat umzusetzen. Er hat jedoch seinen Beruf als Arzt stets neben seinen wissenschaftlichen Arbeiten ausgeübt und wurde 1687 Leibarzt des Herzogs Johann Ernst von Sachsen-Weimar, ohne seine Vorlesungstätigkeit einstellen zu müssen. 1694 wurde er von seinem Studienfreund FRIEDRICH HOFFMANN, der von Kurfürst FRIEDRICH III. von Brandenburg, dem späteren preußischen König FRIEDRICH I., mit der Bildung der Medizinischen Fakultät an der 1693 gegründeten Universität Halle beauftragt worden war, als zweiter Professor der Medizin hierher gerufen, wo er dann auch in engere Beziehungen zum Pietismus vor allem in der Gestalt AUGUST HERMANN FRANCKES trat. 1716 wurde STAHL als Leibarzt an den Hof FRIEDRICH WILHELMS I. nach Berlin bestellt und behielt diese Stellung bis zu seinem Tode.

STAHL war ideenreich und systembildend sowohl auf naturwissenschaftlichem als auch auf medizinischem Gebiet tätig, und dies nicht nur als hoch angesehener praktischer Arzt, sondern auch als sehr fruchtbarer und einflußreicher medizinischer Schriftsteller. Nicht zuletzt auf den Einfluß WEDELs hin war auch er iatrochemischer Mediziner und überzeugt, daß alle Vorgänge im gesunden und kranken Körper sich nach mechanischen und physischen, vor allem chemischen Gesetzen abspielen und bei krankhaften Störungen somit auch mit chemischen Mitteln wieder ins Gleichgewicht gebracht werden müssen. Aufgrund seiner Erfahrungen als praktischer Arzt war er jedoch daneben ebenso davon überzeugt, daß auch die einfachsten diätetischen Lebensgesetze von den Sinnen und Leidenschaften gesteuert, aber auch mißachtet würden, woraufhin es dann zu körperlichen Störungen

komme. Weil das Befinden auf der ›Synergie‹, dem Zusammenwirken von Leib und Seele beruhe, habe auch die Therapie stets
neben dem Leib die ›Seele‹ (*anima*) zu berücksichtigen, unter
welchem Begriff er das von ihm angenommene ›form‹-gebenden
Kraftzentrum für ein funktionelles Ineinandergreifen vitaler und
psychischer Vorgänge zusammenfaßte. Sowohl als Lehrer als
auch durch sein medizinisches Schrifttum, vor allem sein medizinisches Hauptwerk ›Theoria medica vera‹ (1707), übte er mit
dieser schon in seiner ›Disputatio de passionibus animi‹ von 1684
skizzierten Theorie großen Einfluß auf seine Zeitgenossen aus.
Man sieht in ihm den Begründer einer medizinischen Psycholo-
gie und faßt die Lehre als ›Animismus‹ zusammen.

In noch stärkerem und nachhaltigerem Maße wirkte STAHL jedoch durch seine chemischen Theorien. Er definierte die Chemie
treffend als die Wissenschaft, »welche zusammengesetzte Stoffe
zerlegt und einfache verbindet«, und suchte daraufhin nach der
Art der Verbindung und Trennung, die zu den Veränderungen der
Stoffe in der Natur führen, die er dann erstmals als gleichartige
unter der Vorstellung eines Verbrennens zusammenfaßte. Dabei
war das für die Zeitgenossen Faszinierendste – wie in der Physik (Optik) eines ISAAC NEWTON –, daß STAHL die Umkehrbarkeit
einer chemischen Operation (etwa Verbrennung/›Verkalkung‹
und Reduktion der Metalle) erklären konnte, ohne noch von einer ›Wandlung der Stoffe‹ sprechen zu müssen. Die von ihm entwickelten Vorstellungen bildeten eine erste chemische Theorie,
die viele verschiedene Vorgänge in der Chemie erfaßte und gemeinsam erklärte und damit Kriterien an die Hand gab, eindeutig
zu bestimmen, was ein ›Element‹ und was eine ›Verbindung‹ sei,
wozu die theoretisch-spekulativen Darstellungen eines ROBERT
BOYLE nicht geeignet waren. Damit bildete die Theorie dann auch
Rückhalt und Ausgangspunkt für ein ausgiebiges chemisches Experimentieren in den folgenden Jahrzehnten, dessen Ergebnisse
dann später auch dazu zwangen, die Theorie zu modifizieren,
ohne daß man vor LAVOISIER allerdings die Notwendigkeit sah,
sich dieses schon so lange erfolgreichen Leitbildes zu entledigen.

STAHLS Ausgangspunkt war die Maxime gewesen: Jeder brennbare Stoff enthält ein Prinzip, das bei dem Verbrennungsvorgang
entweicht und damit die Veränderung des Stoffes bewirkt – wie
es schon der Iatrochemiker JOHANN JOACHIM BECHER angenommen hatte, indem er als materielle Prinzipien den Körpern auf

und in der Erde drei unterschiedliche ›Erden‹ zuwies, auf einer von denen, der ›terra pinguis‹ (der fetten Erde), die Brennbarkeit beruhen sollte. Stahl hatte diese Modifizierung der Drei-Prinzipien-Lehre für wert gehalten, Bechers Schrift ›Physica subterranea‹ mit einer kommentierenden Einleitung, seinem ›Specimen Becherianum‹, 1703 neu herauszugeben, um darin seine eigene Verbrennungstheorie näher darzulegen. Diese hatte er bereits in der Abhandlung ›Zymotechnia fundamentalis‹ (Gärkunst) von 1697 angedeutet und durch das Experiment, Schwefelsäure mittels Kohle in Schwefel zu wandeln, erläutert (Stahl hatte in dieser Schrift eine Verwandtschaftsreihe der Metalle nach der Geschwindigkeit der Auflösung in Säure aufgestellt). Er wollte seine Vorstellungen auch durchaus als Fortführung der Theorie Bechers angesehen wissen, allerdings hatte er mit seiner neuartigen Theorie der Chemie, die er dann in ausgereifter Form 1723 in seinem chemischen Hauptwerk ›Fundamenta chymiae‹ vorlegte, nicht so weit wie Becher gehen wollen. Er sah als allen Körpern Gemeinsames, wie bei Becher in unterschiedlichen Anteilen auftretend, allein dieses mit Hitze und Licht einhergehende und deshalb von ihm nach dem griechischen Wort für ›Flamme‹ und Glut (*phlox*) ›Phlogiston‹ bezeichnete materielle Prinzip an. Dieses Phlogiston sei als das ›Brennbare Wesen‹ eine unzerstörbare, materielle Substanz, allerdings als solche nicht direkt sinnlich wahrnehmbar, weil sie zum einen äußerst fein sei, zum anderen gewichtslos (*imponderabilis*), so daß sie nur aufgrund der Veränderungen, die materielle Körper durch ihr Hinzutreten oder entweichen erfahren, erschlossen werden könne – sei dieses nun im eigentlichen Sinne des Wortes ein Verbrennen organischer Substanzen oder des Schwefels, bei dem das Austreten und Freisetzen des Phlogistons sich durch die Licht- und Feuererscheinung ankündige, sei es Atmung, Verwesung oder Gärung, oder sei es ein dem Veraschen der organischen Substanzen entsprechendes Verkalken von Metallen, bei deren Verbrennen sich ebenfalls elementares Erz und Phlogiston trennen sollen (während bei der Reduktion im Lavoisierschen Sinne dann wieder reichlich Phlogiston hinzugefügt werden müsse). Die Vorgänge werden also als ein ›Dephlogistisieren‹ verstanden. Alle Körper enthielten Phlogiston, am leichtesten ›brennbar‹ seien solche, deren Anteil daran am größten sei, wie etwa bei Ruß oder Kohle. Umgekehrt wie in der späteren Oxidationstheorie A. L. de Lavoisiers gilt hiernach also beispielsweise das Metall als die Verbindung (mit Phlogiston) und das Erz als das metallische ›Element‹.

STAHLS Phlogistontheorie konnte nicht nur erstmals viele verschiedene chemische Vorgänge einheitlich erklären, sie gab daraufhin sowohl den Anhängern als auch den Kritikern, die es durchaus frühzeitig gab, den Anstoß zu zahlreichen experimentellen Untersuchungen, die dann, seitdem die mit dem Prinzip einer Erhaltung der Materie gekoppelte Notwendigkeit der Erhaltung des (Gesamt-)Gewichtes während der chemischen Operationen ins Bewußtsein gerückt war, auch die Gewichtszunahme beim Verkalken der Metalle, die schon im 16. Jahrhundert bekannt gewesen war, als starkes Argument gegen die Gültigkeit der Theorie ins Spiel brachten. Aber eine starke Theorie vermag auch solche Einwände zu entkräften. Teils wurden die Gewichtsverhältnisse bei chemischen Umsetzungen weiterhin als nicht wesentlich angesehen oder man entwickelte Hilfshypothesen – darunter die Annahme eines ›negativen Gewichtes‹, wie es aus der ›Elementen‹-Lehre des ARISTOTELES gerade für das ›Feuer‹ geläufig und keineswegs so abwegig war, wie es aus der Rückschau erscheint; denn diese Lehre wurde durchaus noch bis ins letzte Viertel des Jahrhunderts wie bei BOYLE zur Erklärung der ›Prinzipien‹ der nur erst methodisch-operativ als solche definierten ›chemischen Elemente‹ herangezogen. Prominenter Vertreter eines solchen ›negativen‹ (das ist nicht: geringeren) Gewichtes, also einer ›Schwere‹ (Gewicht) aufhebenden Leichtigkeit, war beispielsweise FRIEDRICH ALBRECHT CARL GREN, der 1788 in der Nachfolge STAHLS Professor der Physik und Chemie in Halle geworden war. Erst als die Bedeutung des Gewichtes bei chemischen Reaktionen wegen der Notwendigkeit, auch die (mittels der Phlogistontheorie!) neu entdeckten gasförmigen Reaktionsprodukte zu berücksichtigen, allgemein anerkannt war und sichere eudiometrische Verfahren zur Bestimmung ihrer Mengen und Gewichte entwickelt worden waren, war die Zeit reif und waren die Voraussetzungen dafür gegeben, die Phlogistontheorie durch die Oxidationstheorie LAVOISIERS zu ersetzen.

BENJAMIN FRANKLIN
(* 17.01.1706 Boston, † 17.04.1790 Philadelphia, USA)

BENJAMIN FRANKLINS Autobiographie übt bis heute einen nachhaltigen Einfluß auf das Selbstverständnis seiner Landsleute aus, die darin einen musterhaften Leitfaden zum Aufstieg eines Selfmademan zu Wohlstand und Ansehen sahen. 15. von 17 Kindern eines reformierten Seifensieders und Talglichtziehers in Massachusetts, der 1682 aus religiösen Gründen England mit seiner Familie verlassen hatte, erlernte FRANKLIN bei seinem ältesten Stiefbruder das Buchdruckerhandwerk und eröffnete, selber seit früher Jugend am Erwerb von Wissen durch Lesen interessiert, als achtzehnjähriger im Auftrag des britischen Gouverneurs in Philadelphia eine eigene Druckerei, nachdem er hierzu in England selbst die erforderlichen Kenntnisse erworben hatte. Er gab deren Zeitung ›Pennsylvania Gazette‹ weiter heraus; und auch sein ›Kalender des armen Richard‹ (›Poor Richard's Almanac‹) konnte in beträchtlichen Auflagen viele Jahre hindurch erscheinen. Über drei Jahrzehnte beherrschte FRANKLIN die Verlagswelt in den damaligen englischen Kolonien Nordamerikas; 1748 übergab er die Geschäftsleitung einem Partner. Mit der Gründung einer ›Library Society‹ (1731), der ersten Leihbibliothek in Amerika, und der Anregung vielfältiger Einrichtungen zum öffentlichen Wohl erwarb er sich auch großes Ansehen bei seinen Mitbürgern; 1749 ernannte ihn die Universität Oxford zu ihrem Ehrendoktor. 1754 delegierte Pennsylvanien den gemäßigten Puritaner zur Generalversammlung der Kolonien, und zwischen 1757 und 1776 vertrat er die Angelegenheiten der nordamerikanischen Kolonien in London. Hatte FRANKLIN zunächst einen tragbaren politischen Kompromiß mit dem englischen Mutterland für möglich gehalten, hatte er sich wegen dessen starrer Haltung nach und nach zu einem Vorkämpfer der Unabhängigkeitsbewegung gewandelt. Er hat dann an der Ausarbeitung der Verfassung der Vereinigten Staaten als einer der Unterzeichner maßgeblich mitgewirkt. Nach 1776 war er neun Jahre Gesandter der neuen Republik der United States in Paris, wo er auch am Hofe großes Ansehen genoß. Zu seinen diplomatischen Erfolgen zählten hier das französisch-amerikanische Bündnis und der Friede von 1783. FRANKLIN hat zudem ein umfangreiches und vielfältiges schriftstellerisches Werk hinterlassen, das seinen Lebensinhalt bis tief in die 1740er Jahre bestimmt hatte. In einer zweiten Phase überwogen dann experimentelle und naturwissenschaftliche Untersuchungen zu allen möglichen Bereichen, von denen vor allem die ›Briefe über die Elektrizität‹ ihm noch zu Lebzeiten in der ganzen wissenschaftlichen Welt hohen Ruhm eingetragen haben.

Bereits bei einem England-Aufenthalt vor dem Einstieg in das Druckgewerbe waren seine Interessen an Naturbeobachtungen erweckt worden, doch erst das Geschenk einer Glasröhre samt Anwendungshinweisen für elektrische Versuche, die seine Bibliotheksgesellschaft von dem Jugendfreund PETER COLLINSON, einem Fellow der Royal Society in London, erhalten hatte, der als Handelsagent auch die Beziehungen der Gesellschaft zu englischen Verlagen unterhielt, regte ihn zu eigenhändigen Wiederholungen früher gesehener reibungselektrischer Demonstrationen an. Diese bildeten dann den Beginn einer originellen Versuchsreihe, in deren Verlauf sich bei FRANKLIN bestimmte Vorstellungen über das Wesen des ›elektrischen Fluidums‹, der Elektrizität, bildeten – in den genannten Briefen berichtete er darüber COLLINSON (›Experiments and Observations on Electricity, made at Philadelphia in America, and Communicated in several Letters to P. Collinson‹ London 1751), die von der Royal Society jedoch nicht in ihre ›Philosophical Transactions‹ aufgenommen wurden, sondern separat von COLLINSON in Druck gegeben werden mußten. Pointiert läßt sich zu ihnen jedoch sagen: FRANKLIN fand die Elektrizität als ein Kuriosum vor und hinterließ sie als eine Wissenschaft. Nach der Beobachtung erster elektrischer Erscheinungen durch WILLIAM GILBERT und OTTO VON GUERICKE und nach der Konstruktion erster Elektrisiermaschinen hatte STEPHEN GRAY 1729 festgestellt, daß manche Dinge die anziehende Wirkung des elektrischen ›Fluidums‹ auf andere Körper übertrugen, das Fluidum also weiterleiteten, andere (›Nichtleiter‹) dagegen nicht. Nach einer Vielzahl von Versuchen 1733/34 war sodann CHARLES FRANÇOIS DE CISTERNAY DU FAY (DUFAY) im Anschluß hieran und an GUERICKES Demonstrationen zu der Auffassung gekommen, daß sämtliche (anfangs: nur nichtmetallischen) Stoffe durch Reiben elektrisch würden und Körper, die sich am schlechtesten elektrisieren ließen, am stärksten angezogen würden, und hatte sodann festgestellt, daß durch Reiben von Glasröhren und von

Harzröhren unterschiedliche Arten von (Reibungs-)Elektrizität entstehen, die unterschiedliche Eigenschaften und gegensätzliche Wirkung zeigten. Folglich gäbe es zwei Arten elektrischen ›Fluidums‹, die Glas- und die Harzelektrizität. Inzwischen hatten 1745 unabhängig von einander EWALD JÜRGEN VON KLEIST und PIETER VAN MUSSCHENBROEK mit dem ›Kleistschen Erschütterungsglas‹ oder der ›Leidener Flasche‹ erste Kondensatoren (Verstärker) erfunden, die das elektrische ›Fluidum‹ abrufbar speichern konnten (zu den zahlreichen Verbesserungen zählte dann auch die ›FRANKLINsche Tafel‹), später sollte ALESSANDRO VOLTA mit dem ›Elektrophor‹ eine »permanente« Elektrizitätsquelle schaffen. FRANKLIN brachte all diese vorerst unsystematisch gesammelten, ›künstlich‹ erzeugten Erscheinungen unter ein gemeinsames Konzept. Danach existiert nur eine (unitarische) elektrische Materie, bestehend aus feinen Teilchen, die sämtliche körperlichen Stoffe durchdringe, die er mit einem Schwamm verglich, der sich voll Wasser saugt; dem Wasser entspreche dabei die elektrische Materie. Diese Materie, auch ›elektrische Ladung‹ genannt, sammle sich im elektrisierten Zustand des Körpers auf der Oberfläche an und trete sogar aus ihm heraus, um eine ›elektrische Atmosphäre‹ (gemäß der alten ›sphaera virtutis‹) um den Körper herum zu bilden. Ein Körper, der gegenüber dem Normalzustand einen Überschuß an elektrischer Materie enthalte, sei elektrisch ›positiv‹, ein Körper mit einem Defizit an elektrischer Materie elektrisch ›negativ‹ geladen (GEORG CHRISTOPH LICHTENBERG schlichtete später den die Forscher polarisierenden Streit zwischen den Änhängern der Vorstellung von einer und von zwei elektrischen ›Materien‹ pragmatisch, indem er, FRANKLINS Theorie fortführend, von Plus- und Minus-Elektrizität, +E und –E, sprach, was sich schnell durchsetzte). Mit seiner Theorie konnte FRANKLIN fast alle damals bekannten Versuche aus der Reibungselektrizität, die er noch um einige vermehrte, erklären, auch das Aufladen einer Leidener Flasche und die entladende Wirkung einer Metallspitze, welch letztere er aus seinem pragmatischen Nützlichkeitsdenken heraus auch zum Wohle der Menschheit angewendet zu sehen wünschte: Er sah auch den Gewitterblitz als elektrischen ›Funken‹ an und kam 1749 auf den kühnen Gedanken, mit einer langen, in einer feinen Spitze endenden Metallstange von einer Turmspitze aus den Gewitterwolken wie einer ›Leidener Flasche‹ die elektrische Ladung abzuzapfen, und stellte wenig später Vorschriften für die Durchführung eines solchen Experiments auf. Er wurde damit zum Erfinder des Blitzableiters, und das gewagte Experiment wurde nach diesen Vorschriften 1752 zuerst in Frankreich durchgeführt. Wenige Wochen darauf ließ FRANKLIN sogar einen Drachen zu Gewitterwolken hochsteigen und konnte aus dem Schlüssel, der am Ende der angefeuchteten Verbindungsschnur hing, lange elektrische Funken ziehen. FRANKLINS Erfindung des ›Blitzablei- ters‹ war damit bestätigt und machte seinen Namen auch außer- halb wissenschaftlicher Kreise mit einem Schlage bekannt (jetzt wählte ihn 1753 auch die Royal Society zu ihrem Mitglied), wenn sich auch die Bevölkerung jeweils lange gegen eine solche, von Wissenschaftlern vorgeschlagene, »teuflische«, in Gottes Wirken eingreifende Einrichtung sträubte. Die ersten größeren Anlagen in Europa entstanden 1760 auf einem Leuchtturm bei Plymouth und 1769 auf dem Turm der Jacobi-Kirche in Hamburg. Sie halfen und helfen seitdem mit, frühere, oft verheerende Feuersbrünste in großen Städten zu vermeiden.

CARL VON (geadelt 762) LINNÉ

(* 23.05.1707 Råshult [Småland, Schweden], † 10.01.1778 Uppsala)

Nach dreijährigem Privatunterricht im elterlichen Pfarrhaus kam der spätere schwedische Arzt und Naturforscher CARL VON LINNÉ (latinisiert zu LINNAEUS) in die Schule nach Växlö, sodann zum Studium der Medizin 1727 nach Lund und ein Jahr später nach Uppsala an die Universität. Durch die Lektüre des 1717 in Paris erschienenen Werkes über den Bau der Blüten von SEBA- STIAN VAILLANT angeregt, entwickelte er hier schon 1730 erste Vorstellungen von einem Sexualsystem der Pflanzen (›De nuptiis et sexu plantarum‹) und wurde Demonstrator der Botanik bei OLOF RUDBECK, der ihn auch mit der Vorlesung zur ›Materia me- dica‹, die ja seinerzeit hauptsächlich aus pflanzlichen Drogen be- stand, betraute. Umfassende Literaturstudien galten damals auch den älteren Versuchen einer Klassifizierung des Pflanzenreiches, wobei er zunächst wegen der soliden Methode das System von JOSEPH PITTON DE TOURNEFORT bevorzugte, obwohl es diesem als Vorsteher des Pariser Jardin du Roi in erster Linie pragmatisch um die Identifizierung ging, wozu er als Merkmal die Gestalt der Blütenhülle herangezogen und dann Arten, Varietäten und Kulturformen noch gleichberechtigt nebeneinander aufgeführt hatte. In von LINNÉ stammenden Katalogen des Universitätsgartens tauchen aber damals bereits seine späteren Ordnungsprinzipien auf. 1732 ging LINNÉ auf eine von der Königlichen Gesellschaft der Wissenschaften in Uppsala finanzierte sechsmonatige Forschungsreise nach Lappland, deren Ergebnisse er in der ›Flora Lapponica‹ veröffentlichte, die 1737 in Amsterdam erschien. Dem Usus schwedischer Studenten im 18. Jahrhunderts folgend, ging LINNÉ nämlich zur Beendigung seines Studiums ins Ausland, nach Holland, über Amsterdam nach Harderwijk, wo er mit der Disputation ›De nova hypothesi febrium intermittentium‹ am 24. Juni 1735 zum Doktor der Medizin promoviert wurde. In diesem Jahr erschien auch die erste Ausgabe seines ›Systema naturae‹ (Leiden 1735); durch Empfehlung HERMAN BOERHAAVES wurde er im Herbst 1735 für zwei Jahre Hausarzt und Gartenkustos des reichen Bankiers GEORGE CLIFFORD in Hartenkamp, wo die ›Fundamenta botanica‹ und die ›Bibliotheca botanica‹ (beides 1736) sowie Arbeiten zur ›Critica botanica‹, zu den ›Genera plantarum‹ (beides 1737) und den ›Classes plantarum‹ (1738) fertig gestellt wurden, von wo aus er aber auch im Auftrage CLIFFORDS die bedeutendsten Sammlungen und Gärten in London und Oxford besuchte. Die Rückreise nach Schweden erfolgte dann über Paris, wo er zum korrespondierenden Mitglied der Akademie gewählt wurde. In Stockholm mußte er sich vorerst als praktischer Arzt niederlassen (1738–1741), wurde aber gleichzeitig auch angestellter Admiralitätsarzt und Dozent für Mineralogie und Botanik am Bergkollegium, bevor ihm in Uppsala eine Professur übertragen werden konnte, zunächst die für praktische Medizin, 1742 die für theoretische Medizin mit den Lehrinhalten Botanik, Materia medica und Naturgeschichte und der Leitung des Botanischen Gartens – womit LINNÉ seine Ziele erreicht hatte. Er baute hier ein naturhistorisches Museum auf und entfaltete eine ungewöhnlich fruchtbare Lehrtätigkeit, die Uppsala innerhalb weniger Jahre zum Zentrum der wissenschaftlichen Botanik in Europa machte. – Hier legte er auf seinem nahen Landgut große Sammlungen an; zwei Forschungsreisen führten ihn nach Westgotland (1746) und Schonen (1749). 1747 wurde er zum königlichen Leibarzt ernannt, 1762 geadelt.

Den größten Einfluß übte LINNÉ über die Lehre hinaus zweifellos mit der Erstellung von für die Praxis anwendbaren Klassifikationen der drei Naturreiche, vor allem des Pflanzenreiches,
aus, mit deren Tradition seit ARISTOTELES und THEOPHRASTOS er
voll vertraut war, so daß ihm auch die großen Schwierigkeiten
bewußt waren, eine Ordnung sämtlicher Arten nach natürlichen
Verwandtschaften, nach der rechten »methodus naturalis«, zu erstellen, die allein zu dem ›natürlichen‹ System hätte führen können. Ansätze dazu finden sich in seinen Werken seit 1738; und für
das Tierreich, dessen »natürliche Einteilung durch eine innere
Struktur angezeigt werde« (*ab interna structura indicatur*) – wie es
letztlich auch die späteren phylogenetischen Systeme auf anderer naturwissenschaftlicher Basis zugrundelegen –, sieht er 1758
in der zehnten Auflage des ›Systema naturae‹ dieses Ziel erreicht.
Dieses erstmals 1735 auf lediglich sieben Folioseiten dargelegte
›System der Natur‹ erlebte bis 1768 insgesamt zwölf Auflagen mit
zunehmendem Umfang – und sich wandelnden theoretischen
Grundlagen. Von Anfang an waren die drei Naturreiche hierin
einheitlich hierarchisch gegliedert in ›Reiche‹ (*regna*), ›Klassen‹
(*classes*), ›Ordnungen‹ (*ordines*), ›Gattungen‹ (*genera*) und ›Arten‹
(*species*) und diese Unterteilungen durch die Angabe von spezifischen Merkmalen begründet. Das Schwergewicht lag dabei auf
den Pflanzen, von denen er nach und nach mehr als 7000 Arten
und davon Hunderte vor ihm unbekannte einordnete, während
es in der zehnten Auflage 4326 und in der zwölften (1766) fast
5900 Tierarten waren, von denen er etwa 2000 erstmals beschrieb.
Diese Fülle neuer Arten, die er auf seinen verschiedenen Reisen
entdeckt hatte, ließ ihn weltbekannt werden; die zunehmende
Anzahl machte aber auch das Problem einer sinnvollen Klassifizierung umso offensichtlicher. 1751 war das Jahr systematischer
theoretischer Durchdringung dieser Problematik (›Philosophia
botanica‹, ›Species plantarum‹); mit der daraufhin erreichten
Übersichtlichkeit, Klarheit und Stringenz in der Durchführung
verdrängte LINNÉ dann sämtliche älteren Pflanzensysteme und
bildete bis zum Aufkommen phylogenetischer (natürlicher) Systeme unübertroffenes Vorbild: Grundlage war eine strikte Ent-
koppelung von Pflanzenname (der ja häufig eine Beschreibung
darstellte) von der der Diagnose dienenden wissenschaftlichen
Bezeichnung, und deren Bildung beruhte aufgrund der unbewußt angewandten Überzeugung einer Identität von Natur und

Denken ausschließlich auf den Prinzipien aristotelischer Logik, die ein Ding mit dem Namen der Gattung als Substantiv und dem artspezifischen Unterschied (*differentia specifica*) als Adjektiv bestimmt definiert. Die dadurch bedingte binäre Nomenklatur, die ›binominale‹ Benennung durch Gattungsname und Art-Epitheton, wandte LINNÉ zwar nicht erstmalig, seit 1751 dann aber strikt und ausschließlich an, so daß seine Zuordnungen eindeutig und für die Diagnose durchsichtig wurden. In Ermangelung des Wissens um alle wesentlichen Merkmale, die Grundlage für ein ›natürliches‹ System gebildet haben könnten (wie er es für weite Bereiche der Tiere erfüllt sah), wandte LINNÉ dann das seit langem als ein solches bei den Pflanzen anerkannte Fortpflanzungsorgan Blüte an, und an dieser wählte er das am eindeutigsten, nämlich numerisch zu unterscheidende der Staubgefäße. Deren Rolle war bekannt, seit RUDOLPH CAMERARIUS den experimentellen Nachweis erbracht hatte, daß auch im Pflanzenreich eine sich in den Blüten ausdrückende Zweigeschlechtlichkeit im Sinne der Sexualität auftritt, womit die Blüten nicht mehr als bloße Schutzorgane für die Fruchtkeime gegolten hatten wie noch bei ANDREA CESALPINO, sondern als die für die Fortpflanzung wesentlichsten Organe. Aber im Gegensatz zu CESALPINO war für LINNÉ dieses eine wesentliche Merkmal für die Erstellung eines ›natürlichen‹ Systems nicht ausreichend; und insofern ist sein alle Arten umfassendes Sexualsystem der Pflanzen, das allein und ausschließlich auf Verteilung, Zahl und Verwachsung der Staub- und Fruchtblätter beruht, auch in seinen eigenen Augen ein ›künstliches‹ und damit auch ein vorläufiges gewesen, eine rein logische Klassifikation. Diese erwies sich aber insbesondere für die Praxis als höchst sinnvoll und nützlich (der Botanische Garten von Uppsala ist noch heute nach dem LINNÉschen System angeordnet), so daß es sich auch gegen zeitgenössische Kritik durchzusetzen vermochte, die insbesondere von dem ehemals Göttinger Medizinprofessor ALBRECHT VON HALLER vorgebracht wurde, der ein ›natürliches‹ System nach morphologischen Merkmalen einforderte. Ein ›System‹, auch eine bloße Klassifikation nach Prinzipien der aristotelischen Logik setzt im Vorfeld einer entwicklungsgeschichtlichen Betrachtung natürlich eine LINNÉ durchaus bewußte und von ihm betonte Konstanz der von Gott erschaffenen Arten voraus. Dennoch wollte er keineswegs ausschließen, daß Arten innerhalb einer Gattung auch einmal »ihren Anfang von einer Pflanze nehmen, die einfach aus Hybridisation hervorgegangen ist«.

IMMANUEL KANT

(* 22.04.1724 Königsberg, † 12.02.1804 Königsberg)

Der wohl bedeutendste deutsche Philosoph IMMANUEL KANT, Sohn eines Königsberger Sattlermeisters, hatte das pietistische Friedrichs-Gymnasium seiner Geburtsstadt besucht und dort 1740 auch mit dem Studium der Theologie begonnen, dieses dann jedoch mehr und mehr auf Philosophie, Mathematik und Naturwissenschaften verlagert. Nach dem Abschluß des Studiums hatte er ab 1747 mehrere Hauslehrerstellen in Königsberg bekleidet, bevor er sich hier 1755 zum Privatdozenten der Philosophie habilitierte. Er las in den folgenden Jahren über Logik, Metaphysik, Physik und Mathematik. Eine ihm 1762 angebotene Professur für Poetik lehnte er ab. 1770 endlich wurde er ordentlicher Professor für Logik und Metaphysik in Königsberg, seiner Geburtsstadt, deren nähere Umgebung er auch nie verlassen sollte.

Mehr Philosoph als Naturwissenschaftler, hat KANT auch in der Zeit vor der Professur, in der naturwissenschaftliche Schriften noch überwogen, nie Experiment und Mathematik in seine eigenen naturwissenschaftlichen Überlegungen mit einbezogen – hierin sich grundlegend unterscheidend von den anderen beiden bedeutenden Naturforscher-Philosophen der Neuzeit, RENÉ DESCARTES und GOTTFRIED WILHELM LEIBNIZ. Ihm ging es mehr um die Klärung allgemeiner naturphilosophischer Probleme, wie der Begriffe Raum, Zeit, Kraft, Materie, und um Wissenschafts- und Erkenntnistheorie. Ihnen speziell widmete er seine ›Methaphysischen Anfangsgründe der Naturwissenschaft‹ (1786), in denen er daneben die Neubegründung der Wissenschaft mit dem Ziel einer theoretischen Philosophie, hier für die naturwissenschaftlichen Disziplinen, anstrebte. Die ›rationale Naturlehre‹, die eigentliche Naturwissenschaft, müsse apodiktische Gewißheit besitzen und von apriorischen Prinzipien ausgehen. Jede wahre Naturwissenschaft müsse deshalb neben der experimentellen Erfahrung einen ›reinen‹ Teil, nämlich Metaphysik, in sich enthalten, andererseits aber Mathematik mit ihrer sicheren Deduktion und ihrer Konstruktion der Begriffe zur Grundlage haben. Unter beiden Gesichtspunkten und Forderungen könne man beispielsweise bei der Chemie nicht von einer strengen, das heißt: exakten Wissenschaft sprechen. – Die Entwicklung der demnach nicht exakten Naturwissenschaften Biologie und Chemie ist seit dem ausgehenden 18. Jahrhundert deshalb mehr oder weniger geprägt von dem Bestreben, ebenfalls diesen beiden Forderungen zu genügen. Insofern stellen die ›Anfangsgründe‹ entsprechend der in den ›exakten‹ Naturwissenschaften zu seiner Zeit bereits weitgehend vollzogenen, gegenüber ARISTOTELES aber einseitigen Ausdeutung des Kausalbegriffes und Beschränkung auf dessen ›causa efficiens‹ (›causa movens‹) – in der Naturgeschichte, aber auch in seinen frühen kosmogonischen Überlegungen denkt KANT allerdings noch selbst weitgehend teleologisch (entsprechend der aristotelischen (›causa finalis‹, griechisch: *télos*) – und der Notwendigkeit einer Mathematisierung einen bedeutenden Anstoß für die Entwicklung der Naturwissenschaften der Folgezeit dar. JEREMIAS RICHTER etwa, der 1789 in Königsberg mit einer Arbeit über den Nutzen der Mathematik in der Chemie, der KANT gerade wegen ihrer fehlenden Mathematisierung den Rang einer Wissenschaft abgesprochen hatte, promoviert wurde, ist unmittelbarer Schüler KANTS gewesen. Mit seiner 1792 erschienenen Schrift ›Stöchyometrie oder Meßkunst chymischer Elemente‹ begründete er, ausgehend von der Äquivalenz von Säuren und Basen, die Stöchiometrie als eben die erforderliche mathematische Chemie: Bei der Umsetzung zweier Salze müssen danach nur drei Verhältnisse der Komponenten bekannt sein, während das vierte sich aus diesen errechnen lasse.

Die eigentlichen naturwissenschaftlichen Schriften KANTS gehören vorwiegend den Jahren vor 1760 an. Besonders einflußreich waren davon: das Erstlingswerk ›Gedanken von der wahren Schätzung der lebendigen Kräfte‹ (1747), mit denen ein Schlichtungsversuch zwischen den Kraftbegriffen von LEIBNIZ und DESCARTES unternommen wird; die ›Monadologia physica‹ (1756) mit einer rein dynamischen Materieauffassung – hier im Gegensatz zu den ›Anfangsgründen‹ noch diskreter ›Teilchen‹ (Punktatome), die er unabhängig von einer entsprechenden des kroatischen Mathematikers und Physikers ROGER JOSEPH BOSCOVICH (BOŠCOVIĆ S. J.) entwickelte und die im 19. Jahrhundert bis hin zu MICHAEL FARADAY starken Einfluß ausübte –; zwei Abhandlungen aus den

Jahren 1769 und 1770, in denen er – statt des Begriffs vom ›absoluten Raum‹ Isaac Newtons und Leibniz' Auffassung vom Raum
als bloßem Inbegriff von Relationen zwischen den Dingen – Raum
und Zeit als subjektive Formen darstellte, unter denen wir die
Dinge anschauen; und vor allem die ›Allgemeine Naturgeschichte
und Theorie des Himmels, oder Versuch von der Verfassung und
dem mechanischen Ursprunge des ganzen Weltgebäudes, nach
Newtonischen Grundsätzen abgehandelt‹ (1755). In dieser Schrift
wird die neben Descartes' Wirbeltheorie erste, jetzt auf den physikalischen Prinzipien und Gesetzen Newtons basierende Kosmogonie der Neuzeit entwickelt, das materielle Universum also
als aus Gottes Schöpfung zeitlich entstanden aufgefaßt, das sich
über Milliarden von Jahren als Auswirkung der newtonschen
Gesetze entwickelt habe und dessen gegenwärtiger Zustand
nur ein Durchgangsstadium sei. Eine generelle Anwendung der
Newtonschen Gesetze auf alle Himmelserscheinungen hatte sich
für Kant, ohne gleichzeitig auch ein nachträgliches Einprägen
von Bewegungsimpulsen durch Gott (wie Newton hatte fordern
müssen), also eine ursprünglich unvollkommene Schöpfung annehmen zu müssen, nämlich nur unter der Voraussetzung eines
Urzustandes mit über den gesamten Raum lückenlos verteilter
Materie als möglich herausgestellt, aus deren Wirbeln im Sinne
von Descartes' sich dann unter Einwirkung der von Gott allen
Teilen eingeprägten Gravitation diskrete, aber notwendig rotie-
rend bewegte Körper und Körpersysteme mit der Zeit gebildet
hätten und weiterhin bildeten – in Millionen und ›Bergen von
Millionen‹ Jahren. Für die ihr zugrundeliegenden Analogien und
Hypothesen war das astronomische Ausgangsmaterial allerdings
noch äußerst dürftig gewesen – erst Johann Heinrich Lambert
konnte in seinen ›Cosmologischen Briefen‹ von 1761 auf den ge-
sicherten Nachweis von Eigenbewegungen von Fixsternen durch
Johann Tobias Mayer aufbauen; doch werden ihre Grundideen
in modifizierter Form noch heute anerkannt. Die Kosmogonie
umfaßt das Entstehen nicht nur unseres Sonnensystems und der
einzelnen Planeten aus einheitlicher, ursprünglich fast homogen
verteilter, mit Gravitation ausgestatteter Materieteilchen, sondern auch unseres Milchstraßensystems und anderer Fixstern-
systeme, als welche Kant richtig die wenigen zu seiner Zeit bekannten kleinen ›Nebel‹ (heute: Spiralnebel, Galaxien) gedeutet
hatte. Durch die Erweiterung der newtonschen Kosmologie um

die historische Betrachtungsweise zu einer Kosmogonie, die an den Anfang die cartesischen Wirbel setzte (womit er den für alle gleichen Dreh- und Richtungssinn der Planetenbewegungen ableitete, die ein NEWTON noch als unerklärbar der Willkür Gottes bei der Schöpfung hatte zuweisen müssen), waren einige durch den mathematischen Reduktionismus begründete fundamentale Schwächen und Lücken in NEWTONS Welterklärung beseitigt (die aber durchaus noch in den Erklärungsumfang JOHANNES KEPLERS gehört hatten). – Die Theorie KANTS ist allgemein bekannt unter dem Namen Kant-Laplacesche Nebularhypothese, da PIERRE SIMON DE LAPLACE später unabhängig von ihm zu ähnlichen Vorstellungen gekommen, seine Theorie aber eher allgemein bekannt geworden war. KANTS Schrift ist in der Originalausgabe (vielleicht wegen eines Verlustes durch Feuer oder Konkurs des Verlages) nämlich weitgehend unbekannt geblieben, und der daraufhin von JOHANN FRIEDRICH GENSICHEN besorgte ›Auszug‹ war nur als Anhang zu einer ersten deutschen Übersetzung von Abhandlungen F. W. HERSCHELS erschienen (1791), in denen für einige der von KANT durch Analogieschlüsse gewonnenen Vorstellungen empirisch gesicherte Daten nachgeliefert werden. Wieder aufgenommen und weitergeführt wurden KANTS kosmogonische Überlegungen erst nach der Erweiterung der Astronomie durch astrophysikalische Beobachtungs- und Denkweisen, wobei auch der Begründer der ›Astrophysik‹, KARL FRIEDRICH ZÖLLNER, KANTS Kosmogonie der Vergessenheit wieder entriß und ihre Priorität gegenüber der LAPLACEschen betonte. In seinen Überlegungen zu den gravitativen Einflüssen in Sternsystemen war KANT auch bereits zu der Vorstellung von der Gezeitenreibung als die Rotationsgeschwindigkeit von Mond und Erde ändernde Komponente gelangt.

JAMES HUTTON
(* 03.06.1726 Edinburgh, † 26.03.1797 Edinburgh)

Als JAMES HUTTON mit seinen geologischen Untersuchungen begann, gab es die Geologie noch nicht, erst durch sein Lebenswerk wurde sie als eigenständige Wissenschaft etabliert, nachdem ABRAHAM GOTTLOB WERNER sie für bestimmte Bereiche als utilitaristisch ausgerichtete, bergbaulich orientierte ›Geognosie‹ begründet hatte. HUTTON war Sohn eines Kaufmanns und hatte in Edinburgh und Paris Medizin studiert, den Arztberuf aber nie ausgeübt. Vielmehr bewirtschaftete er ein ererbtes Landgut in Berwickshire und fand die Zeit und Muße, sich daneben vorzugsweise mit chemischen und geologischen Studien zu beschäftigen. Die Beteiligung an einem industriellen Unternehmen versetzte ihn 1768 in die Lage, sich völlig ins Privatleben zurückzuziehen und ganz wissenschaftlichen Forschungen zu widmen. 1783 wurde er Mitbegründer der Royal Society von Edinburgh. Zahlreiche Reisen hatten ihn mit der Bodenbeschaffenheit von Schottland, England und Nordfrankreich vertraut gemacht und seine geologischen Ideen gefestigt, die er in seinem 1795 erschienenen zweibändigen Werk ›Theory of Earth‹ darlegte. Dieses konnte allerdings wegen der Schwerfälligkeit der Darstellung seine große Wirkung erst entfalten, nachdem der ihm befreundete Naturphilosoph und Mathematiker JOHN PLAYFAIR dessen Ideen in einer 1822 veröffentlichten kommentierenden Ausgabe unter dem Titel ›Illustrations of the Huttonian Theory of the Eart‹ klar dargestellt hatte.

HUTTON war von der Mineralogie her gekommen, hat aber auch umfangreiche Werke philosophischen Inhalts und einige Abhandlungen über Meteorologie und Landwirtschaft verfaßt. Die Frage nach Entstehen und Werdegang der Mineralien in der Erde führte ihn auf die Möglichkeit von Prozessen in der Erdrinde als Ursachen der Gesteinsbildung und der Verwitterung. Sein Hauptgedanke war die sich ihm immer wieder bestätigende Annahme, daß die noch heute in der Erdrinde stattfindenden Prozesse dieselben seien, die auch in ihrer vergangenen Geschichte gewirkt hätten, womit er wie IMMANUEL KANT in der Kosmogonie die seit CHARLES LYELL als ›Aktualitätsprinzip‹ bekannte Forderung auch für die Geologie im wesentlichen vorwegnahm. Die aus einem festen Kern und einer Hülle aus Luft und Wasser bestehende Erde sei von jeher großen Veränderungen ausgesetzt gewesen. Unermeßlich lange Zeiträume seien allerdings erforderlich gewesen, um den jetzigen Zustand herbeizuführen. Unter dem Wasser entstandene Sedimentbildungen seien in der Tiefe durch die Hitze umgeschmolzen und durch den Druck des darüber lastenden Ozeans zu Gesteinen verfestigt worden. Diese verfestigten Gesteinsschichten seien sodann durch die ausdehnende Kraft der erdinneren Wärme teilweise emporgestiegen und hätten die jetzigen Festländer gebildet. Zur Verhinderung einer übermäßigen Erhebung der Kontinente durch die unterirdische Expansion hätte Gott die Vulkane geschaffen; insofern nahm HUTTON eine Mittelstellung zwischen Neptunismus (A. G. WERNER) und Vulkanismus ein: Durch Spalten und Brüche in der Erdkruste wäre von Zeit zu Zeit innere Lava ausgetreten und zu Gesteinen wie Granit, Porphyr, Basalt und Wacke erstarrt. Wie bei KANT war dann eine Folge der Historisierung der bis dahin ›naturhistorisch‹ betrachteten statischen Schöpfung auch die als Axiom verallgemeinerte Erkenntnis, daß (wie das Entstehen und Auflösen der Gestirne und Sternsysteme) der geologische Prozeß der Sedimentierung zyklisch verlaufe: Die Landoberfläche werde durch Erosion allmählich abgetragen, das abgetragene Material zur See transportiert, um dort wieder als Sediment abgelagert zu werden, das dann durch die innere Hitze verfestigt und aufgefaltet werde und als neues Land aus dem Meer emportauche. Die Verwitterung, die Erosion ermögliche, erklärte er mit dem Einfluß der Atmosphäre, wobei der Regen die Hauptrolle spielen sollte. Das brachte ihn zu einer Theorie der Wolkenbildung aufgrund des Temperaturwechsels; und so wurde er auch zu einem Vorläufer der modernen Meteorologie.

Die Begründer der Gaschemie

JOSEPH BLACK

(* 16.04.1728 Bordeaux,
† 26.11./06.12.1799 [a./n. St.] Edinburgh)

HENRY CAVENDISH

(* 10.10.1731 Nizza, † 24.02.1810 London)

JOSEPH PRIESTLEY

(* 13.03.1733 Fieldshead [bei Leeds],
† 06.02.1804 Northumberland [Pennsylvania, USA])

CARL WILHELM SCHEELE

(* 09.12.1742 Stralsund [damals schwedisch],
† 21.05.1786 Köping [Schweden])

Die Entdeckung unterschiedlicher Gase in dem Gasgemisch, als das die ›natürliche‹ Luft sich daraufhin erwies – die ja keineswegs auf einer Umwandlung gewöhnlicher, natürlicher Luft beruhen konnten, da der Gewinnungsprozeß sich auch umkehren ließ –, und ihre ›künstliche‹ Gewinnung aus anderen Stoffen bildeten die Grundlage für die neue Oxidationstheorie ANTOINE LAURENT DE LAVOISIERS. Dennoch waren sie sämtlich unter dem Einfluß der Phlogistontheorie GEORG ERNST STAHLS erbracht und in deren Terminologie formuliert worden. Die wichtigsten Beiträge zu der neuen Gaschemie stammen von JOSEPH BLACK, HENRY CAVENDISH, JOSEPH PRIESTLEY und CARL SCHEELE.

Der Schotte JOSEPH BLACK wurde in Bordeaux geboren, wo sein Vater seinerzeit als Weinhändler tätig war, ging aber nach dem Besuch einer Privatschule in Belfast zum Studium der Medizin an die Universität von Glasgow, wo ihn die chemischen Vorlesungen von WILLIAM CULLEN besonders beeindruckten. Er wurde für drei Jahre sein Assistent, ging dann aber 1752 an die angesehenere Universität von Edinburgh, wo er auch mit der Arbeit ›De humore acido a cibis orto et magnesia alba‹ zum Doktor der Medizin promovierte, die er zwei Jahre später erweiterte zu der Abhandlung ›Experiments upon Magnesia alba, Quicklime and Some Other Alcaline Substances‹. Sie begründete seinen wissenschaftlichen Ruhm, und daraufhin konnte er nach der Berufung CULLENS nach Edinburgh dessen Glasgower Professur für Anatomie und Chemie sowie 1766 dann auch dessen dortige Professur für Chemie übernehmen – wobei er neben der wissenschaftlichen Tätigkeit (auch in Form von Vorträgen für gebildete Laien) stets auch eine ärztliche Praxis unterhielt.

Ganz anders verlief das Leben des menschenscheue Einzelgängers HENRY CAVENDISH: Vom Vater, einem ausgezeichneten Experimentator, in die Naturforschung und in die wissenschaftlichen Londoner Zirkel eingeführt, brach er nach vier Jahren sein Studium an der Universität Cambridge ohne Abschluß ab, ging 1753 nach London, richtete sich hier ein Laboratorium ein und widmete sich fortan als Privatgelehrter fast ausschließlich naturwissenschaftlichen Forschungen. Er galt seiner Zeit als reichster Gelehrter und gelehrtester Reicher, hatte kein Interesse am nichtwissenschaftlichen öffentlichen Leben, nahm aber aktiv am Leben wissenschaftlicher Vereinigungen wie der Royal Society teil. CAVENDISH führte zwar auf fast allen physikalischen Gebieten experimentelle Untersuchungen durch, die größte Bedeutung erlangten aber seine Arbeiten zur Chemie und Physik der Gase und zur Elektrizitätslehre, aus welchen Gebieten auch die meisten seiner weniger als 20 Veröffentlichungen stammen. (Seine umfangreichen unveröffentlichten experimentellen und theoretischen Arbeiten zur Elektrizität nahmen sogar Ergebnisse CHARLES AUGUSTIN DE COULOMBS und MICHAEL FARADAYS vorweg.) Aber seine Bestimmung der Dichte der Erde zu 5,48 mit Hilfe einer Torsions-Gravitations-Waage nach JOHN MICHELL war auch ein bedeutender Beitrag zu NEWTONS Gravitationstheorie. Mit CAVENDISH erreichte das NEWTONSche Forschungsprogramm, die Erscheinungen der Natur allein auf anziehende und abstoßende Kräfte zurückzuführen, auch gleichzeitig ihren Höhepunkt und ihr Ende. (Auf anderer Ebene vermutete etwa PRIESTLEY, daß das Kraftgesetz zwischen elektrischen Ladungen dem NEWTONSchen Gravitationsgesetz ähnlich sei, was dann CHARLES AUGUSTIN DE COULOMB bestätigen konnte.) Größte Bedeutung erlangten allerdings CAVENDISHs Untersuchungen zur Physik und Chemie der Gase.

JOSEPH PRIESTLEY war dagegen Theologe, der nach seinem Studium an der Akademie von Daventry aufgrund seines unduldsamen Charakters und Fanatismus, später aber auch wegen seines Eintretens für die Ideen der Französischen Revolution jeweils nur für einige wenige Jahre mehrere Ämter als Prediger ausübte, bis 1791 der Zorn des aufgebrachten Volkes ihm das Haus anzündete und er nur mühsam gerade mit dem Leben davon kam. 1794 wanderte er schließlich mit seiner Familie nach Nordamerika aus und beschloß sein bewegtes Leben in Northumberland als Farmer. Seine breit angelegte schriftstellerische Tätigkeit begann mit einer englischen Grammatik, die noch nach seinem Tode in Gebrauch war, und umfaßte hauptsächlich theologische, philosophische, psychologische und politische Themen neben wenigen naturwissenschaftlichen, darunter eine von BENJAMIN FRANKLIN angeregte Geschichte der Elektrizitätslehre (1767, deutsch 1774); seine Untersuchungen zu den verschiedenen Luftarten (Gasen) stammen aus den 1770er Jahren, so auch die Entdeckung des ›Sauerstoffgases‹ 1774, etwa zeitgleich mit SCHEELE.

CARL SCHEELE hatte 1757 in Gothenburg bei MARTIN ANDREAS BAUCH eine Lehre als Apotheker begonnen und war in dessen Apotheke auch nach der Lehre bis 1765 als Geselle geblieben; er hatte hier dessen für damalige Verhältnisse ansehnliche und moderne chemische Bibliothek durcharbeiten und die beschriebenen Reaktionen kritisch experimentell nachvollziehen können. Diese Art der Rezeption verfolgte er auch später, wie etwa der Apotheker in Malmö berichtete, bei dem er ab 1766 zwei Jahre als Geselle wirkte; danach ging SCHEELE nach Stockholm in der Hoffnung auf weitere wissenschaftliche Anregungen, doch wurde er enttäuscht und übernahm 1770 das Laboratorium der Apotheke ›Zum Wappen von Uppland‹, gefördert von seinem wissenschaftlich interessierten Prinzipal und guten Kontakten zu den Größen der Universität, darunter CARL VON LINNÉ und TORBERN OLOF BERGMAN, der hier 1767 Professor der Chemie und Pharmazie geworden war. Die Jahre in Uppsala waren zwar für seine chemischen Untersuchungen sehr erfolgreich, 1775 wurde er daraufhin sogar zum Mitglied der Schwedischen Akademie der Wissenschaften gewählt. Doch fehlte ihm die Selbständigkeit, und so ging er im Sommer dieses Jahres als Provisor der dortigen Apotheke ins ländliche Köping, wo er zurückgezogen sich weiterhin seinen wissenschaftlichen Untersuchungen im Laboratorium widmete.

JOSEPH BLACK machte den Anfang. In seinen ›Experiments on Magnesia alba‹ von 1755 berichtete er über die von ihm entdeckte

›fixe Luft‹; sie sei keine gewöhnliche Luft, vielmehr eine durch Alkalien und alkalische Erden gebundene (*fixierte*), die daraufhin deren Kaustizität abmildere. In seinen Untersuchungen ging er dabei erstmals streng quantitativ vor und stellte eine Beziehung zwischen der Gewichtszunahme und der Menge der aufgenommenen ›fixen‹ Luft, des späteren Kohlendioxids, her. Er stellte mit diesem Gas auch biologische und physiologische Experimente an und erkannte, daß es auch bei Gärung frei wird und bei Lebewesen erstickende Wirkung zeigt.

HENRY CAVENDISH war mit der Entdeckung des Wasserstoffgases als einer »künstlichen Luft«, die nicht mit der natürlichen Luft identisch sei, gefolgt, über die er schon 1766 in seiner ersten Veröffentlichung (›Experiments on Factitious Air‹) berichtete. Er hatte die gasförmigen Reaktionsprodukte mit Quecksilber statt Wasser als Absperrflüssigkeit gewonnen und daraufhin Absorptionen der wasserlöslichen Gase vermeiden können. Durch Einwirken von verdünnten Säuren auf Eisen, Zink und Zinn gewann er so die »brennbare Luft« (»inflammable air«), auch »Phlogiston« genannt, das spätere Wasserstoffgas, und durch Einwirken auf Kalkstein BLACKS »fixe Luft«, auch »gas sylvester« genannt. Durch Dichtebestimmungen konnte er beide Gase auch unabhängig von dem Herstellungsverfahren eindeutig identifizieren und damit als elementare Stoffe erweisen. Über seine unabhängig von DANIEL RUTHERFORD erfolgte Entdeckung des Stickstoffgases berichtete er 1772 JOSEPH PRIESTLEY: Ähnlich wie RUTHERFORD in seiner im selben Jahr bei JOSEPH BLACK in Edinburgh angefertigten Dissertation hatte er das von ihm »mephitische Luft« genannte Gas durch Überleiten von Luft über glühende Holzkohle und anschließende Absorption der ›fixen Luft‹ in Ätzkali gewonnen; sein spezifisches Gewicht war kleiner als das der Luft. In über 400 Analysen, für die er ein spezielles Eudiometer entwickelt hatte, wies er dann nach, daß das Verhältnis von Sauerstoff und Stickstoff in der Luft an allen von ihm aufgesuchten Orten gleich ist. Seine 1784/85 veröffentlichten ›Experiments on Air‹ enthalten zahlreiche weitere Versuche zum Verhalten der Luft und ihrer Bestandteile bei verschiedenen Reaktionen, von denen am interessantesten und folgeträchtigsten das Experiment zur Wasserzersetzung und -zusammensetzung von 1783 war.

Eine erste bedeutende einschlägige Veröffentlichung CARL SCHEELES bilden seine Versuche mit Braunstein (1774). Als er auf dieses Mineral Salzsäure einwirken ließ, erhielt er von ihm noch als ›dephlogistisierte Salzsäure‹ bezeichnetes Chlorgas. In seiner ›Chemischen Abhandlung von der Luft und dem Feuer‹ berichtete er 1777 über seine Untersuchungen zur Zusammensetzung der ›natürlichen‹ Luft und seine Entdeckung der »Feuerluft«, des späteren Sauerstoffgases. Er hatte immer wieder neue Versuche und Apparaturen ersonnen, um seine Ansichten darlegen und bestätigen zu können, und setzte dazu auch Tiere und Pflanzen seinen Gasgemischen aus. Er fing die als Reaktionsprodukte entstandenen Gase in Tierblasen auf und kannte neben seiner ›Feuerluft‹ (›dephlogistisierten Luft‹) unter anderen auch die von ihm so genannte ›verdorbene Luft‹ (Stickstoffgas) und die ›brennbare Luft‹. Weiterhin bemerkte er, daß in den Pflanzensäften viele Arten organischer Säuren vorhanden sein können, und isolierte die Wein-, Zitronen-, Apfel- und Gallussäure. Aus tierischer Substanz gewann er die Harn- und Milchsäure. Er zeigte, wie aus dem Blutlaugensalz die giftige Blausäure (›Berlinerblausäure‹) entweicht, und entdeckte auch den Arsenwasserstoff. Daß Metalle in verschiedenen Oxidationsstufen auftreten können, war ihm durchaus bekannt, allerdings drückte er dies noch in der Sprache der Phlogistontheorie aus. – Da sich durch Verschulden des Verlegers der Druck der ›Chemischen Abhandlung‹ hinauszögerte, kam PRIESTLEY ihm mit seiner Veröffentlichung über den Sauerstoff zuvor.

JOSEPH PRIESTLEY benutzte als Sperrflüssigkeit in seinen Geräten zum Auffangen der Gase Quecksilber und konnte so auch wasserlösliche Gase untersuchen. Gärungsvorgänge in einer nahe seiner Wohnung in Warrington gelegenen Brauerei erregten sein Interesse. Mit der aufgefangenen ›fixen Luft‹ (Kohlendioxid) stellte er erstmals künstliches Mineralwasser her. PRIESTLEY machte ferner die wichtige Beobachtung, daß die ›verdorbene‹ oder ›fixe Luft‹ durch grüne Pflanzen bei Tageslicht wieder die Fähigkeit gewinnt, Atmung und Verbrennung zu unterhalten (Assimilation). Seine bedeutendste Entdeckung war jedoch die des Sauerstoffes, die ihm 1774 etwa gleichzeitig mit SCHEELE gelang. Er hatte dieses, von ihm »dephlogistisierte Luft« genannte Gas gewonnen, indem er Licht, das er mit einer Brennlinse bündelte, auf rotes Quecksilberoxid einwirken und dieses so erhitzen ließ. In dem frei gewordenen Gas brannte eine Kerze heller und flammte ein glimmender Span wieder auf. Er zeigte auch, daß helle Stickoxide der Luft dieses Gas entreißen und sich dabei braun färben. Während eines Aufenthaltes mit Lord Shelburne in Paris erzählte er in einer Gesellschaft LAVOISIER von seiner Entdeckung. Neben dem Sauerstoff fand PRIESTLEY noch sechs neue Gase: das Stickoxydul (durch Einwirkung feuchter Eisenfeile auf Stickoxide) 1773, die ›salzsaure‹ Luft, den heutigen Chlorwasserstoff (durch Umsetzung von Vitriolöl mit Kochsalz) 1774, Ammoniak (aus Salmiak und Kalk) 1774, Schwefeldioxid 1775, Fluorsilicium und Kohlenmonoxid 1799.

JOHN WALTIRE, ein Verwandte PRIESTLEYS, hatte im Jahre 1777 beobachtet, daß beim Verbrennen von Sauerstoff (»dephlogistisierter Luft«) in einem durch Wasser abgesperrten Luftraum nach dem Erlöschen ein Nebel entsteht, und hatte dann 1781 bei gemeinsam mit PRIESTLEY durchgeführten Explosionsversuchen von Sauerstoff-Luft-Gemischen in geschlossenen Glasgefäßen stets auch Feuchtigkeit erhalten. Diese Versuche hatten dann CAVENDISH 1783 veranlaßt, sie mit seinen besseren, sorgfältig durchdachten Versuchsanordnungen zu wiederholen. Mit Hilfe eines elektrischen Funkens brachte er ein Gasgemisch aus ›brennbarer‹ und aus ›natürlicher‹ Luft zur Reaktion und erhielt Wasser. So konnte er nachweisen, daß Wasser aus Wasserstoff und Sauerstoff entsteht und besteht, somit kein elementarer Stoff ist. Publiziert wurde diese Entdeckung zwar erst in seinen ›Experiments on Air‹ (1784/85), doch erfuhr LAVOISIER von dem Ergebnis und CAVENDISHs Deutung bei einem Paris-Besuch des Privatassistenten von CAVENDISH. Er erkannte sogleich die Wichtigkeit für seine Verbrennungsversuche und wiederholte sie nach Aufforderung durch die Pariser Akademie der Wissenschaften im Beisein von PIERRE SIMON DE LAPLACE in seiner Wohnung. Die Ergebnisse teilte er am 12.11.1783 in einer öffentlichen Vorlesung mit – die Nennung des Namens des Entdeckers unterließ er allerdings später. Auf ähnliche Weise hat CAVENDISH auch die Zusammensetzung der Salpetersäure aus Sauerstoff, Wasserstoff und Stickstoff nachgewiesen. Trotz mehrfach wiederholtem Einwirken elektrischer Funken und Entfernen des überschüssigen Sauerstoffs behielt er allerdings immer noch den 120sten Teil der Luft als Restmenge – erst Ende des 19. Jahrhunderts boten die neu entdeckten Edelgase hierfür eine Erklärung.

SIR (ab 1816) WILLIAM
(FRIEDRICH WILHELM) HERSCHEL

(* 15.11.1738 Hannover,
† 25.08.1822 Slough [bei Windsor, England])

Als begabter Sohn eines Oboisten der Hannoverschen Garde schien FRIEDRICH WILHELM HERSCHEL ursprünglich ganz für ein Musikerleben bestimmt gewesen zu sein. Mit 14 Jahren trat er ebenfalls als Oboist in die Regimentskapelle seines Vaters ein. 1856 kam dieses Regiment für ein halbes Jahr nach England in Garnison; HERSCHEL erlernte die englische Sprache und knüpfte als Musiker einige Bekanntschaften an, die ihm dann ein Jahr später den neuen Start erleichterten. Als nämlich die Franzosen im Siebenjährigen Krieg Hannover besetzten, zog er sich nach England zurück, um fern von allem Kriegslärm ein ruhiges Musikerleben führen zu können. Anfänglich schlug er sich mit Musikunterricht und Notenschreiben durch, konnte nämlich nicht nach Hannover zurückkehren, weil er sich unerlaubt von der Garde entfernt hatte (die förmliche Entlassung vermochte der Vater erst 1762 zu erwirken). Bald erhielt er jedoch eine Stellung mit dem Auftrag, die kleine Milizkapelle des Grafen von Darlington in Richmond zu organisieren. Die finanzielle Sicherung ließ ihm daneben die Muße zu eigenen Kompositionen und Konzertreisen, die ihm schnell einen guten Ruf als Musiker eintrugen. Er beschäftigte sich auch mit der Musiktheorie und wurde so »von einem Zweig der Mathematik zum anderen geführt«, auch zur Astronomie, die ihn jedoch vorerst nicht mehr als anderes fesselte: Anfang 1761 beginnt ein recht bewegtes Wanderleben als Musiker und Musiklehrer – von 1762 bis 1766 in der Stellung eines Konzertleiters von Leeds, dann als Organist in Halifax –, bis er Ende 1766 Organist an der exklusiven Octagon-Kirche in Bath wird. HERSCHEL organisierte das Musikleben des mondänen Badeortes, machte Konzertreisen, baute einen Chor auf, gab einer wachsenden Anzahl von Schülern Musikunterricht und wurde allmählich zu einem wohlhabenden Mann, der nach und nach seine Geschwister aus den ärmlichen Verhältnissen in Hannover zu sich holen konnte.

So fand WILLIAM HERSCHEL bald nach 1772 aber auch die
Muße, sich intensiv mit der praktischen Astronomie zu beschäftigen, ohne daß man wüßte, was ihn nun eigentlich dazu getrieben
hatte. Im April 1773 jedenfalls kaufte er sich einen Quadranten,
dann kleine Linsen für ein Teleskop. Nach eigener Aussage wollte er selbst sehen, worüber er in den Astronomiebüchern gelesen
hatte. Wegen der damals noch auftretenden Verzerrungen und
Farbfehler befriedigte ihn das Linsenfernrohr nicht. Er mietete
ein kleines Spiegelteleskop, begann dann im Sommer 1773 selber
mit dem Schleifen von Metallspiegeln, nachdem sich ihm Gelegenheit geboten hatte, eine kleine, dazu eingerichtete Werkstatt
aufzukaufen. 1775 unternahm er bereits seine erste ›Durchmusterung‹ des Himmels, die alle Sterne bis zur 4. Größe umfaßte;
doch diente sie ihm eigentlich nur zur Prüfung der neuen Spiegel. Sein Ziel war vorerst deren Vervollkommnung zu einer un-
getrübten Betrachtung der Himmelsobjekte; und so fehlte der
Beobachtung zunächst auch alle Systematik, selbst dann noch, als
ihm Mitte 1776 die Herstellung eines Spiegels mit 20 Fuß Brenn-
weite und 12 Zoll Öffnung gelang. HERSCHEL war jetzt nicht nur
ein vielbeschäftigter Musiker, sondern auch eifriger Spiegelbauer
und praktischer Astronom, der darüber hinaus vielseitige philosophische und naturwissenschaftliche Interessen hatte, wie die
Arbeiten bezeugen, die er der Philosophischen Gesellschaft von
Bath seit 1780 vorlegte. Einige dieser Arbeiten wurden auch vor
der Royal Society in London verlesen und dann in deren ›Philosophical Transactions‹ veröffentlicht.

Als Seiteneinsteiger noch nicht in die Bahnen der zünftigen
Astronomie gelenkt, hat WILLIAM HERSCHEL in der Folge ihr, die
sich bislang der Fixsterne nur als Meßhintergrund für die Beobachtung der Mitglieder des Sonnensystems bedient hatte, völlig
neue Arbeitsfelder erschlossen. HERSCHEL war kein ganz Unbe-
kannter mehr, als ihm die erste große Entdeckung gelang: 1778
hatte er einen besonders guten siebenfüßigen Reflektor hergestellt, mit dem er Mitte 1779 eine zweite Himmelsdurchmusterung begann – dieses Mal mit der Absicht, alle Sterne bis zur 8.
Größe zu beobachten und ihre Positionen mit den in Sternkarten
angegebenen zu vergleichen, um Exemplare mit periodischen
jährlichen Eigenbewegungen aufzufinden, die durch die Erdbewegung verursacht würden (Fixsternparallaxe). Als dazu besonders geeignet sah er je zwei dicht nebeneinander stehende und

unterschiedlich helle Sterne an, von denen der schwächere, allein in seinen Teleskopen isolierbare ihm als entsprechend weiter entfernt galt, so daß der größere im Vergleich zu ihm eine Parallaxe hätte aufweisen sollen. 1782 legte er der Royal Society einen ersten Katalog mit 269 solchen sogenannten ›optischen‹ Doppelsternen vor. Er war nämlich kurz zuvor zum Mitglied gewählt worden; zwar nicht wegen des Nachweises einer Parallaxe – das gelang erst später FRIEDRICH WILHELM BESSEL –, doch hatte er bei seiner systematischen Durchmusterung am 13.03.1781 einen relativ hellen Stern entdeckt, der seine Position verändert hatte und den er für einen Kometen hielt, weil er bei stärkerer Vergrößerung scheibenförmige Gestalt annahm. Über die Royal Society wurde diese Entdeckung schnell in ganz Europa bekannt. Überall wurden neue Ortsbestimmungen vorgenommen, welche das Objekt für einen Kometen bald als zu langsam auswiesen. Ende des Jahres gelang dann PIERRE SIMON DE LAPLACE der Nachweis, daß es ein Planet sein müsse. Diese erste Entdeckung eines Planeten (des Uranus) seit den Babyloniern machte HERSCHEL mit einem Schlage bekannt. König GEORGE III. empfing ihn im Mai 1782 in Audienz und bat, ihm die Entdeckung auf seiner Privatsternwarte zu zeigen. HERSCHEL wurde zum Königlichen Astronomen ernannt mit einem festen Jahresgehalt von 200 £ und der alleinigen Auflage, der königlichen Familie gelegentlich Himmelsobjekte zu zeigen; selbst seine 1772 zu ihm gekommene Schwester KAROLINE erhielt als Gehilfin ein kleines Jahresgehalt. Auch später erwies sich der König als sehr großzügig und finanzierte Herstellung und Unterhalt des vierzigfüßigen Reflektors. Die HERSCHELs konnten sich jetzt ganz der Astronomie widmen und siedelten nach Datchet, später in ein nahes Landhaus an der Themse und 1786 schließlich nach Slough über, jeweils in die Nähe der Residenz in Windsor.

Entdeckung und Ernennung hatten zur Folge, daß seine Teleskope erstmals außerhalb von Bath bekannt wurden, und die zünftigen Astronomen konnten sich von der Güte und dem bis dahin als phantastisch angezweifelten Vergrößerungsgrad (bis zu mehrtausendfach) überzeugen. Die Folge war eine starke Nachfrage, die HERSCHEL mit der Fabrikation von mehr als 400 Spiegeln bis 1795 kaum befriedigen konnte. Der Erlös aus dem Verkauf hätte allein ausgereicht, den Musikerberuf aufgeben zu können.

Entdeckung folgte jetzt auf Entdeckung: 1783 war es die Eigenbewegung des Sonnensystems, deren Zielpunkt (Apex) er 1805
dann schon sehr genau zu bestimmen vermochte. 1784 wurde als
erste Frucht einer dritten Himmelsdurchmusterung ein zweiter
Doppelsternkatalog vorgelegt, und 1803 schloß er aus den Veränderungen, daß es sich in der Hauptsache nicht um optische,
sondern um physische Doppelsterne handelt, um zwei verschieden große Sonnen, die um einen gemeinsamen Schwerpunkt
kreisen. 1784 entdeckte HERSCHEL auch die Natur der Polkappen
des Mars, 1787 zwei Uranusmonde, 1789 mit dem neuen, später
nur selten verwendeten 40-Fuß-Reflektor die beiden inneren Saturnmonde und 1798 einen weiteren Uranusmond. 1786 erschien
ein erster ›Katalog von 1000 neuen Nebeln und Sternhaufen‹,
dem 1789 ein weiterer und 1802 ein solcher mit 500 folgten. Aber
HERSCHEL begnügt sich nicht mit der bloßen Registrierung und
Vermessung, er ordnete diese ›Nebel‹ nach ihrem Aussehen in
acht Klassen und sah in diesen Klassen schließlich Vertreter eines
unterschiedlichen Alters und Entwicklungsstadiums der Sterne,
die dadurch zu geschichtlichen Individuen werden – eine Idee,
die erst in der zweiten Hälfte des 19. Jahrhunderts allmählich
Einlaß in die zünftige Astronomie fand. Nicht anders erging es
seinen erfolgreichen Versuchen, mittels sogenannter Sterneichungen (›star-gages‹), einer Stellarstatistik, die ursprünglich von
der gleichmäßigen Verteilung und Helligkeit der Sterne ausging,
so daß die jeweils innerhalb eines Feldes sichtbare Sternmenge
schon allein Auskunft über die erfaßten Räume in der Tiefe geben
könne, die Struktur unseres Milchstraßensystems (›Construction
of the Heavens‹) zu ermitteln. 1784 erschien die erste Arbeit darüber, und die Methode wurde von HERSCHEL immer mehr verfeinert; hierzu gehören auch die Arbeiten von 1796 bis 1799 über
die scheinbare Helligkeit und Veränderlichkeit der Sterne sowie
vier erste Helligkeitskataloge – die Anfänge einer astronomischen
Photometrie.

HERSCHEL hatte damit der Astronomie zwar eine Reihe von
neuen Arbeitsgebieten erschlossen, doch fand er bei seinen Zeitgenossen und unmittelbaren Nachfolgern kein Verständnis, und
auch die vielen HERSCHELschen Teleskope in aller Welt blieben
ohne die Ideen ihres Konstrukteurs ohne Erfolg. Die Astronomie
blieb vorerst reine Positionsastronomie, die erst nach der Erfindung der Spektralanalyse in die Richtung einer Astrophysik

ausgeweitet wurde. Auch auf diesem Wege war HERSCHEL eine vielleicht nur ihm mögliche Entdeckung gelungen: In den Jahren 1800 und 1801 legte er der Royal Society vier Abhandlungen über »unsichtbare Wärmestrahlen« vor. Bei seinen Untersuchungen über die Helligkeit der Fixsterne und der Sonne hatte er bemerkt, daß sich das Sonnenlicht nach dem Passieren verschiedenfarbiger Gläser unterschiedlich warm anfühlte. Das mußte mit den Spektralfarben zusammenhängen; und so ging er mit einem Thermometer das Spektrum entlang und entdeckte, daß die Temperatur zum Rot hin zunahm und am stärksten sogar jenseits des Rot war. Das Sonnenlicht enthielt also auch unsichtbare, nur wärmende Strahlen im und jenseits des Rot (Infra- beziehungsweise Ultrarot) – JOHANN WILHELM RITTER, der ähnlich geniale Physiker, entdeckte dann bald nach dem Bekanntwerden das Pendant dazu im Ultravioletten.

ANTOINE LAURENT DE LAVOISIER
(* 26.08.1743 Paris, † 08.05.1794 Paris)

Als Sohn eines Edelmanns und wohlhabenden Advokaten in Paris kam ANTOINE LAURENT DE LAVOISIER mit elf Jahren auf das berühmte Collège Mazarin und begann als Siebzehnjähriger an der Pariser Universität mit dem Studium der Jurisprudenz, nur dem Vater zuliebe; denn nach dem Abschluß der Doktorprüfung (1764) ist er nie als Jurist tätig gewesen. Die Vermögensverhältnisse der Familie erlaubten es ihm vielmehr, seinen naturwissenschaftlichen Neigungen nachzugehen und sich ganz der Physik und Chemie zu widmen. Immerhin wurde ihm 1766 schon eine Goldmedaille verliehen anläßlich eines Preisausschreibens zur Verbesserung der städtischen Straßenbeleuchtung; und mit 25 Jahren wurde er als Adjoint in die Pariser Akademie der Wissenschaften gewählt. Auch seine Wahl zum ordentlichen Mitglied (1779) erfolgte ungewöhnlich früh; er wurde später Mitglied einiger ihrer (und staatlichen) wissenschaftlichen Kommissionen. Daß er trotz seiner guten finanziellen Situation im selben Jahre 1768, in dem er in die Akademie aufgenommen wurde, in die ›Ferme générale‹ eintrat, den verhaßten, aber sehr einträglichen Stand der Zoll- und Steuereinnehmer, scheint rückblickend nur schwer verständlich, brachte ihm aber erheblichen Wohlstand, dem er auch seinen aufwendigen Lebensstil anpaßte. Drei Jahre später heiratete er die Tochter seines Vorgesetzten, die ihm bald eine unentbehrliche Mitarbeiterin in seinem kostspielig ausgestatteten Laboratorium wurde. 1775 wurde er Direktor der staatlichen Schießpulververwaltung und konnte eine rasche Steigerung der Produktion erreichen. Wegen seiner Tätigkeit in der Ferme wurde Lavoisier Ende des Jahres 1793 unter Robespierre verhaftet und 1794 trotz des Einspruchs mehrerer Akademiemitglieder und des Hinweises auf seine überragenden wissenschaftlichen Leistungen zum Ruhme seines Vaterlandes auf der Guillotine hingerichtet.

Nach dem Aufkommen der Gas-Chemie waren im letzten Drittel des 18. Jahrhunderts nach und nach Zweifel an der Richtigkeit der herrschenden Phlogistontheorie Georg Ernst Stahls gekommen, der ersten einheitlichen Theorie für zahlreiche chemische Prozesse, wonach alle brennbaren Stoffe, darunter die Metalle, ein ›brennbares Wesen‹ (Phlogiston) enthalten sollten, das ihnen bei der Verbrennung (Verkalkung) entzogen würde. Die Entdeckung der Gase und die Erkenntnis, daß die atmosphärische Luft ein Gemisch solcher Gase war, waren noch auf der Basis dieser Theorie erfolgt. Erst Lavoisier war es vorbehalten, die neuen Errungenschaften der Gaschemie – in der Regel unter kaum unabsichtlichem Verschweigen ihrer Entdecker – auch auf einer neuen Grundlage auszuwerten und die Chemie auf eine völlig neue theoretische Basis zu stellen. Eines seiner wichtigsten Hilfsmittel bei den von ihm durchgeführten Versuchen, die er teils wiederholte, teils selber ersann, war die Waage, die er methodisch als Präzisionsinstrument einsetzte. Schon in einer frühen Arbeit von 1772 wandte er das bislang nur spekulativ begründete Prinzip der Erhaltung der Materie auch praktisch durch Wägen des Gesamtgewichtes vor und nach chemischen Operationen an, wozu jetzt auch die Gase einbezogen wurden.

So konnte er eine Gewichtszunahme bei der Verbrennung von Phosphor und Schwefel feststellen und schloß in einer der Akademie verschlossen übergebenen Notiz, daß gleiches sicherlich auch beim Verbrennen (Kalzinieren) von Metallen statthabe und »von einer sehr beträchtlichen Menge Luft herrühre, die während der Verbrennung fixiert werde« (1772). Damit war die neue, die Oxidationstheorie geboren, allerdings mußte Lavoisier nicht nur ihre allgemeine Gültigkeit, sondern auch die implizite Annahme bestätigen, daß die Umkehrung eines Prozesses mit jeweils denselben Stoffen erfolgt. Diese Nachweise erwiesen sich als recht schwierig und langwierig, und in den Folgejahren veröffentlichte LAVOISIER zahlreiche kleinere Abhandlungen dazu in den Akademieschriften. Er konnte unter anderem aufzeigen, daß auch ein Diamant verbrennen und das dabei entstehende Gas in Kalklauge absorbiert werden kann; daß Metalle in einem abgeschlossenen Raum nicht unbegrenzt verbrannt werden können, sondern nur bis zu einer Volumenverringerung der enthaltenen Luft um ein Fünftel. Dieser Anteil, der auch das Atmen unterhielt, hätte sich also mit ihnen verbunden. Er erhielt das mit diesem Anteil identifizierte ›Sauerstoffgas‹ durch Erhitzen von Quecksilberoxid, gewann dieses aber auf dem umgekehrten Weg auch zurück, abgesichert durch sorgfältige quantitative Bestimmungen der jeweils beteiligten Stoffe. Auch erkannte er, daß beim Atmungsvorgang Sauerstoff zu ›fixer Luft‹ (Kohlendioxid) umgesetzt wurde, die in Kalklösung absorbiert wurde. Während JOSEPH PRIESTLEY die Reaktion von Stickoxid mit Sauerstoff damit erklärt hatte, daß letzter Salpeter enthalte, deutete LAVOISIER daraufhin den Vorgang so, daß Stickoxid, aber auch Schwefel und Phosphor, bei ihrer ›Verbrennung‹ mit dem deshalb so genannten ›Sauerstoff‹ zu Säuren führen. Eine entscheidende Stütze der Theorie bildete schließlich der Versuch von HENRY CAVENDISH, von dem dessen Privatassistent CHARLES BLADGEN 1783 in Paris berichtet hatte, woraufhin die Akademie LAVOISIER aufforderte, diesen Versuch im Beisein eines Mitgliedes (PIERRE SIMON DE LAPLACE) zu wiederholen; LAVOISIER berichtete darüber am 12. November 1783 in einem öffentlichen Vortrag vor der Akademie. Es glückte bei diesem Versuch sowohl die Bildung von Wasser aus der ›brennbaren‹ Luft, dem Wasserstoff, und LAVOISIERS ›principe oxygène‹, dem Sauerstoff(gas) – LAVOISIER nannte den Namen CAVENDISH später in diesem Zusammenhang nie wieder –, als auch die Zersetzung des Wassers in diese beiden Gase als seine Bestandteile.

Die ausgearbeitete neue, ›antiphlogistische‹ (in den Anfängen der Auseinandersetzung auch als ›französisch‹ genannte, also einer nationalen Eigenart entsprechende) Chemie veröffentlichte LAVOISIER im März 1789 in seinem ›Traité élémentaire de Chimie‹, der rasch in viele europäische Kultursprachen übersetzt wurde (deutsch 1790, erschienen 1792). Hiernach wird bei der Oxidation eines Metalls dem Sauerstoffgas der wägbare Sauerstoff entrissen, der unwägbare Anteil im Sauerstoffgas, die ›Wärme‹, wird dabei frei – in dieser ›Wärme‹ (dem unwägbaren Wärmestoff), die zusammen mit dem ›Lichtstoff‹ auch seine Reihe der »Einfachen Substanzen, die man auch als die Elemente der Körper auffassen kann«, der nicht chemisch weiter unterteilten Stoffe, lebt aber durchaus das ›Phlogiston‹ nach. Die später als elementar aufgefaßten Gase sollen nämlich jeweils eine Verbindung des »principe oxygine (nitrogine, hydrogine)« mit dem Licht- und Wärmestoff sein, die beim Eingehen einer Verbindung etwa mit Schwefel oder Phosphor (unter dem Verlust der Gaseigenschaft) die imponderablen Anteile abgeben, die sich als Wärme- und Lichterscheinung bemerkbar machen. (Nach der Entdeckung der galvanischen Elektrizität kam dann als weiteres imponderables Konstituens der natürlichen chemischen Stoffe die ›elektrische Materie‹ hinzu, die zur Aufstellung von Spannungsreihen der Elemente und entsprechenden Bildungstheorien führte.) Als weitere Schwäche der Theorie stellte sich später heraus, daß das Vorhandensein des »pricipe oxygine«, des ›sauermachenden Prinzips‹ keineswegs notwendige Voraussetzung für eine Säure ist (Namen und Begriffe haben sich dennoch bis heute erhalten). Das Faszinierende an dieser neuartigen Theorie war jedoch der nahezu sämtliche bekannten Erscheinungen umfassende vielseitige Erklärungsumfang nach dem Muster von Oxidation und Reduktion und die aufgrund ihrer Neudefinition mögliche begriffliche Klärung von ›Element‹, ›Säure‹, ›Base‹ und ›Salz‹ sowie vor allem die sich daraus ergebende systematisch durchgeformte und über unterschiedliche Suffixe vereinheitlichte Nomenklatur. Diese war schon vor dem Erscheinen des ›Traité‹ unter anderen von Lavoisier in dem Buch ›Méthode de nomenclature chimique‹ (1787) erarbeitet worden.

Abbé René-Just Haüy

(* 28.02.1743 Saint-Just-en-Chaussée [Oise],
† 11.06.1822 Paris)

Seine theologische Ausbildung erhielt René-Just Haüy, Sohn eines Leinenwebers, am Collège de Navarre in Paris. Mit 21 Jahren wurde er zum Priester ordiniert und als Lehrer auch Schulinspektor am Collège. Ab 1770 war er als Lehrer und Priester am Collège Cardinal Lemoine tätig. Angeregt durch den damaligen Aufseher und Erklärer am Naturhistorischen Kabinett in Paris, den Naturhistoriker LOUIS JEAN-MARIE DAUBENTON, galt inner- halb des Lehrgebiets der ›physica‹ sein großes Interesse der Mi- neralogie, und diese soll ihn verstärkt in ihren Bann gezogen ha- ben, als ihm durch ein Mißgeschick ein prachtvoller prismatischer Kalzit (Kalkspat) aus den Händen gefallen und zerbrochen sei; denn er habe an dem Kalzitkristall die glatten, regelmäßig ange- ordneten rhomboëdrischen Bruchflächen gesehen, und damit sei für ihn »alles gefunden« gewesen. 1782 erschien jedenfalls seine erste kleine Schrift über die Kristallstruktur des Granats, die ihm 1783 die Aufnahme in die Akademie beschied. Er kam 1794 an die ›École des mines‹, war zunächst Konservator des ›Cabinet des mines‹ und ab 1795 Lehrer der Physik (sein ›Traité élémentaire de physique‹ von 1803 fand weite Verbreitung und wurde auch in andere Sprachen übersetzt), bevor er 1802 Professor der Mi- neralogie am ›Musée d'histoire naturelle‹ in Paris wurde. 1809 wurde er auf die neugeschaffene Professur für Mineralogie an der Sorbonne berufen. Die politischen Umstürze jener Jahrzehnte entzogen dem Abbé mehrmals die gesicherte Existenz. Während der Französischen Revolution wurde er eingekerkert, und nur einflußreiche Freunde konnten verhindern, daß er der Guillotine zum Opfer fiel.

HAÜY war ein hervorragender Mineraloge. Sein Hauptwerk ist der ›Traité de minéralogie‹, dessen zweite überarbeitete Auflage er vor seinem Tod noch fast beenden konnte (4 Bände und ein Atlas, 1801/02, ²1822/23; deutsch 1804–1810). Gleichzeitig wurde er mit seiner 1784 erschienenen Arbeit ›Essai d'une théorie sur la structure des cristaux‹, in der er seine mathematische Theo- rie der Kristallstruktur vorlegte, Begründer der Kristallographie (1822 erschien sein zusammenfassender ›Traité de cristallogra- phie‹). HAÜY erkannte die Konstanz der Winkel, unter denen sich die Flächen eines Kristalls schneiden, wie groß der Kristall und diese Flächen auch immer seien, und hat erstmals empirisch und mathematisch fundiert die äußere Gestalt der Kristalle kon- sequent mit ihrer inneren Struktur in Zusammenhang gebracht, mit der gesetzmäßigen Anordnung gleichgestalteter Bausteine. Die Grundlage seiner Strukturtheorie bildete die Erfahrung, daß sich aus ein und demselben Kristall (wie dem erwähnten Kal-

zit), meist mit dem Messer, immer wieder ein bestimmtes Poly-
eder, wenn auch unterschiedlicher Größe, herauslösen läßt. 1793
glaubte er, mit sechs Grundformen (›formes primitives‹) für die
Beschreibung sämtlicher Kristalle auskommen zu können, dem
regelmäßigen Tetraeder, dem Parallelepiped, dem Oktaeder, der
regelmäßigen sechsseitigen Säule, dem Dodekaeder mit rhomboi-
dalischen Flächen und dem aus zwei sechsseitigen Pyramiden zusammengesetzten Dodekaeder. Die kleinsten Teilchen, aus denen
sich ein Kristall aufbaut, sollen jeweils eine spezifische Form besitzen. Er nannte diese Teilchen ›molécules constituantes‹, später
›molécules intégrantes‹. Zerteile man die ›molécules intégrantes‹
selbst, so würde man auf die Teilchen der chemischen Grundstof-
fe stoßen, aus denen sich die Kristallsubstanz zusammensetzt (sie
entsprechen also wiederum wie bei ROBERT BOYLE im allgemein
chemischen Bereich den ›minima naturalia‹ der aristotelischen
Scholastik, deren Studium zu seiner Ausbildung gehört hatte).
HAÜY schrieb allerdings auch den Teilchen dieser elementaren
Stoffe eine bestimmte geometrische Form und Größe zu. Er er-
hebt damit die äußere, mehr oder weniger regelmäßige Polyё-
dergestalt eines kleinsten Stoffteilchens zu einem wichtigen, ja
fast eindeutigen Kennzeichen einer Substanz. Die ›molécules
intégrantes‹ sollen sich zu größeren Bausteinen mit parallelen
Kanten, den ›molécules soustractives‹, vereinigen. Indem die
von ihnen gebildeten Schichten sich nach bestimmten Gesetzen
verjüngen – er sprach hier von ›Dekreszenz‹ –, sollen aus einer
einzigen Substanz vielfältige Kristallgestalten zustande kommen.
Man denke nur an die Vielzahl der von HAÜY als sekundär einge-
stuften Formen (›formes secondaires‹) beim Kalzit (Kalziumkar-
bonat). In seiner späteren Theorie reduzierte HAÜY die Gestalt der
Integralteilchen dann auf drei: das Parallelepiped, das Tetraeder
und das Dreikantprisma. Die geometrischen Formen und Größen
einer jeden dieser drei Teilchenarten könnten mannigfaltig variie-
ren und graduelle Unterschiede in der Regelmäßigkeit aufweisen.
Seine Hypothese verlangt dann für eine einheitliche chemische
Substanz die Gültigkeit des Gesetzes der multiplen Proportionen.
HAÜYs Auffassung, daß die Zuordnung von chemischer Substanz
und Gestalt der Moleküle eindeutig sei – nur die regulären Polyё-
eder seien davon ausgenommen –, konnte nach der Entdeckung
des Isomorphismus, durch die EILHARD MITSCHERLICH die Voraussetzung für eine chemisch-kristallographische Systematik

der Mineralien schuf, allerdings nicht aufrechterhalten werden, wenn er auch schon selbst das Gesetz der ›Hemitropen‹ formuliert hatte, das möglicher Zwillingsbildungen, wie er sie aus der Ähnlichkeit hinsichtlich Kristallform, Härte und Dichte des französischen Berylls und peruanischen Smaragds erschlossen hatte. Aber auch der Nachweis, daß Aragonit und Kalzit aus der gleichen chemischen Substanz bestehen, brachte HAÜYS Vorstellung zu Fall. Dennoch konnten viele seiner vorerst nach empirischen Ansätzen spekulativ gewonnenen Grundgedanken später auch bestätigt werden.

JEAN BAPTISTE PIERRE ANTOINE DE MONET, CHEVALIER DE LAMARCK

(* 01.08.1744 Bazentin [Picardie], † 18.12.1829 Paris)

Der Lebensweg von JEAN BAPTISTE DE LAMARCK ist für einen Wissenschaftler höchst ungewöhnlich. Als jüngster Sohn einer verarmten Adelsfamilie besuchte er die Jesuitenschule in Amiens, wurde nach dem Tod des Vaters mit 17 Jahren Soldat und im Siebenjährigen Krieg Leutnant. Die beim Militär begonnenen botanischen Studien setzte er nach Kriegsende fort, studierte in Paris vier Semester Medizin und Botanik und verdiente seinen Lebensunterhalt als kaufmännischer Angestellter. Durch seine ›Flore françoise‹ (1779) wurde der damalige Leiter des Jardin du Roi in Paris GEORGES-LOUIS LECLERC, COMTE DE BUFFON auf LAMARCK aufmerksam und verschaffte ihm eine Anstellung als Assistent am ›Muséum national d'histoire naturelle‹; 1786 wurde er Kustos am Jardin du Roi und erhielt nach der Revolution 1793 die dort für ihn neu geschaffene Professur für Zoologie der Wirbellosen. Sein Leben war von Armut und persönlicher Tragik (mehrere Ehen, 1818 vollständig erblindet) gezeichnet.

LAMARCK veröffentlichte Arbeiten zur Botanik, Zoologie, Chemie und Meteorologie, sah die Natur jedoch als ein Ganzes und interessierte sich für deren Prozesse und Beziehungen. Seine einzelwissenschaftliche Bedeutung liegt vor allem in einem neuen Klassifikationssystem mit den Großgruppen ›Wirbeltiere‹ und ›Wirbellose Tiere‹, deren Systematik er eine neue Grundlage gab, die er in seiner ›Zoologischen Philosophie‹ (1809) begründete und näher ausführte. Er war Anhänger der Idee einer kontinuierlichen Stufenleiter der Wesen, die er jedoch erstmals entwicklungsgeschichtlich historisierte, statt auf der statischen Konstanz der Arten seit einer Schöpfung zu bestehen, wie sie auch ein CARL VON LINNÉ seinen Klassifizierungssystemen zugrunde gelegt hatte. Im Einklang mit Fortschrittsvorstellungen zeitgenössischer, vor allem französischer Philosophen, wonach auch die Arten des Tier- und Pflanzenreiches in einem entwicklungsgeschichtlichen Zusammenhang stünden, nahm er die schon in der Antike gelegentlich vertretene Auffassung, daß sich alle Lebewesen nach ihrer Vollkommenheit ordnen lassen, zur Grundlage für ein lineares System der Arten auf, die sich dynamisch als eine naturgeschichtliche Entwicklungsfolge mit der natürlichen Tendenz vom Einfachsten zum immer Komplexeren (dem Menschen) ergeben sollten. Die Veränderungen entstünden dabei durch Reaktionen der Lebewesen auf Umwelteinflüsse mit veränderten Verhaltensgewohnheiten, die sich auf ihre Organe auswirkten (Kräftigung durch Gebrauch, Verkümmerung durch Nicht-Gebrauch). Diese Veränderungen würden dann vom Phänotyp durch Vererbung der erworbenen Eigenschaften auf den Genotyp übertragen (›Lamarckismus‹).

Einige seiner Ideen wurden Ende des 19. Jahrhunderts im sogenannten Neo-Lamarckismus insbesondere gegen die Entwicklungsvorstellungen von CHARLES DARWIN und seinen Anhängern wieder verwendet. Der Lamarckismus konnte allerdings experimentell nicht bestätigt werden und wurde letztlich durch die Molekulargenetik widerlegt – wurde jedoch vorübergehend als philosophische Grundlage der Pflanzenzüchtung unter schlechten klimatischen Bedingungen in der stalinistischen Sowjetunion als dem dialektischen Materialismus konforme Theorie propagiert, anfangs wiederbelebt und scheinbar bestätigt von dem Pflanzenzüchter IWAN WLADIMIROWITSCH MITSCHURIN, dem »Vater der Sowjetbiologie«, sodann zur ideologisch anerkannten Sowjetphilosophie der Biologie erhoben und staatlich gepflegt unter der Führung des Moskauer Akademieinstituts für Genetik. Diese Form des Neo-Lamarckismus hatte sich allerdings nur so lange Zeit halten können, weil sie einseitig staatlich unterstützt und die Mißerfolge und Mißernten (vor allem durch die grundsätzlich eingeführte Vernalisation, wie sie für Wintergetreide allgemein angewendet wird) einfach verschwiegen wurden. Als ein Vorläufer der Evolutionstheorie spielten die Ideen LAMARCKS jedoch eine wichtige Rolle in der Biologiegeschichte.

ALESSANDRO VOLTA

(ab 1810 CONTE DEL REGNO D'ITALIA)

(* 18.02.1745 Como, † 05.03.1827 Como)

An dem Jesuitenkolleg von Como studierte ALESSANDRO VOLTA zunächst Philosophie, widmete sich dann aber vornehmlich den Naturwissenschaften und insbesondere der Physik, und hier speziell dem neu erschlossenen Feld der Elektrizitätslehre. Schon als Schüler war er auch mit bekannten Physikern in Briefwechsel getreten und hatte 1769 und 1771 erste kleinere wissenschaftliche Arbeiten veröffentlicht. In Anerkennung seiner ersten Erfindung, des verbesserten ›Elektrophors‹, den er in seiner Publikation 1775 ›Elettroforo perpetuo‹ (›permanenten Elektrizitätsträger‹) nannte, einer »bewunderungswürdigen Vorrichtung, die selbst im kleinsten Raume eine unversiegbare Quelle der elektrischen Flüssigkeit darbietet«, war ihm 1774 die Physikprofessur am nach der Auflösung des Jesuitenordens städtisch gewordenen Gymnasium in Como übertragen worden. 1779 wurde er auf eine eigens für ihn eingerichtete Professur für Experimentalphysik an der Universität Pavia berufen, wo seine Vorlesung so beliebt war, daß der Hörsaal beträchtlich vergrößert werden mußte; 1815 wurde er dort Direktor der philosophischen Fakultät. – Ab 1777 fand man VOLTA vielfach auf Reisen, um die ihm durch Briefwechsel bereits bekannten Größen der europäischen Physik auch in persönlichen Gesprächen kennenzulernen, zuerst durch die Schweiz und Frankreich, 1781/82 durch weite Teile Europas, wo er auch in Göttingen mit GEORG CHRISTOPH LICHTENBERG zusammenkam, der sich ebenfalls schwerpunktmäßig mit der Elektrizitätslehre beschäftigte und eine weit bekannte Experimentalvorlesung zur Physik hielt. Große Ehre brachte ihm eine Experimentalvorlesung im Institut de France in Paris ein, an der auch Napoleon teilnahm – und ihn anschließend zum Grafen und Senator des lombardischen Königreiches ernannte.

Zu den ersten Untersuchungen VOLTAS gehörte die Entzündbarkeit der gerade entdeckten ›Sumpfluft‹ (Sumpfgas, Methan),

deren Zusammensetzung und Verschiedenheit von Wasserstoff
(›brennbarer Luft‹) er mittels seines Funkeneudiometers feststellte; es entstanden aus diesen Versuchen die ›elektrische Pistole‹
und sogenannte ›elektrische Lampe‹, eine Art Feuerzeug. Bereits
1777 synthetisierte er Wasser aus ›brennbarer‹ und ›dephlogistisierter Luft‹, doch war er sich der Bedeutung dieses Vorganges
nicht bewußt. Die konstante Wärmeausdehnung von trockener
Luft und Dämpfen (von ihm ›Halbluftarten‹ genannt) entdeckte
er 1791. Sein eigentliches Arbeitsgebiet fand VOLTA dann aber im
selben Jahr im ›Galvanismus‹ oder vielmehr in der Elektrizitätslehre, nachdem LUIGI GALVANI zufällig beim Präparieren eines
Frosches die vermeintlich spezifisch ›tierische‹ Elektrizität, den
›Galvanismus‹, entdeckt hatte. Zunächst hatte kaum jemand an
der Richtigkeit dieser Hypothese gezweifelt, und VOLTA nahm
sich auch nur vor, das neue Phänomen quantitativ zu analysieren.
An Stelle des Froschschenkels in GALVANIS Versuch gebrauchte er
als nackten Muskel seine Zunge und lernte so die saure und ba-
sische Geschmacksempfindung an den Polen kennen. Die Stärke
der Geschmacksempfindung ließ Rückschlüsse auf die Menge des
bewegten elektrischen ›Fluidums‹ zu. Schließlich beseitigte er alles Organische in der Versuchsanordnung, so daß ihm schon 1792
klar wurde, daß die beiden verschiedenen Metalle das Wesentliche sind. 1793 stellte er eine Spannungsreihe der Metalle auf, in
die er später noch Graphit und einige Halbleiter einordnete. Die
trockenen elektrischen Leiter nannte er ›Leiter erster Klasse‹, die
feuchten ›Leiter zweiter Klasse‹. Systematisch suchte er in dem
Leiterkreis, der aus mindestens zwei verschiedenen Metallen und
einem flüssigen Leiter (Salzlösung, Säure oder Lauge) bestand,
nach den Stellen, an denen das elektrische Fluidum erregt und
angetrieben werden sollte. Als ihm mit dem ›Voltascher Funda-
mentalversuch‹ gelang, mit Hilfe seines Kondensators (ebenfalls
eine Erfindung von ihm) aufzuzeigen, daß bei bloßer Berührung
zweier verschiedener Metalle Elektrizität entsteht, schien sich ihm
das Geheimnis gelüftet zu haben. Die Potentialsprünge zwischen
Metall und Flüssigkeit hielt er demgegenüber irrtümlicherweise
für gering. Um 1800 beschrieb VOLTA schließlich die nach ihm
benannte Spannungssäule (aufeinandergeschichtete Metallplat-
tenpaare mit einem in Salzlösung getränkten Filzstreifen dazwi-
schen) und die ›Tassenkrone‹ (aus zwei Metallen zusammenge-
fügte Bögen, die in je zwei Gefäße mit einer leitenden Flüssigkeit

eintauchen), die ersten Gleichstrombatterien, die durch das Hintereinanderschalten vieler solcher ›galvanischer Elemente‹ schon eine Spannung von 100 Volt und mehr aufwiesen. Diese neuartigen permanenten Elektrizitätsquellen, die starke kontinuierliche Ströme lieferten, erregten ungeheures Aufsehen und stellten die technische Voraussetzung für eine neue Epoche in der Elektrizitätslehre dar; für ihre Nutzung spielte ja auch die für die Heuristik des Entdeckers damit verbundene Theorie keine Rolle. Dennoch blieb VOLTAS Kontakthypothese gültig, bis sie in der Mitte des 19. Jahrhunderts mit dem aufkommenden Energieprinzip unvereinbar wurde und nach und nach von der chemischen Theorie der galvanischen Elemente abgelöst wurde.

ABRAHAHM GOTTLOB WERNER

(* 25.09.1749 Wehrau [bei Bunzlau, Oberlausitz;
jetzt Osiecznica, Polen], † 30.06.1817 Dresden)

Der Mineraloge und Geologe ABRAHAM GOTTLOB WERNER entstammte einer Familie, die bereits über drei Jahrhunderte im Berg- und Hüttenwesen tätig gewesen war; der Vater war Oberaufseher von Eisenhammerwerken in Wehrau und Lorenzdorf und weckte in seinem Sohn früh Interesse für die Mineralien, die damals noch allgemein ›Fossilien‹ (›Ausgegrabenes‹) genannt wurden. Er begann als ›Hüttenschreiber‹ im väterlichen Betrieb und studierte ab 1769 an der Bergakademie in Freiberg. Zu dem für den beabsichtigten Eintritt in den höheren montanistischen Staatsdienst erforderlichen juristischen Studium ging er 1771 nach Leipzig, wo er sich aber nach zwei Jahren anderen, besonders naturwissenschaftlichen Fächern widmete und Mitglied einer akademischen Sozietät wurde, die naturwissenschaftliche Vorträge veranstaltete. Er hörte an der Universität auch die ersten Mineralogievorlesungen, die der Mediziner JOHANN KARL GEHLER hielt, was WERNER anregte, dessen Dissertation ›De characteribus fossilium externis‹ von 1757 als Ersatz für ein noch nicht existierendes ordentliches Lehrbuch in einer kommentierten Übersetzung herauszugeben. Ein älterer Freund riet ihm jedoch, statt der dazu erforderlichen Ergänzungen aus seiner profunden Kenntnis der Minerale heraus ein neues Buch zu schreiben. In weniger als

einem Jahr stellte WERNER es fertig: Es erschien unter dem Titel
›Von den äußerlichen Kennzeichen der Fossilien‹ 1774 in Leip-
zig und machte den Verfasser sogleich weltweit bekannt. Bereits
im Februar 1775 berief ihn die Bergakademie als Inspektor der
Sammlungen und Lehrer der Mineralogie nach Freiberg, welches
Amt er bis zu seinem Tode ausübte. – Ab 1780 hielt WERNER auch
Vorlesungen zur ›Geognosie‹, die nicht nur ihn, sondern auch die
Bergakademie zu einer international hochangesehenen Instituti-
on machten. Zahlreiche Schüler kamen, teilweise bereits als aus-
gebildete Wissenschaftler und Staatsdiener, von überall her nach
Freiberg und verbreiteten WERNERS Lehren in alle Teile der alten
und neuen Welt. Zu ihnen zählten ALEXANDER VON HUMBOLDT,
LEOPOLD VON BUCH und der Schotte ROBERT JAMESON, dessen
›Elements of Geognosy‹ von 1808 mit seiner Zustimmung prak-
tisch eine Wiedergabe der Vorlesungen WERNERS darstellen.

WERNER ist als Begründer der wissenschaftlichen Mineralogie
und gemeinsam mit JAMES HUTTON der Geologie anzusprechen.
Allerdings wirkte er mehr durch das gesprochene Wort als durch
gedruckte Äußerungen, gegen die er eine regelrechte Abneigung
entwickelt hatte. Seine ›Geognosie‹ etwa wurde außerhalb Frei-
bergs nur durch mündliche Berichte oder durch Darstellungen
von Schülern bekannt, die auf WERNERS Vorlesungen beruhten:
Die während seiner Unterrichtstätigkeit vorgenommenen Ergänzungen und Änderungen zum mineralogischen Werk von 1774
wurden nur von Schülern aufgrund der gehörten Vorlesungen
in zwei französische (1790 und 1795) und eine englische (1805)
Übersetzung eingearbeitet. Auch sein Mineralsystem wurde »mit
seiner Erlaubnis« von Schülern veröffentlicht (1789, 1816 das System von 1812 und das »letzte« 1817), wenn auch vieles dazu in
seine mit umfangreichen Anmerkungen versehene Übersetzung
des ›Versuchs einer Mineralogie‹ des schwedischen Mineralogen
AXEL FREDRIK FREIHERR VON CRONSTEDT eingegangen war.

Die Mineralogie WERNERS bildete in Fortführung ihrer Begründung durch GEORGIUS AGRICOLA Abschluß und Höhepunkt
der vorwiegend naturgeschichtlich orientierten Betrachtung der
Minerale und Gesteine; sie bestach durch die klaren, einheitlichen Beschreibungen und Klassifizierungen nach dem äußeren
Erscheinungsbild und wurde dadurch überhaupt erst lehrbar,
so daß sie sich wegen der großen diagnostischen Erfolge noch
über seinen Tod hinaus gegen den (1784 noch verfrühten) Ver-

such einer chemisch-experimentell orientierten Klassifikation der Minerale durch den irischen Chemiker und Geologen RICHARD KIRWAN behaupten konnte. Für WERNER war die Mineralogie auch mehr Bestandteil der von ihm begründeten, umfassenderen (historisch orientierten) ›Geognosie‹, die »uns den festen Erdkörper überhaupt kennen lehrt und uns mit den verschiedenen Lagerstätten der Fossilien, aus denen er besteht, und mit der Erzeugung und dem Verhalten derselben gegen einander bekannt macht«. Im Anschluß an diluviale Theorien, ohne jedoch die Katastrophe einer Sintflut heranziehen zu müssen, ging WERNER davon aus, daß alle Minerale und Gesteine – abgesehen von unmittelbar vulkanischen, als sekundär angesehenen Produkten – sich im Laufe der Erdgeschichte aus wäßrigen Lösungen in dem ursprünglich die gesamte Erdoberfläche bedeckenden Urmeer zuerst auskristallisiert und später als Sediment abgesetzt hätten. (Man nannte solche Theorien ›neptunistisch‹, während die extrem entgegengesetzte Vorstellung, daß alle Gesteine und Minerale und die Bildung der Erdformationen vulkanischen Ursprungs seien, als ›Vulkanismus‹ bezeichnet wurde.) Mit seiner petrographischen Schichtenfolge (von unten): Urgebirge (Granit, Gneis, Schiefer, Porphyr usw.), Flözgebirge (Kohlen, Kreide, Gips usw.), Vulkanische Gebirgsarten (echt: Lava, Asche, Tuff; pseudovulkanisch: Schlacken) und Aufgeschwemmte Gebirge (Kies, Sand, Lehm usw.), gab WERNER so zwar die Grundzüge der Stratigraphie Deutschlands richtig wieder, aber natürlich noch nicht deren Genese. Überhaupt sind seine Erkenntnisse stark durch Empirie geprägt, die allerdings, wie in der Frühphase der Geowissenschaften üblich, gelegentlich von einem engen Erfahrungsraum her vorschnell verallgemeinert wurde. Das gilt besonders auch für seine Vorstellung von der Bildung des Basalts, den er fälschlich aus nasser Lösung als Sedimentgestein über Sand und Lehm entstehen ließ (wo er ihn an einer Stelle am Scheibenberg vorgefunden hatte); während die Vulkanisten gerade seine vulkanische Entstehung zur Stütze ihrer Theorien anführten. WERNER sah dagegen Vulkanismus als sekundär und oberflächennah an und führte ihn auf brennende und schwelende Kohlenflöze zurück. Die Vulkanisten hatten allerdings auch ihrerseits jeweils von einem zu engen Erfahrungsbereich her verallgemeinert, wie von den tätigen italienischen Vulkanen oder den erloschenen der Auvergne; und auch die Katastrophentheorie GEORGES DE CUVIERS war allein durch die rasche Schichtenfolge im Pariser Becken angeregt worden. Größere Erfahrungsbreite hat die Theorien dann als nur für Teilbereiche gültig erwiesen und langsam einander angenähert.

ERNST FLORENS FRIEDRICH CHLADNI
(* 30.11.1756 Wittenberg, † 03.04.1827 Breslau)

Eine der originellsten Persönlichkeiten im Deutschland des ausgehenden 18. Jahrhunderts war ERNST CHLADNI. Auf Wunsch seines Vaters, eines Wittenberger Universitätsprofessors, erwarb er zwar den Titel eines Doktors der Rechte und der Philosophie, die aufblühenden experimentellen Naturwissenschaften zogen ihn jedoch so stark an, daß er auf die gesicherte Juristenlaufbahn verzichtete und sich ihnen widmete. Durch unglückliche Umstände blieb ihm allerdings eine Professur versagt, so daß er sich den Lebensunterhalt mit experimentellen Lehrvorträgen, vor allem zur Akustik, und mit Konzertreisen verdienen mußte. Auf letzteren führte er die beiden von ihm erfundenen Instrumente vor, das Euphon und den Klavizylinder; die er virtuos beherrschte.

Das Hauptarbeitsfeld CHLADNIS war die Akustik, deren Erkenntnisse sich sehr gut augenfällig in Versuchen demonstrieren ließen. Er konnte in seinen ›Entdeckungen über die Theorie des Klanges‹ (1787) aufzeigen, »daß nicht nur bei den klingenden Saiten, sondern auch bei klingenden Ringen, Glocken und Stäben während ihres Klanges bestimmte Stellen dieser Körper ganz unbewegt bleiben und um diese herum die übrigen Teile so schwingen, daß diese Schwingungen auf beiden Seiten der festen Stellen oder Schwingungsknoten nach entgegengesetzter Richtung gehen«, wie GEORG CHRISTOPH LICHTENBERG, ein glühender Verehrer CHLADNIS, in seiner Göttinger Vorlesung zur Experimentalphysik zusammenfaßte, so daß der Schall nicht durch ein Zittern und Vibrieren des schallenden Körpers (oder Mediums) entstehen könnte, sondern auf dessen Schwingungen beruhte. CHLADNI untersuchte daraufhin (›Über die Longitudinalschwingungen der Saiten und Stäbe‹, 1796) die transversalen Schwingungen von Stäben und Saiten (die Bewegung der Körperteilchen erfolgt hierbei quer zur Länge der Stabes oder der Saite) und entdeckte die Longitudinalschwingungen (die Bewegung geschieht in der Längsrichtung der Saite oder des Stabes) sowie die Drehschwingungen. Mit Hilfe der Longitudinalschwingungen konnte er beispielsweise die Ausbreitungsgeschwindigkeit des Schalls in festen Körpern und Gasen bestimmen. Allgemein bekannt sind die nach ihm benannten Klangfiguren, mit deren Hilfe er seine Erkenntnisse augenfällig demonstrieren konnte. Sie entstehen durch das Ansammeln aufgestreuten feinen Sandes in den (ruhenden) Knotenlinien schwingender Platten. CHLADNI benutzte dazu in der Regel Bronze- oder Glasplatten, die er mit einem Violinbogen anstrich. – Durch seine wegweisenden experimentellen und theoretischen Untersuchungen machte er die Akustik zu einem selbständigen Teilgebiet der Physik, das man auf seinen Vorschlag hin dann später auch nicht mehr im Zusammenhang mit der Luft (als dem Übertragungsmedium), sondern mit der Schwingungs- und Wellenlehre abhandelte – wie es erstmals der Hallenser Professor der Physik und Chemie FRIEDRICH ALBRECHT CARL GREN in seinem ›Grundriß der Naturlehre‹ seit der 4. Auflage (1801) tat, bevor CHLADNI noch selber die erste monographische Behandlung mit dem Werk ›Die Akustik‹ (1802, ²1830; ›Traité d'Acoustique‹, 1809, ²1812) vorlegen konnte.

Auch auf einem ganz anderen Gebiet begründete CHLADNI mit der Meteoritenkunde ein eigenständiges wissenschaftliches Teilgebiet der ›physikalischen‹ Astronomie; denn er vertrat die später als richtig erwiesene Ansicht, daß Meteore (›eisenhaltige Feuerkugeln‹) nicht irdischen (atmosphärischen), wie seit der Antike angenommen worden war, sondern kosmischen Ursprungs seien und aus dem Weltenraum auf die Erde fallen (1794). Er hatte spekulativ auch die Sternschnuppen in die Theorie einbezogen, indem er die in Sibirien und Südamerika gefundenen meteorischen Eisenkugeln als diese Erscheinungen verursachende kosmische Körper auffaßte, und hatte zu simultanen Beobachtungen aufgerufen, um dies zu bestätigen. Auch hierüber berichtete LICHTENBERG, und sein Schüler JOHANN FRIEDRICH BENZENBERG konnte daraufhin gemeinsam mit HEINRICH WILHELM BRANDES 1798 durch Höhen- und Geschwindigkeitsmessungen den kosmischen Ursprung der Sternschnuppen auch nachweisen. BENZENBERG gelangen auch erste genauere Messungen der Abweichung der Fallbewegung von der Senkrechten (in der Hamburger St. Michaelis-Kirche, später in einem Grubenschacht), womit er eine Annahme ISAAC NEWTONS bestätigen und einen ersten empirischen Nachweis der Erdrotation erbringen konnte.

JOHN DALTON
(* 06.09.1766 Eaglesfield [Cumberland],
† 27.07.1844 Manchester)

Der Sohn eines Wollwebers und Quäkers JOHN DALTON, der mit seiner Atomtheorie der Chemie des 19. Jahrhunderts den Weg wies, indem damit bekannte und neue Gesetze in einfacher Weise gedeutet werden konnten, war von Haus aus kein Chemiker, ja überhaupt kein studierter Naturwissenschaftler, sondern weitaus autodidaktisch gebildeter Lehrer, gefördert von dem wohlhabenden Instrumentenbauer ELIHU ROBINSON, ebenfalls einem Quäker, der ihn in die Mathematik und Naturwissenschaft einführte. DALTON hatte früh die Dorfschule besucht und bereits im Alter von zwölf Jahren selber unterrichtet. 1781 gründete er zusammen mit seinem älteren Bruder JONATHAN in Kendal eine eigene Schule. In Kendal hat er dann seit dem zwanzigsten Lebensjahr meteorologische Beobachtungen und Untersuchungen durchgeführt und bis zu seinem Tode auch Aufzeichnungen über seine Wetterbeobachtungen im Lake Distrikt gemacht. Der Zugang zu chemischen Fragestellungen erfolgte für ihn dann auch über die Meteorologie und das Verhalten von ›elastischen Flüssigkeiten‹ (Gasen). Bekannt wurde er vornehmlich durch seine Vortragstätigkeit; daraufhin holte man ihn als Mathematiker und Physiker an das New College in Manchester. 1794 wurde er zum Mitglied der Manchester Literary and Philosophical Society gewählt, später folgte die Wahl in die Royal Society und Pariser Akademie der Wissenschaften. – Als Naturwissenschaftler war DALTON Autodidakt; er benutzte nur recht einfache und wenig kostspielige Versuchsapparaturen und gab sich oftmals auch schon mit recht groben Meßergebnissen zufrieden, wenn sie ihm den in seinen Augen rechten Weg gewiesen hatten. Das trug ihm natürlich manche harte Kritik der ›Zunft‹ ein.

Die ersten wissenschaftlichen Arbeiten DALTONS befaßten sich, ausgehend von meteorologischen Problemen, mit der Ausdehnung und dem Druck von Gasen und Dämpfen, insbesondere von Wasserdampf. Damals beschäftigte die Naturwissenschaftler nämlich die Frage, ob das Wasser, dessen Zusammensetzung aus zwei Gasen seit A. L. DE LAVOISIER anerkannt war, in der Atmosphäre chemisch gebunden oder der Luft nur beigemischt sei. Etwa gleichzeitig mit LOUIS GAY-LUSSAC konnte DALTON die gleichmäßige Ausdehnung von Gasen bei steigender Temperatur feststellen, und auch die Zahlenwerte stimmten in etwa überein. Doch interpretierte DALTON den Vorgang anders und kam so nicht zu einer linearen Beziehung. Im TORRICELLIschen Vakuum eines Barometers und im Rezipienten einer Luftpumpe bestimmte er schließlich 1803 den Dampfdruck von Wasser und formulierte das später nach ihm benannte Gesetz, daß der Druck eines Gasgemisches gleich der Summe der Partialdrucke der Einzelgase ist. Damit war die Frage nach dem Zustand des Wassers in der atmosphärischen Luft dann beantwortet.

Unklar ist, was DALTON auf seine Atomtheorie geführt hatte. Nach einer Meinung waren es physikalische Überlegungen zum Verhalten der Gase gewesen; wenn nämlich die Teilchen eines jeden Gases unterschiedlich groß (und schwer) wären, müßte in der Atmosphäre eigentlich eine Entmischung und Schichtenbildung erfolgen, was aber nicht beobachtet werden konnte. Eine andere Meinung sahen den Anstoß zur Berechnung der Atomgewichte in DALTONS frühem Interesse am Wasserdampf und in der zentralen Rolle, die das Wasser bei der Ablösung der Phlogiston-Theorie in der Chemie gespielt hatte. Eine dritte Meinung sieht in DALTONS Luftuntersuchungen mit Stickoxiden den entscheidenden Antrieb (Reaktion von Stickstoffmonoxid mit Sauerstoff und Absorption der wasserlöslichen Produkte). DALTON konnte die dabei erzielten Ergebnisse immerhin mit seinem Gesetz der multiplen Proportionen in Einklang bringen. Eine erste Tabelle der relativen, spezifischen Gewichte »der kleinsten Teilchen von gasförmigen und anderen Körpern« stellte er jedenfalls bereits an das Ende einer Arbeit über Gaslöslichkeit, die er im Oktober 1803 der ›Literary and Philosophical Society of Manchester‹ vorlegte. Im Dezember desselben Jahres trug er darüber in der Royal Institution in London vor, woraufhin der schottische Chemiker THOMAS THOMSON in seinem ›System of Chemistry‹ 1807 erstmals darüber in gedruckter Form berichtete. DALTONS eigenes Werk ›A New System of Chemical Philosophy‹ erschien in drei Teilen in den Jahren 1808, 1810 und 1827 (die ersten beiden Teile deutsch 1812–1813).

Das erste chemische Verbindungsgesetz, das der konstanten
Proportionen, hatten schon 1794 JOSEPH LOUIS PROUST, der damals
an der Artillerie-Schule in Segovia (Spanien) wirkte, und JEREMIAS
RICHTER, das der multiplen Proportionen als zweites hatte DAL-
TON selbst beigetragen, während PROUST, wohl wissend, daß zwischen manchen Elementen mehrere Verbindungen möglich seien,
diese einfache Erklärung, die nicht nur DALTONS Atomtheorie,
sondern auch RICHTERS Stöchiometrie absicherte, nicht hatte finden können, weil er die Anteile eines Elements immer ins Verhältnis zum Ganzen, zur Verbindung, gesetzt hatte. Die Idee DALTONS
nahm dann die antiken Atomvorstellungen wieder auf, in seinen
Worten (1808): »Die chemische Synthese und Analyse geht nicht
weiter, als bis zur Trennung der Atome, und ihrer Wiedervereini-
gung. Keine Neuerschaffung oder Zerstörung des Stoffes liegt im
Bereich chemischer Wirkung. Wir können ebensowohl versuchen,
einen neuen Planeten dem Sonnensystem einzuverleiben, oder
einen vorhandenen zu vernichten, als ein Atom Wasserstoff zu
erschaffen oder zu zerstören. Alle Änderungen, welche wir her-
vorbringen können, bestehen in der Trennung von Atomen [...]
und in der Verbindung solcher.« Nur wurde diese philosophische
Idee von DALTON jetzt mit den experimentellen Ergebnissen der
quantitativen Naturwissenschaft seiner Zeit verbunden, indem er
die kleinsten identischen Teilchen aller Stoffes, wiederum von den
Vorstellungen der Antike ausgehend, zwar als qualitativ gleich-
artig (also qualitätslos) ansah, die verschiedener Stoffe jedoch
gemäß der reduktionistischen Physik ISAAC NEWTONS mit einer
bestimmten spezifischen ›Masse‹ versah, so daß deren kleinste
Teilchen sich allein durch das ihnen eigentümliche Atomgewicht
unterschieden, das sie auch allein definiere. Das erfolgte vorerst
für die neuen einfachen Gase (unter Zugrundelegung ihrer Partialdrucke), deren Elementarität daraus folge, daß sie im Gegensatz
zu den zusammengesetzten auch durch Elektrizität nicht weiter
unterteilt werden könnten, mit der Aufgabe, in einem gegebenen
Volumen die relative Größe und das relative Gewicht gleichzeitig
mit der relativen Anzahl der Atome (und damit das relative Atomgewicht) zu bestimmen; und »da sich die Metalle mit den Atomen
der elastischen Flüssigkeiten verbinden, zeigen sie, daß auch sie
aus Atomen bestehen«. Unter Annahme der DALTONSchen Axiome, daß erstens »alle Atome der gleichen Art einander gleich an
Gewicht und Gestalt sind«, zweitens »Atome verschiedener Art

ungleich an Gewicht und Gestalt sind« und drittens »Körper so lange als einfach [elementar] angenommen werden müssen, bis sie zerlegt werden« (gemäß dem operativen Elementbegriff A. L. DE LAVOISIERS), wurde die Theorie so für qualitative und quantitative chemische Untersuchungen brauchbar, auch ohne DALTONS Vorstellungen vom Aufbau solcher ›Atome‹ mit übernehmen zu müssen (er stellte sie sich als gleichgroße Kugeln vor, die von einer unterschiedlich ausgedehnten elastischen Atmosphäre aus Wärmestoff umgeben seien, aus deren Ausdehnung dann das unterschiedliche [Gesamt-]Atomgewicht resultiere). Für die Entstehung bleibender Verbindungen (der Atomkugeln, deren Konglomerat dann wieder eine spezifische Atmosphäre erhielten) machte er im Anschluß an ISAAC NEWTON (Opticks, Query 31) eine der Gravitation entsprechende wechselseitige Anziehungskraft verantwortlich.

Nicht zuletzt die begeisterte Zustimmung und Aufnahme der DALTONschen Atomtheorie durch den ›Papst‹ der Chemie JÖNS JAKOB BERZELIUS, der sie mit seiner elektrochemischen Bindungstheorie verknüpfte, sollte ihr innerhalb der Chemie rasch zum Durchbruch verhelfen. Eine Schwierigkeit bestand allerdings darin, daß, wie DALTON auch selbst noch nicht erkannt hatte, manche oder alle einfachen Gase in der Regel als zweiatomige Moleküle auftreten. Schon 1811 hatte AMEDEO AVOGADRO, ausgehend von der präzisen Formulierung des Volumengesetzes durch GAY-LUSSAC, noch vor ANDRÉ AMPÈRES Erkenntnis, daß »gleiche Volumina von Gasen unter gleichen Bedingungen dieselbe Anzahl von Molekülen enthalten«, die Notwendigkeit der Annahme zweiatomiger Gasmoleküle erkannt und daraufhin eine ganze Reihe gültiger Summenformeln aufstellen können; doch widersprach dieser Vorstellung die gültige elektrochemische Bindungstheorie von BERZELIUS, so daß diese Idee sich vorerst nicht durchzusetzen vermochte.

GEORGES LÉOPOLD CHRÉTIEN FRÉDÉRIC DAGOBERT, BARON DE CUVIER

(* 23.08.1769 Montbéliard, † 13.05.1832 Paris)

GEORGES CUVIER entstammte einer armen französischen Hugenottenfamilie aus der Nähe Basels. Mit zwölf Jahren begann er bereits, naturkundliche Sammlungen anzulegen, studierte an der Stuttgarter Hohen Karlsschule bei dem Zoologen CARL FRIEDRICH VON KIELMEYER, wurde nach dem Studium aber vorerst 1788 Hauslehrer in der Normandie, wo er sich vor allem mit der Anatomie und Klassifikation von Meerestieren befaßte, bevor er 1795 von ÉTIENNE GEOFFROY SAINT-HILAIRE nach Paris berufen wurde. Hier stieg er rasch auf und wurde unter anderem Professor an Écoles centrales, am Institut de France, am Collège de France, am Muséum d'histoire naturelle und an der Sorbonne. Er war politisch sehr anpassungsfähig und servil gegenüber der Macht, so daß er nicht nur von Napoleon, bei dem er Generalinspekteur des Unterrichtswesens wurde, sondern – obgleich Protestant – auch von den Bourbonen geschätzt werden konnte, die ihn adelten sowie zum Minister und nach der Julirevolution 1831 zum Pair von Frankreich machten. Nach unten verhielt er sich dagegen autoritär und für Schmeicheleien und Ehrungen sehr empfänglich. Seine äußeren Erfolge waren dennoch nicht zuletzt seinem großen Fleiß bei einem immensen Gedächtnis geschuldet, gepaart mit einem äußerst rationellen Arbeitsstil.

So hinterließ CUVIER auch ein gewaltiges (teils zusammen mit Mitarbeitern erbrachtes) Werk zur Vergleichenden Anatomie der Tiere und zoologischen Klassifikation sowie zur paläontologischen Rekonstruktion. Durch die methodische Verknüpfung von Naturgeschichte (Klassifikation) und Vergleichender Anatomie gelang es ihm erstmals, eine dem künstlichen System des Pflanzenreichs von CARL VON LINNÉ vergleichbar umfassende Systematik des Tierreichs zu erstellen und damit die Zoologie zu einem der Botanik vergleichbaren Wissenszweig zu machen. Seine Klassifikationen erhielten insbesondere für die Fische bleibenden Wert. Vor allem in seiner Systematik kam aber auch CUVIERS theoriefeindliche Beschränkung auf empirische Tatsachen zum Tragen, die sich zwar mit Recht gegen unkontrollierte Spekulationen richtete, sich jedoch auch als nachwirkendes Hindernis für die Naturforschung erweisen konnte. In seinem Denken überwog das statische Moment gegenüber der Dynamik der Zeitdimension; und während JEAN BAPTISTE LAMARCK die Hypothese eines im wesentlichen linear fortschreitenden Systems der Lebewesen aufstellte und diese Folge als phylogenetische Entwicklungsreihe interpretierte und GEOFFROY SAINT-HILAIRE darin die fortschreitende Verwirklichung des tierischen Bauplans eines ›Urtiers‹ sah, hielt CUVIER nach anfänglichem Schwanken aus wissenschaftlichen, religiösen und politischen Gründen an dem seit C. VON LINNÉ klassischen Prinzip der Konstanz der Arten fest.

Bereits vor ihm war der Professor der Botanik und Direktor des Jardin des plantes in Paris ANTOINE LAURENT DE JUSSIEU bei seinen Versuchen zu einem natürlichen System des Pflanzenreiches zu der Erkenntnis gelangt, daß aufgrund ihrer Hierarchie manchen Merkmalen eine allgemeinere und umfassendere Bedeutung zukomme als anderen und daß zwischen den Organen Korrelationen bestünden – so daß das Vorhandensein oder Fehlen des einen auf das Vorhandensein beziehungsweise Fehlen des korrelierenden schließen läßt. Bei CUVIER führten diese Grundsätze zur Aufstellung einer Typentheorie für das Tierreich, das er daraufhin in Wirbel-, Weich-, Glieder- und Strahlentiere als unterschiedliche Typen unterteilte, woraufhin eine vergleichende Anatomie zwischen Tieren verschiedenen Typs nicht möglich sei. CUVIER ging dann noch einen Schritt weiter und nahm an, daß in einem geschlossenen System der Lebewesen ein ›Gleichgewicht der Natur‹ herrsche, aufgrund dessen nicht nur eine wechselseitige Entsprechung zwischen einem jeden Teil eines Lebewesens und dem ganzen Lebewesen bestehe sondern notwendigerweise auch eine Harmonie zwischen der Struktur eines Lebewesens und seiner Lebenswelt. Dieses Prinzip erwies sich als besonders erfolgreich bei CUVIERS Rekonstruktion des Körperbaus fossiler Säugetiere (›Recherches sur les ossements fossiles de quadrupèdes‹, 1812). In seinem Kampf gegen die Idee der Veränderlichkeit der Arten, die er als der Bibel widersprechend ablehnte, konnte er sich aufgrund paläontologischer Entdeckungen nur zu einer stufenweisen Schöpfung gemäß der biblischen Chronologie durchringen und entwickelte vor dem Hintergrund des geologischen Befundes im Pariser Becken, in dem Schichten mit unterschiedlicher Fossilienführung rasch aufeinander folgen, seine berühmte ›Katastrophentheorie‹. Danach vernichteten der Sintflut gleiche gewaltige Katastrophen von Zeit zu Zeit die Organismen von Teilregionen. Damit, daß die Besiedlung aus den unberührten Nachbargebieten nach der Katastrophe dann durch andere als die zerstörten Arten erfolge, erklärte er die Unterschiede der Lebenswelt in der gleichen Region in verschiedenen geologischen Epochen. Hiermit hängt dann auch der berühmte ›Akademie-Streit‹ zusammen, den CUVIER, auch unter Anwendung politischer Mittel, gegen É. GEOFFROY SAINT-HILAIRE führte und 1830 gewann – womit er dann letztlich in Frankreich bis CHARLES DARWIN alle Ansätze zu einer evolutionären Betrachtung der Lebewesen verhindern sollte (als später eine Harmonisierung von Biologie und Bibel nicht mehr direkt versucht wurde, schwand denn auch sein Ruhm).

ÉTIENNE.GEOFFROY SAINT-HILAIRE (* 15.04.1772 Etampes, † 19.06.1844 Paris) war nach einem Studium der Medizin 1793 von L.-J.-M. DAUBENTON als Demonstrator für Zoologie an den Jardin des plantes geholt worden, wo der 21jährige noch im selben Jahr die Professur für Säugetiere, Vögel, Reptilien und Fische am neu gegründeten ›Muséum d'histoire naturelle‹ erhielt – gleichzeitig hatte J. B. DE LAMARCK die Professur für die niederen Tiere erhalten, erst 1795 war dann CUVIER von GEOFFROY SAINT-HILAIRE als dritter bedeutender Naturhistoriker an das Museum geholt worden. Ausgehend von der Idee eines gemeinsamen Bauplanes aller Tierformen im Sinne der von CHARLES BONNET erneuerten Idee einer ›scala naturae‹, die in Frankreich direkt auf GEORGES BUFFON zurückgeführt werden kann, der in seiner umfassenden ›Naturgeschichte‹ auch der Erde eine langdauernde Entwicklung bis zum gegenwärtigen Zustand zugewiesen hatte, formulierte GEOFFROY SAINT-HILAIRE eine Reihe von vergleichend-anatomischen Gesetzmäßigkeiten, wie das Gesetz der Abhängigkeit der Teile von einander, mit dem er dem Prinzip der Analogie eine klarere Fassung geben wollte. Seine Thesen bezogen sich zunächst nur auf die Wirbeltiere, dann ging er jedoch zu der Frage über, wie sich die Formen der Wirbeltiere mit denen der Wirbellosen in einem gemeinsamen Bauplan vereinigen lassen könnten; denn zwei seiner Schüler hatten behauptet, eine strukturelle Ähnlichkeit zwischen Tintenfisch und Fisch aufgedeckt zu haben, die an einen Übergang zwischen Wirbellosen und Wirbeltieren denken ließ. Das widersprach natürlich genau der Vorstellung mehrerer gleichzeitiger Typen des Bauplanes von Tieren CUVIERS, so daß es zu einem über mehrere Jahre heftig geführten wissenschaftlichen Streit vor der Pariser Akademie kam, über den auch ihre enge Freundschaft zerbrach. JOHANN WOLFGANG VON GOETHE nahm wegen seiner eigenen, Jahrzehnte früher konzipierten Ideen zur Morphologie der Tiere regen Anteil an den Berichten darüber und stand der Auffassung GEOFFROY SAINT-HILAIRES näher. Bei der Auseinandersetzung ging es allerdings nur um die Frage, ob die Gestalten aller Tiere auf einen einzigen Bauplan zurückgeführt werden können, nicht dagegen um die These einer Deszendenz der rezenten Arten von früheren, wie ERNST HAECKEL und viele andere den Streit im Sinne von LAMARCK interpretierten. GEOFFROY SAINT-HILAIRE hat allerdings selbst an die Entwicklung rezenter Formen aus vergangenen geglaubt und war mehr und mehr von der Entwicklungslehre LAMARCKs überzeugt gewesen, nahm jedoch eine direkte verändernde Einwirkung der Umweltfaktoren auf die Embryonen an, nicht eine nur mittelbare über die Eltern. Als wesentlichen Beweis dafür sah er seine Befunde an fossilen Reptilien (Sauriern) an. Darüber hinaus kam auch er zu der Vorstellung, daß die Entwicklung der Formen des Tierreichs an den Entwicklungsstufen der Embryonen der höheren Tiere abgelesen werden könne, eine Parallelität, die als ›Biogenetisches Grundgesetz‹ für HAECKEL zum wichtigsten Beleg für die Deszendenztheorie CHARLES DARWINS werden sollte.

THOMAS YOUNG

(* 13.06.1773 Milverton [Somersetshire],
† 10.05.1829 London)

THOMAS YOUNG, aus einer mittelständischen Quäkerfamilie stammend, fiel schon früh als Wunderkind auf. Er ging nur wenige Jahre zur Schule und erwarb sich als Autodidakt universale Kenntnisse in Mathematik und Naturwissenschaften, sprach neun Sprachen und spielte mehrere Musikinstrumente, schrieb Abhandlungen über Malerei, war manuell sehr geschickt und liebte den Reitsport. Auf Wunsch seines Großonkels wurde er Arzt und studierte in London, Edinburgh und Göttingen Medizin, besuchte aber auch naturwissenschaftliche, historische und kunstgeschichtliche Vorlesungen, promovierte in Göttingen 1796 zum Doktor der Medizin und übernahm 1800 des Großonkels Arztpraxis in London, wo er ab 1811 auch als Internist am St. George's Hospital tätig war. Sein Hauptinteresse galt jedoch der Physiologie und der Physik. 1801 wurde er Professor der ›Natural Philosophy‹ (Physik) an der Royal Institution; die dort gehaltenen Vorlesungen veröffentlichte er 1807. Ab 1804 war er daneben ›Foreign Secretary‹ der Royal Society und ab 1818 Sekretär des Board of Longitude, zu dessen Aufgaben auch die Herausgabe des ›Nautical Almanac‹ gehörte. – Fast in Vergessenheit geraten ist YOUNGS Beitrag zur Entzifferung der Hieroglyphen auf der 1799 während des ägyptischen Feldzugs NAPOLEONS bei Rosette gefundenen dreisprachigen Steintafel (seit 1801 in London), weil JEAN-FRANÇOIS CHAMPOLLION den Ruhm allein für sich in Anspruch nahm (1822), obwohl ihm YOUNGS wichtige mathematische Vorarbeiten zur Decodierung bekannt waren.

Großen Einfluß übte YOUNG mit seinen optischen Untersuchungen aus, in denen sich seine physiologischen und physikalischen Interessen trafen. Bereits 1793 gelang ihm der erste große Wurf mit einer Arbeit über die Akkomodation der Augenlinse (›Observations on Vision‹). Seine berühmteste Schrift ›On the Theory of Light and Colours‹ (1801) zeigte dann den Übergang zur physikalischen Optik. Schon im Jahre zuvor hatte er aufgrund eines Vergleichs der Schall- und Lichtausbreitung die Vorteile der Undulationstheorie von CHRISTIAAN HUYGENS und ROBERT HOOKE betont; jetzt wagte er es, die Richtigkeit der Emissionstheorie ISAAC NEWTONS anzuzweifeln und statt dessen im Anschluß an LEONHARD EULER das Licht als eine sich analog dem Schall in der Luft im Äther fortpflanzende Wellenbewegung aufzufassen. Im Lande NEWTONS waren dafür allerdings schon starke experimentelle Argumente vorzubringen, und so veranschaulichte er seine Theorie mit der von ihm erfundenen Wellenwanne, in der sich unterschiedliche Wasserwellenzüge verstärkten oder auslöschten (interferierten). Mit diesem Interferenzprinzip gelang es ihm dann unter anderem, das Entstehen der NEWTONSchen Ringe und der Farben an dünnen Blättchen (etwa an einer Seifenblase) sowie der farbigen Streifen an einer beugenden Kante zu erklären, und er konnte auch erstmals Wellenlängen des Lichtes messen und die Gültigkeit des Interferenzprinzips auch für den nicht sichtbaren ultravioletten Bereich des Spektrums aufweisen. Im Jahre 1807 beschrieb er seinen berühmten Versuch zur Interferenz am Doppelspalt.

In England selbst wurden die Erklärungen YOUNGS allerdings nicht anerkannt, aber auch auf dem Kontinent verhielt man sich zunächst gegenüber der Wellentheorie des Lichtes zurückhaltend, zumal sie auch dem 1808 von ÉTIENNE LOUIS MALUS entdeckten Phänomen, das er im Sinne der rotierenden Kügelchen der Lichttheorie ISAAC NEWTONS, deren ›Pole‹ konträre Eigenschaften besitzen sollten, Polarisation nannte, anfangs hilflos gegenüber stand; ging man doch selbstverständlich davon aus, daß die Wellenbewegung auch in einer »so feinen Flüssigkeit«, wie sie der Lichtäther darstellen sollte, ebenso wie in allen anderen Flüssigkeiten longitudinal erfolgen müßte. Aber bald fand YOUNG in Frankreich Unterstützung durch die jungen Naturforscher FRANÇOIS ARAGO und AUGUSTIN FRESNEL, die ihre Thesen allerdings auch dort erst gegen die vorherrschende Meinung durchsetzen mußten. Bei anfangs unabhängig von YOUNG angestellten Interferenzversuchen hatten sie überraschend bemerkt, daß der polarisierte ordentliche und außerordentliche Strahl nicht miteinander interferierten. In einem Brief vom 12. Januar 1817 an ARAGO, der ihn im Vorjahr besucht und von der Entdeckung der Polarisation berichtet hatte, machte YOUNG dann den gewagten Vorschlag, zu deren Erklärung Lichtwellen senkrecht zur Ausbreitungsrichtung heranzuziehen, also transversale Wellen; und mit dieser höchst ungewöhnlichen Hypothese ließen sich dann auch sämtliche damals bekannten Interferenzphänomene erklären. FRESNEL gab auch eine wellentheoretische Erklärung der Beugung des Lichtes an Gittern, Öffnungen und Schirmen, entdeckte später die zirkuläre und elliptische Polarisation und gab eine theoretische Erklärung der Drehung der Polarisationsebene bei der Doppelbrechung. Zusammen mit ihm fand ARAGO 1819 die Gesetzmäßigkeit, daß in einer Ebene polarisierte Strahlen miteinander interferieren, zwei zueinander senkrecht polarisierende dagegen nicht; die Ausführung der von ihm erdachten Methode zur Bestimmung der Lichtgeschwindigkeit mußte ARAGO allerdings wegen eingetretener Sehschwäche 1849 HIPPOLYTE FIZEAU – mit Spiegel und Zahnrad – und 1850 LÉON FOUCAULT – mit rotierendem Spiegel – überlassen. Die Wellentheorie ging dann in die elektromagnetische Lichttheorie von JAMES CLERK MAXWELL mit ihrem Feldbegriff ein und verhalf ihr in dieser Gestalt endgültig zum Durchbruch.

In der schon genannten Arbeit zur physiologischen Optik von 1801 hatte YOUNG sich auch Gedanken zur Farbempfindung gemacht und die Vermutung geäußert, daß in der Netzhaut nur drei Arten farbempfindlicher Elemente vorhanden seien, die auf die Hauptfarben Rot, Gelb und Blau ansprächen. J. C. MAXWELL und HERMANN VON HELMHOLTZ griffen später diese Idee wieder auf, und ihre Dreifarbentheorie (allerdings mit den Grundfarben Rot, Grün und Blau) findet im heutigen Farbfernsehen Anwendung.

JOHANN WILHELM RITTER
(* 16.12.1776 Samitz [Schlesien], † 23.01.1810 München)

Der spätere Begründer der Elektrochemie JOHANN WILHELM RITTER wurde nach dem Besuch der Lateinschule im 14. Lebensjahr nach Liegnitz in die Apothekerlehre geschickt. Unter Vernachlässigung der ihm übertragenen Aufgaben studierte er hier Lehrbücher der Chemie und erwarb sich Erfahrungen im selbständigen Experimentieren. Schließlich gelang es ihm, eine kleine Erbschaft seines Vaters einzutreiben, von der er dann mehrere Jahre seinen bescheidenen Lebensunterhalt bestreiten konnte. 1796 siedelte er nach Jena über und ließ sich an der Universität einschreiben, ohne jedoch ein systematisches Studium zu betreiben. Nach anfänglichen chemischen Untersuchungen zog ihn bald der neu entdeckte ›Galvanismus‹ in seinen Bann, dem fortan sein Hauptinteresse galt.

Angeregt von dem im Frühjahr 1797 in Jena weilenden ALEXANDER VON HUMBOLDT verfaßte RITTER auszugsweise im zweiten Band erschienene Anmerkungen zu dessen ›Versuchen über die gereizte Muskel- und Nervenfaser‹. Er hielt dann im Oktober vor der Naturforschenden Gesellschaft in Jena einen Vortrag ›Über den Galvanismus‹, der aufgrund der »Entdeckung eines in der ganzen lebendigen und todten Natur sehr tätigen Princips«, als das er die galvanische Elektrizität ansah, starke Beachtung fand, dann zwar vom Herausgeber des ›Archivs für Physiologie‹ als zu spekulativ nicht aufgenommen wurde, aber durch einige Versuche erweitert Ostern 1798 als Buch erschien, dessen Thesen im Frühjahr 1799, erneut vor der Naturforschenden Gesellschaft, zum ›Beweis, daß der Galvanismus auch in der anorg[an]ischen Natur zugegen sey‹ erweitert wurden. Zur selben Zeit entstanden schließlich seine ›Beiträge zur näheren Kenntniß des Galvanismus‹. Damit war – aus späterer Sicht – die Elektrochemie schrittweise begründet worden. Ritter hatte gezeigt, daß die von Alessandro Volta aufgestellte Spannungsreihe der Metalle identisch ist mit ihrer Oxidationsreihe, das bedeutet: mit dem Grad ihrer Verwandtschaft mit dem Sauerstoff. Er hatte die galvanische Kette aus bloßen anorganischen Körpern aufgebaut und bemerkt, daß Oxidation und Reduktion an den Metallplatten nur erfolgen, solange die Kette geschlossen bleibt. All diese Entdeckungen und deren Deutungen aufgrund der naturphilosophischen Vorstellung von der Einheitlichkeit polarer Naturkräfte wurden von den Physikern, die sich der Kontakttheorie Voltas anschlossen, wenig beachtet, weil sie neben der empirischen Basis weitgehend auf naturphilosophischen Spekulationen beruhten, die allein der verwandte Geist Hans Christian Ørsted verstehen sollte. Ihnen verdankte Ritter allerdings durch den Romantiker Novalis auch die Einführung in den Romantikerkreis um die Brüder Schlegel in Jena, der ihn als ihren ›exakten‹ Physiker bei sich aufnahm, andererseits aber das schon recht starke spekulative Element in Ritters Denken und seine Labilität einseitig förderten.

Die Arbeiten Ritters wurden auch überstrahlt durch die Erfindung der Voltaschen Säule, welche den Galvanismus auf eine ganz neue experimentelle Grundlage stellte. Ritter verstand sie sofort als chemisch-elektrischen Effekt und sagte mit Recht, daß er sich diese Erfindung hätte entgehen lassen. Mit verstärktem Eifer machte er sich an die Untersuchungen, entdeckte, wenn auch nicht mehr als erster, die Wasserzersetzung, fing aber zuerst Wasser- und Sauerstoff getrennt auf, ließ das Knallgasgemisch durch einen elektrischen Funken verpuffen und sah als erster die Metallfällung. Weiterhin bewies er die Gleichartigkeit aller Wirkungen der Volta-Elektrizität und der Reibungselektrizität, stellte ein erstes Spannungsgesetz auf, kam zu einer Theorie der elektrolytischen Zersetzung, erfand 1802 die Trockensäule und wenig später die Ladungssäule, eine Vorform des Akkumulators. Mit einer Schrift über die letzte Erfindung bewarb sich Ritter dann 1803 durch Vermittlung Ørsteds, der sich 1802 lange in

Jena aufgehalten hatte und von seinen Ideen stark beeindruckt war, um den von NAPOLEON gestifteten galvanischen Preis. Auch hier blieb ihm jedoch durch die spekulative Überdeckung der nüchternen Erkenntnisse ein Erfolg versagt; hatte er doch gleichzeitig die mit Hilfe der Ladungssäule erfolgte »noch größere Entdeckung« der elektrischen Erdpole verkündet, deren Nachweis den von der Kommission Beauftragten natürlich nicht gelang. Das durch Vermittlung ØRSTEDS kaum erworbene große Ansehen war wieder verspielt, der wissenschaftliche Ruf im Ausland schwer geschädigt. Der Tod seines Gönners, des dem Romantikerkreis nahestehenden Herzogs ERNST VON GOTHA, der ihn 1802 mehrere Monate als Experimentator beschäftigt und später durch schnell verpraßte Geldzuwendungen unterstützt hatte, ließ RITTER finanziell einen absoluten Tiefpunkt erreichen, von dem er sich nie erholen sollte: Die Schulden führten zur Pfändung eines beträchtlichen Teiles seines wegen widriger Umstände sowieso nur sporadisch ausgezahlten Gehaltes, nachdem er 1805 endlich durch die Aufnahme als Physiker in die Bayerische Akademie eine feste Anstellung erhalten hatte.

Hier in München wandte er sich bald der empirisch unzugänglichen ›unterirdischen Elektrometrie‹, der Wünschelrutengängerei, und den darin zum Ausdruck gebrachten okkultistischen Fragen eines allgemeinen Weltzusammenhanges zu, die ihm schließlich die Physiker, aber auch seine engsten Freunde gänzlich entfremdeten, so daß er bei seinem raschen Tode eigentlich nur in spiritistischen Kreisen bekannt war, während von seinen vielen Entdeckungen nur jene der ultravioletten Strahlung in Erinnerung blieb. Doch war ihm auch diese dank seiner naturphilosophischen Spekulation geglückt. WILLIAM HERSCHEL hatte 1800/01 seine Entdeckung der »unsichtbaren Wärmestrahlung« jenseits des roten Spektrums bekanntgemacht, die RITTER aufgrund seines durchgängigen Naturprinzips der Polarität sogleich auf Strahlen auch jenseits des violetten Spektrums schließen ließ. Überwog jenseits des roten die Wärme, so mußte es hier eine andere Form der einheitlichen Naturkräfte sein. Eine chemische Wirkung des violetten Lichtes war ihm aus Versuchen CARL SCHEELES bekannt, nämlich die Schwarzfärbung von Silberverbindungen. Ein Versuch mit Hornsilber wies sogleich eine Strahlung solcher Wirkung auch jenseits des sichtbaren Violett und eine solche mit entgegengesetzter (›polarer‹) chemischer

Wirkung jenseits des sichtbaren Rot nach; die Einheitlichkeit der Naturkräfte schien eine neue Bestätigung gefunden zu haben.

HANS CHRISTIAN ØRSTED

(* 14.08.1777 Rudkøbing [Langeland, Dänemark],
† 09.03.1851 Kopenhagen)

HANS CHRISTIAN ØRSTED entstammte einer armen Apothekerfamilie, die ihm selbst dann, wenn sein Geburtsort nicht fast ohne jede Bildungsstätte gewesen wäre, nicht den Besuch einer höheren Schule hätte ermöglichen können. So waren er und sein jüngerer Bruder, der spätere Minister und Ministerpräsident Dänemarks, mit ihrem unbändigen Lerneifer auf sich selbst angewiesen, verstanden es aber, sich durch Selbststudium und gegenseitige Unterrichtung die für ein Abitur nötigen Kenntnisse anzueignen. 1794 legten sie in Kopenhagen ihr Examen ab, und HANS CHRISTIAN studierte dann Medizin, weil dies zu seiner Zeit noch die einzige Möglichkeit eines naturwissenschaftlichen Studiums war; schon mit zwölf Jahren hatte er nämlich in der väterlichen Apotheke aushelfen müssen und sich allmählich gute chemische Kenntnisse angeeignet. Es war die Zeit, als HENRIK STEFFENS, aus Deutschland zurückkehrend, in Kopenhagen seine geistreichen Vorlesungen über die neue, die Romantische Philosophie und Poesie hielt und auch den jungen ØRSTED nicht unbeeinflußt ließ. 1797 erhielt dieser die goldene Universitätsmedaille für seine Preisschrift ›Über die Grenzen der poetischen und der prosaischen Sprache‹ (später trug er wesentlich zur Schöpfung einer dänischen naturwissenschaftlichen Sprache bei), und auch mit seiner Dissertation von 1799, welche ›Die Architektonik der Naturmetaphysik‹ behandelte, vermochte er seine naturphilosophischen Interessen – ursprünglich mehr kantischer, später vorwiegend romantischer Prägung –, die allerdings auf einem äußerst soliden Fundament physikalischer und chemischer Kenntnisse standen, nicht zu verleugnen. Inzwischen hatte er auch sein pharmazeutisches Examen abgelegt und übernahm 1800 die Verwaltung einer Apotheke. Daneben hielt er Vorlesungen über Chemie und Naturphilosophie. 1801 trat er eine ausgedehnte Studienreise an, die ihn zunächst nach Deutschland führte, wo er längere Zeit in dem Jenaer Romantikerkreis um die Gebrüder SCHLEGEL, den Naturphilosophen FRIEDRICH WILHELM JOSEPH VON SCHELLING und den Physiker J. W. RITTER, der den nachhaltigsten Einfluß in ihm hinterließ, verkehrte, später nach Holland und Frankreich. 1803 nach Kopenhagen zurückgekehrt, wurde ihm zwar nicht der vakante Lehrstuhl für Physik übertragen (er galt in erster Linie als Naturphilosoph), doch erhielt er ein fixes Gehalt für eine Experimentalvorlesung, bis er 1806 zum außerordentlichen und 1807 zum ordentlichen Professor für Physik ernannt werden konnte.

ØRSTED erwies sich als ausgezeichneter und seine Zuhörer begeisternder Lehrer, und seine täglich bis zu fünf Stunden umfassenden öffentlichen und privaten Vorlesungen wurden in den folgenden mehr als vierzig Jahren wohl von allen dänischen Studenten und jedem interessierten Kopenhagener Bürger einmal gehört. So verwundert es auch nicht, daß die Entdeckung der Wirkung eines von elektrischem Strom durchflossenen Drahtes auf eine Magnetnadel, welche ihn zum Begründer der dann im wesentlichen von ANDRÉ AMPÈRE ausgebauten Lehre des Elektromagnetismus machte, ihm 1820 während einer Vorlesung gelang. Ganz zufällig erfolgte dies allerdings nicht; denn der Gedanke an die Einheitlichkeit der Naturkräfte hatte ihn besonders nach seinem ersten Deutschlandbesuch stets beschäftigt, und ein während seiner zweiten Reise nach Deutschland und Frankreich 1812/13 erst deutsch, dann französisch erschienenes Buch hatte – aufbauend auf der Elektrochemie J. W. RITTERS – bereits im französischen Titel von der »Identität elektrischer und chemischer Kräfte« gesprochen. Seit den Untersuchungen WILLIAM GILBERTS war zwar immer wieder einmal die Meinung vertreten worden, daß Elektrizität und Magnetismus durch dieselbe ›Kraft‹ verursacht würden, doch hatte sich das ausgehende 18. Jahrhundert trotz der gelegentlichen Wahrnehmung, daß ein Blitz Eisen magnetisierte und die Pole einer Magnetnadel umkehrte, gerade zu der gegenteiligen Meinung durchgerungen und beide als Wirkungen unterschiedlicher imponderabler Materien aufgefaßt, und die romantischen Ideen von der Einheit der Naturkräfte fanden unter den Physikern als bloße Spekulationen im allgemeinen keine Anerkennung. ØRSTED dagegen sah die neu entdeckte, ›strömende‹, sogenannte galvanische Elektrizität als eine ›verborgene‹ Form der statischen Reibungselektrizität an und den Magnetismus als eine noch verborgenere Form, die ein von einem starken Strom durchdrungener Körper an sich genau wie Licht und Wärme um sich herum ausstrahlen müsse. Deshalb wurde ihm auch der Zusammenhang sofort bewußt, als er während eines Versuches einen dünnen Draht, der in einem Bogen die entgegengesetzten Pole zweier Voltascher Säulen verband, zum Glühen brachte und dieser leuchtende und Wärme ausstrahlende Draht eine in der Nähe befindliche Magnetnadel leicht ausschlagen ließ. Später bestätigten mit stärkeren Elementen ausgeführte Versuche den zufällig gewonnenen Eindruck. ØRSTED teilte daraufhin auf vier Seiten eines Rundbriefes allen bedeutenden Physikern und Institutionen seine Entdeckung mit. Die Folge war eine allmähliche weltweite Anerkennung, die ihm eine Häufung von Ehrungen aller Art einbrachte, und eine Flut von Veröffentlichungen über diese neuartige Erscheinung, die an fast allen Instituten sogleich untersucht wurde. ØRSTED selbst trat später auf rein physikalischem Gebiet noch mit der Erfindung des Piëzometers hervor, mit dem ihm die erste eindeutige Messung der Kompressibilität von Flüssigkeiten gelang.

JÖNS JAKOB FREIHERR

VON (seit 1835, 1818 geadelt) BERZELIUS

(* 20.08.1779 Väversunda [Östergötland],
† 07.08.1848 Stockholm)

Der Vater von JAKOB BERZELIUS, Magister in Linköping, starb, als der Sohn erst vier Jahre alt war; auch die Mutter, die sich wieder verheiratet hatte mit ANDERS EKMARK, einem Pfarrer der deutschen Gemeinde in Norrköping, der seinen Kindern das Beobachten in der freien Natur nahebrachte, starb 1788 ebenfalls früh. So verdiente sich BERZELIUS, der ab 1793 in Linköping das Gymnasium besuchte, schon im jugendlichen Alter seinen Unterhalt als Hauslehrer. Er studierte dann ab 1797 Medizin in Uppsala, bestand 1801 sein Kandidaten- und sein Lizentiaten-Examen, wurde 1802 vom Collegium medicum als unbesoldeter Adjunkt der Medizin und Pharmazie am Chirurgischen Institut in Stockholm eingestellt und promovierte 1804 zum Doktor der Medizin an der Universität Uppsala. Nach vergeblichen Versuchen, seinen

Lebensunterhalt mit öffentlichen Vorlesungen oder als Kleinunternehmer zu bestreiten, begann er 1805 seine ärztliche Tätigkeit als Armenarzt in Stockholm und wurde 1807 daneben mit einem festen jährlichen Gehalt Professor der Medizin an der Chirurgischen Schule, die 1809 zum ›Karolinska Mediko-Kirurgiska Institutet‹ ausgebaut wurde, womit eine Dreiteilung seiner Professur verbunden war, so daß er sich von da ab allein der Chemie und Pharmazie widmen konnte. 1808 wählte ihn dann die Schwedische Akademie der Wissenschaften zu ihrem Mitglied, 1810 zu ihrem Präsident; damit standen ihm dann nach Gastaufenthalten in mehreren Privatlaboratorien auch ein eigenes Laboratorium und ausreichende finanzielle Mittel für seine chemischen Untersuchungen zur Verfügung. 1811 wurde er selbst in das Collegium medicum berufen. Viele Reisen in das Ausland und der persönliche und briefliche Kontakt mit Gelehrten anderer Nationen spielten nicht nur für seine eigene wissenschaftliche Entwicklung eine Rolle, sondern schlugen sich auch in seinem Einsatz für Entwicklung und Fortkommen junger Kollegen in ganz Europa nieder, und es gab kaum eine Berufung auf chemische Lehrstühle, auf die er nicht in irgendeiner Form meist erbetenen Einfluß genommen hätte; denn BERZELIUS hatte sich aus eigener Kraft für Jahrzehnte zum allseits anerkannten Führer seiner Wissenschaft gemacht. So wurde auch sein berühmtes Lehrbuch der Chemie (6 Bände, 1808–1830) ins Deutsche und in andere Sprachen übersetzt, ebenfalls andere wichtige Arbeiten sowie seine ›Jahresberichte über die Fortschritte der physischen Wissenschaften‹, von denen, in der Übersetzung betreut von seinem Schüler FRIEDRICH WÖHLER, 27 Bände erschienen. Stockholm war Jahrzehnte lang das Mekka der Chemie.

BERZELIUS hatte schon als Student die neue antiphlogistische Chemie kennengelernt und es als seine Lebensaufgabe betrachtet, dem unvollendeten Werk A. L. DE LAVOISIERS eine feste Grundlage zu geben, nachdem JOSEPH LOUIS PROUST in Auseinandersetzung mit CLAUDE-LOUIS BERTHOLLET dem Gesetz der unveränderlichen Gewichtsverhältnisse Geltung verschafft und JOHN DALTON seine Atomtheorie entworfen hatte. BERZELIUS war es dann vorbehalten, die neuen chemischen Verbindungsgesetze in unzähligen quantitativen Analysen empirisch zu sichern. Er bestimmte für einige Elemente die Atomgewichte von Zeit zu Zeit immer wieder neu, um größere Genauigkeit zu erreichen; denn die Atomgewichte anderer Elemente errechnete er mit Hilfe dieser ›Normal-Resultate‹. Dabei nahm er, anders als DALTON, nicht das Atomgewicht des Wasserstoffs, sondern das des Sauerstoffs zur Bezugsgröße und setzte es gleich 100, weil der Sauerstoff am häufigsten chemische Verbindungen eingehe. Im Anschluß an frühere Versuche, unter anderem auch von JOHN DALTON, chemische Reaktionen und Verbindungen symbolhaft darzustellen, entwickelte er mit der pragmatischen Wahl der Anfangsbuchstaben der Elementnamen auch eine chemische Zeichensprache, die im wesentlichen noch heute üblich und jedem Chemiker vertraut geworden ist. Für seine ersten theoretischen Vorstellungen als richtungweisend sollten sich noch als Student zusammen mit seinem damaligen Gastgeber, dem Bergwerksbesitzer WILHELM HISINGER, durchgeführte elektrochemische Versuche mit der von ALESSANDRO VOLTA um 1800 geschaffenen galvanischen Batterie erweisen, bei denen sie in einem schon bekannten Mineral 1803 ein neues Metall, das Cer(ium), entdeckten – die Namengebung erfolgte in Anlehnung an GIUSEPPE PIAZZI, der den 1801 in der Neujahrsnacht zum neuen Jahrhundert von ihm entdeckten ersten kleinen Planeten im Anschluß an die klassischen mit dem antiken Götternamen Ceres versehen hatte. Aus dem rotbraunen Schlamm der Schwefelsäurefabrik in Gripsholm isolierte BERZELIUS 1817 als weiteres neues Element das Selen (im selben Jahr hatte sein Schüler AUGUST ARFVEDSON in BERZELIUS' Laboratorium das Lithium entdeckt), und zwölf Jahre später aus einem schwarzen glasigen Mineral die Thorerde und daraus das Thorium. Er stellte auch als erster Silicium und Tantal dar, ebenso eine große Anzahl von Verbindungen des Vanadins und Zirkons. Wichtig für die Mineralogie war, daß er die Kieselsäure einführte und die Eigenschaften der Fluoride und Doppelfluoride erforschte. Von dem greisen Bergmeister JOHANN GOTTLIEB GAHN, mit dem er im Sommer 1814 und 1815 in der Umgebung der Bergstadt Falun nach seltenen und unbekannten Mineralien suchte, erlernte BERZELIUS den Gebrauch des Lötrohrs und führte es dann generell bei der chemischen Analyse ein. Für die organische Elementaranalyse konstruierte er eine Vorrichtung, die als Vorstufe zu JUSTUS VON LIEBIGS vielgebrauchtem Apparat anzusehen ist. Auch auf die katalytische Wirkung bestimmter Stoffe hat BERZELIUS bereits hingewiesen.

Stärker als durch die Ergebnisse und Methoden seiner umfangreichen experimentellen Tätigkeit prägte BERZELIUS jedoch als Theoretiker und Systematiker fast für ein halbes Jahrhundert die Chemie. In seiner Jugend hatten der Galvanismus und die Elektrochemie die wissenschaftlich interessierte Welt stark beeindruckt. Sir (ab 1812) HUMPHRY DAVY hatte mit Hilfe der Elektrizität die Alkali- und Erdalkalimetalle entdeckt, und selbst mit bei weitem nicht so leistungsstarken galvanischen Batterien und Quecksilber als Kathode konnten BERZELIUS und MAGNUS MARTIN PONTIN Kalium, Kalzium, Barium und Ammonium abscheiden und in der Form eines Amalgams binden. Anfangs hatte BERZELIUS die Erzeugung von Elektrizität in den galvanischen Zellen chemischen Vorgängen zugeschrieben, später entschied er sich für VOLTAS Kontakttheorie (wie man heute weiß, enthalten beide Theorien einen Teil der Wahrheit). Die von BERZELIUS entwickelte elektrochemische Bindungstheorie sieht dann eine chemische Verbindung als elektrische Neutralisierung der entgegengesetzten Elektrizitäten der verbundenen (elementaren) Stoffe an. Er teilte diese daraufhin in zwei Klassen, in elektropositive und elektronegative, die er ihrerseits nach der Stärke ihrer Elektrizität anordnete. Kommen danach Atome der Stoffe der einen Klasse mit solchen der anderen in Berührung, so laden sich die elektronegativen elektrisch positiv, die anderen negativ auf. Die Art und Intensität der Elektrizität ihrer Pole bedingte dabei die Stellung in ihrer Reihe. Der elektronegativste Stoff sei der Sauerstoff, der sich deshalb auch am ehesten mit anderen Stoffen verbinde und wegen seiner Dominanz solche sogar aus ihrer Bindung löse (zweiatomige Moleküle bei Gasen, wie sie FRANÇOIS ARAGO und AMEDEO AVOGADRO zur Lösung der Schwierigkeiten bei der Volumenbestimmung der Gase und ihrer Verbindungen vorgeschlagen hatten, waren hiernach also nicht möglich). Die beiden elektrischen Pole in den kleinsten Stoffteilchen sollen allerdings prinzipiell von ungleicher Stärke sein; es waren also noch keine Dipole im heutigen Sinn. Überwiege in einem Konglomerat miteinander verbundener Atome der Pol eines Vorzeichens, so wirke es insgesamt unipolar mit diesem Vorzeichen.

Anders als die zeitgenössischen Mineralogen, denen nach den ›äußeren Kennzeichen‹ neuerdings die Kristallgestalt als ordnendes Prinzip diente, versuchte BERZELIUS erstmals ein Mineralsystem nach rein chemischen Gesichtspunkten unter Anwendung seiner elektrochemischen Theorie aufzustellen – zwischen Kalkspat und Aragonit, die chemisch die gleiche Zusammensetzung haben, konnte er daraufhin aber beispielsweise prinzipiell nicht unterscheiden. In den letzten drei Jahrzehnten seines Wirkens übertrug BERZELIUS dann seine dualistische elektrochemische Theorie auch auf organische Verbindungen, für die sie sich aber sehr bald als unzureichend erwies. Hier waren die Radikal- und Substitutionstheorie von JEAN-BAPTISTE DUMAS, JUSTUS VON LIEBIG und ROBERT BUNSEN sowie die Typenlehre von AUGUSTE LAURENT und CHARLES GERHARDT erfolgversprechender, denen der Altmeister der Chemie aber wegen des zu hohen Grades an Spekulation lange nicht zuzustimmen vermochte, bevor er BUNSENS Arbeiten zu den Kakodylverbindungen durch briefliche Informationen Schritt für Schritt hatte nachvollziehen können.

FRIEDRICH WILHELM BESSEL
(* 21.66.1784 [laut Kirchenbuch] Minden,
† 17. 3. 1846 Königsberg)

Vorzeitig hatte BESSEL das Gymnasium seiner Heimatstadt verlassen und war zum Jahresbeginn 1799 als Lehrling in ein großes Bremer Übersee-Handelshaus eingetreten. Um später auch einmal als Kargadeur Frachtreisen begleiten zu können, begann er sich in nächtlichem Selbststudium Kenntnisse in Fremdsprachen, Waren- und Länderkunde und schließlich in Navigationskunde anzueignen und wurde so ungewollt zur Astronomie geführt, die ihn fortan in ihren Bann zog. Er bemühte sich mit selbstgebauten Instrumenten um exakte Zeit- und Ortsbestimmungen und versuchte Planeten- und Kometenbahnen zu berechnen. Schließlich machte er sich 1804 an die Neuberechnung der Bahn des Halleyschen Kometen und wagte, die Resultate seinem großen Vorbild WILHELM OLBERS zu unterbreiten. Dieser vermittelte eine Publikation in der astronomischen Zeitschrift ›Monatliche Correspondenz‹; und aus der anfänglichen gegenseitigen Hochschätzung wurde bald enge Freundschaft. OLBERS regte ihn zu Berechnungen weiterer Kometenbahnen an und verschaffte ihm im Frühjahr 1806 die Stelle des ›Inspekteurs‹ (Observators) an der Privatsternwarte von JOHANN HIERONYMUS SCHRÖTER in Lilienthal bei Bremen. BESSEL, der jetzt seine ganze Arbeitskraft der Astronomie widmen konnte, wurde dann bereits 1810 als Direktor der neugegründeten Sternwarte und Professor der Astronomie nach Königsberg berufen.

Hier entfaltete er eine reichhaltige astronomische und geodätische Tätigkeit, die vor allem der exakten Bestimmung von Gestirnsörtern diente, wozu er die von ihm selbst neu bestimmten konstanten Einflüsse von Präzession, Nutation, Aberration und atmosphärischer Refraktion sowie instrumentelle Fehlerquellen berücksichtigte: Seine ›Fundamenta astronomiae‹ (1818) bildeten die Grundlage für alle zukünftigen Fundamentalkataloge. Aus einem Vergleich mit den älteren Beobachtungsdaten von James Bradley erhielt er so die ersten zuverlässigen Kenntnisse von Eigenbewegungen einzelner Fixsterne. 1844 schloß er aus periodischen Störungen solcher Eigenbewegungen beim Sirius erstmals auf Umlaufbewegungen der unsichtbaren Komponente eines Doppelsterns – 1862 konnte Alvan Clark den um mehr als 14 Größenklassen schwächeren ›Sirius B‹ identifizieren. Bessels bekannteste Leistung auf dem Gebiet der Positionsastronomie ist allerdings der erste tatsächliche Nachweis der jährlichen Parallaxe eines Fixsternes, der nach 1837 mit einem Heliometer aus der Werkstatt Jeseph von Fraunhofers aufgenommenen, häufig wiederholten Beobachtungen und umfangreichen Berechnungen 1838 zu einem ersten Wert von gut 0"31 für den Stern 61 Cygni führte, der nach neuerlichen Beobachtungen noch verbessert werden konnte. Damit war die Richtigkeit des heliozentrischen Planetensystems endlich empirisch bestätigt. Aus Störungen in der Bahn des Uranus schloß er weiterhin auf die Existenz eines noch unbekannten Planeten – des später entdeckten Neptun. Die exakten Gradmessungen, die er 1831 bis 1838 zusammen mit dem Geodäten Johann Jacob Baeyer in Ostpreußen durchführte, erlaubten ihm schließlich die auf lange Zeit genauesten Bestimmungen von Größe und Figur der Erde, ihrer Schwerkraft, sowie der Länge des Sekundenpendels. Daneben stellte er eine erste Theorie der Lotabweichungen auf. Bei Untersuchungen zur astronomischen Störungstheorie führte er die nach ihm benannten Bessel-Funktionen ein.

Alle diese Bestrebungen dienten dem Ideal astronomischer Genauigkeit, für das Bessel die Wege wies und die Grundlagen legte. Als Astronom war er Purist. Die Aufgabe der Astronomie bestünde allein in der exakten Berechnung von Gestirnsbewegungen mittels der auf den Gesetzen von Johannes Kepler und

Isaac Newton basierenden Himmelsmechanik, die er erstmals auf stellare Objekte (Doppelsterne) ausdehnen konnte; exakte Positionsbestimmungen der Fixsterne dienten lediglich als empirische Grundlage. Als eine Art ›Papst der Astronomie‹ wachte er über die Einhaltung dieser strengen Methodik und Inhaltsbestimmung, so daß sich stellarstatistische, astrophysikalische und kosmogonische Methoden und Vorstellungen erst nach seinem Tod allmählich durchsetzen konnten. Dem Nachweis einer Bewegung der Sonne, den William Herschel ja nicht mit himmelsmechanischen Methoden erbracht hatte, vermochte er denn auch erst zuzustimmen, nachdem sein Schüler Friedrich Argelander ihn mit einer sehr großen Anzahl von entsprechenden ›Eigenbewegungen‹ naher Fixsterne 1837 hatte bestätigen können.

Michael Faraday
(* 22.09.1791 Newington Butts [bei London],
† 25.08.1867 Hampton Court [bei London])

Als einer der größten Experimentatoren ist Michael Faraday in die Geschichte der Physik eingegangen. Er war Sohn eines Hufschmieds und ging nach dem Besuch der Volksschule zu einem Schreibwarenhändler und Buchbinder in die Lehre, so daß ihm Bücher zum Binden ausgehändigt wurden, die er in seiner Freizeit regelrecht verschlang – unter denen er den Werken zur Chemie und Elektrizität ein besonderes Interesse entgegenbrachte. Sein sehnlichster Wunsch war, sich auch selber diesen Wissenschaften widmen zu können. Das Gesuch um eine bescheidene Anstellung bei der Royal Society, das er in jenen Jahren an deren Präsidenten richtete, wurde nicht einmal beantwortet. Mit ein wenig Glück gelang es ihm 1813 jedoch, nach dem Besuch von öffentlichen Abendvorlesungen des berühmten Elektrochemikers Humphry Davy in der Royal Institution von ihm als Laborant eingestellt zu werden; und als dieser hatte er sich bei den häufigen Abwesenheiten des Professors auch um die Gastvortragenden zu kümmern und deren Demonstrationsversuche vorzubereiten. Von 1813 bis 1815 begleitete er Davy auf eine gemeinsam mit seiner Frau durchgeführte Vortragsreise durch Frankreich, die Schweiz und Italien. Weil Lady Davy in dem Laborgehilfen auch den Kammerdiener sehen wollte, hätte FARADAY fast seine Anstellung aufgegeben – und wäre damit wohl der Wissenschaft wieder verloren gegangen. Aufgrund seiner Publikationen, beginnend 1816 mit der Analyse eines Ätzkalks, wurde er jedoch statt dessen 1824 zum Mitglied der Royal Society gewählt und erhielt 1825 die Direktorstelle des Laboratoriums der Royal Institution. Bis zu seinem Tode blieb er der bescheidene, liebenswürdige Mensch, der sein ganzes Leben in den Dienst der Wissenschaft gestellt hatte.

In der Chemie, seinem ersten Arbeitsgebiet, war FARADAY sehr erfolgreich. 1823 stellte er Chlor in flüsiger Form dar und konnte so mit dazu beitragen, die irrige Vorstellung über permanente Gase zu beseitigen; 1824 entdeckte er bei der Destillation fetter Öle das Benzol und das Butylen. Schon vorher hatte er die Chlorderivate der wichtigen Stammsubstanz Benzol isoliert und aus Naphthalin die α- und β-Naphthalinsulfonsäure hergestellt. Von technischer Seite aus trug er zur Entwicklung neuer Legierungen, vor allem rostfreier Stahlsorten (1820–1822), und Glassorten mit bestimmten optischen Eigenschaften (1825–1829) bei. In dem letzten Jahrzehnt seines Lebens befaßte FARADAY sich mit kolloidalen Goldlösungen.

Den größten Einfluß übte FARADAY allerdings mit seinen experimentellen und theoretischen Arbeiten zur Elektrizitätslehre und zum Magnetismus aus. Als die Nachricht über HANS CHRISTIAN ØRSTEDS Entdeckung des Elektromagnetismus (1820) auch nach London gekommen war, wiederholten DAVY und FARADAY auch sogleich die Versuche. Beide waren der für die damalige Physik selbstverständlichen Überzeugung, daß die hier statthabende Wechselwirkung in Richtung der Verbindungsgeraden erfolgt. FARADAYS geringe mathematische Vorbildung hatte neben vielen Nachteilen aber auch einen Vorteil, insofern er frei von dem psychologischen Zwang war, unter dem die damalige theoretische Physik vor allem im Newtonschen England litt, jedem Elementargesetz die Form des NEWTONschen Gravitationsgesetzes geben zu müssen. Schon 1821 korrigierte er sich daraufhin und stellte fest, daß für elektrodynamische Vorgänge vielmehr das senkrechte Aufeinanderstehen der (insgesamt drei) Richtungsgrößen (Vektoren) wesentlich sei (in späteren Begriffen: Stromrichtung, magnetische Feldgröße und mechanische Kraft). Schon am 4. September hatte er eine Vorrichtung konstruiert, um das zu demonstrieren: ein stromdurchflossener Leiter rotiert darin ebenso um einen feststehenden Magneten wie ein beweglicher Magnet um einen festen Leiter – es handelt sich dabei also um die Urform des Elektromotors. Lange suchte FARADAY dann nach dem Gegenstück zu ØRSTEDS elektromagnetischem Versuch, nach der elektrischen Wirkung eines Magneten. »Convert magnetism into electricity« (»Verwandle Magnetismus in Elektrizität«), hat er schon 1822 in sein Tagebuch geschrieben. Wie aus seinen Aufzeichnungen hervorgeht, hatte er auch schon 1825 und 1828 Versuchsanordnungen ersonnen, die nur wegen mangelnder Meßempfindlichkeit erfolglos blieben. 1831 gelang ihm schließlich der Durchbruch mit seinem Ringversuch (später ›Transformator‹ genannt): Er hatte auf einen Eisenring zwei Spulen aufgewickelt, und der langgesuchte Effekt der elektromagnetischen ›Induktion‹ war nun stark genug, auf den Meßinstrumenten erkennbare Ausschläge zu erzeugen. Neben der gegenseitigen elektromagnetischen Induktion fand FARADAY dann auch die Selbstinduktion. (Für die spätere Elektrotechnik spielten Induktionserscheinungen eine entscheidende Rolle, man denke nur an die Dynamomaschine.) Da FARADAY keine mathematischen Kenntnisse besaß, nahm er Zuflucht zu anschaulichen Beschreibungen und Erklärungen seiner Versuchsergebnisse. Als Leitfaden bei der Fülle seiner elektromagnetischen Entdeckungen legte er dazu die Vorstellung von den Raum durchziehenden ›Kraftlinien‹ aus, wie sie ein Magnet auf einer mit Feilspäne bestreuten Platte erzeugt. Nach und nach war er dann davon überzeugt, daß diese ursprünglich durch Gummibänder dargestellten Gebilde auch physikalische Realität besitzen, längs denen sich im Sinne einer Nahewirkung die elektromagnetischen ›Kräfte‹ (statt der üblichen korpuskularen ›Fluida‹) von Raumelement zu Raumelement fortpflanzen – und bereitete so den späteren Begriff des elektromagnetischen Feldes vor. Die letzte große Entdeckung, die solchen Gedankengängen entsprang, war die magnetische Drehung der Polarisationsebene des Lichts (1845), die er entdeckte, als er ein linear polarisiertes Lichtbündel durch ein zwischen die Pole eines starken Elektromagneten eingespanntes Stück Bleiglas schickte, woraufhin beim Einschalten des Stroms die Polarisationsebene gedreht wurde (›FARADAY-Effekt‹).

FARADAY war wie die romantischen Physiker davon überzeugt, daß sich alle ›Naturkräfte‹ ineinander umwandeln lassen, also nur eine andere Erscheinungsform ein und derselben ›Kraft‹

darstellen. Anders als ALESSANDRO VOLTA sah er die Ursache der elektrischen Stromerzeugung durch ein galvanisches Element deshalb auch nicht in der Berührung zweier verschiedener Metalle (das würde einer Neuschöpfung gleichkommen, wie sie nirgends anzutreffen sei), sondern vielmehr als Äquivalent zu chemischen Umwandlungen in der elektrischen Batterie. Seit 1849 versuchte er vergeblich, im Sinne dieser Einheitsvorstellung auch einer ›Metamorphose‹ der Gravitationskraft auf die Spur zu kommen; und nach der Entdeckung der Spektrallinien suchte er auch hier nach einer Beeinflussung durch magnetische Kräfte (1862), was ihm nur deshalb nicht gelang, weil das Auflösungsvermögen des von ihm benutzten ›STEINHEILschen Spektrometers‹ hierzu nicht ausreichte. – Nicht nur Eisen, sondern jeder Substanz schrieb FARADAY magnetische Eigenschaften zu und fand 1845, daß sich Wismut, Glas und andere Stoffe nicht in Richtung der magnetischen Feldlinien, sondern quer dazu einstellten und daß sie von Gebieten größerer ›Kraftlinienstärke‹ nicht angezogen, sondern abgestoßen werden. Substanzen mit solchen Eigenschaften bezeichnete er daraufhin als ›diamagnetisch‹ und Stoffe, die sich ähnlich wie Eisen verhalten, nur in ihren Wirkungen viel schwächer sind, als ›paramagnetisch‹.

Von großer Bedeutung sind auch FARADAYS elektrochemische Untersuchungen gewesen, in denen er sozusagen das elektromagnetische ›Intermezzo‹ als neues Element dem anfänglichen chemischen Schwerpunkt hinzufügte, woraus die beiden ›FARADAYschen Grundgesetze‹ der Elektrolyse entstanden. Überraschend war nämlich gewesen, daß Stoffmengen, die in chemischen Verbindungen ausgetauscht werden können (also chemisch ›äquivalent‹ sind), dieselbe Elektrizitätsmenge zu ihrer Abscheidung benötigen, worauf dann die späteren chemischen Bindungstheorien aufbauten. Das erste Gesetz lautet: Die bei der Elektrolyse abgeschiedene Masse ist proportional der durchgegangenen elektrischen Ladung – als Maß für die ›chemische‹ Kraft dient ihm also die abgeschiedene Menge der Substanz, und so formulierte er 1833: »Die chemische Kraft eines elektrischen Stromes ist proportional der absoluten Quantität der durchgegangenen Elektrizität.« Das zweite Grundgesetz besagt, daß die bei der Elektrolyse abgeschiedenen Mengen von Substanzen auch dann in einem festen und gleichbleibenden Gewichtsverhältnis (von FARADAY ›elektrochemisches Äquivalent‹ genannt) stehen, wenn verschiedene Elektrolyte in denselben Stromkreis eingeschaltet werden: »Elektrochemische Äquivalente sind den gewöhnlichen chemischen Äquivalenten gleich.« – Faraday glaubte auch nicht an die Existenz von realen, materiellen Atomen, seine philosophische Grundhaltung war mehr von der deutschen Romantischen Naturphilosophie und vom ›dynamischen Atomismus‹ eines R. J. Boscovich und I. Kant geprägt.

Karl Ernst Ritter von Baer, Edler von Huthorn

(* 28.02.1792 Gut Piep [Piibe, Estland], † 28. 11. 1876 Dorpat [Tartu])

Karl Ernst von Baer studierte 1810 bis 1814 Medizin in Dorpat und setzte nach seiner Promotion seine Studien in Wien, Würzburg – hier studierte er Vergleichende Anatomie und Zoologie bei Ignaz Christoph Döllinger – und Berlin fort. 1817 wurde er Prosektor am Anatomischen Institut der Universität Königsberg und hielt bereits Vorlesungen über Zoologie, bevor er dort 1819 außerordentlicher und 1822 ordentlicher Professor für Naturgeschichte und Zoologie wurde; hier begründete er 1821 ein Zoologisches Museum, dessen Direktor er auch wurde. 1829–1830 und ab 1834 war er als ordentliches Mitglied an der Akademie der Wissenschaften in St. Petersburg. Hier wurde ihm die Leitung der Bibliothek übertragen, auch hat er in deren Auftrag bis ins hohe Alter zahlreiche Forschungsreisen durchgeführt. In den Jahren 1846–1852 war er gleichzeitig ordentlicher Professor für Vergleichende Anatomie und Physiologie an der Medicochirurgischen Akademie in St. Petersburg. 1867 ging er wieder nach Dorpat, wo er auch starb.

Baer war ein überzeugter Anhänger einer die gesamte Natur durchwaltenden Teleologe, wie sie seit Aristoteles insbesondere die Betrachtung der Welt der Lebewesen bestimmt hatte, und nahm an, daß allen Vorgängen in der Natur ein Streben zur Verwirklichung eines Zieles zugrundeliege. Dabei wandte er sich allerdings entschieden gegen die zu seiner Zeit übliche christliche Adaption der aristotelischen Idee als anthropozentrische, auf den Menschen hin ausgerichtete Teleologie. Er konnte dem Menschen keine Ausnahmestellung in der Natur zugestehen, wie sich auch in seinen Schriften zur Anthropologie zeigt, die zur Gründung dieser Disziplin in Rußland beitrugen. Seine größten Leistungen liegen zweifellos auf dem Gebiet der Embryologie. Durch seine Beobachtungen konnte er die Richtigkeit der epigenetischen Entwicklungstheorie erweisen und zusätzlich aufzeigen, daß die einzelnen Organe nicht nur sukzessive nacheinander entstehen, sondern daß allen Entwicklungsprozessen das sogenannte ›BAERsche Prinzip‹ zugrundeliege, das besagt, daß die morphologischen Merkmale der Organismen in der Embryogenese um so früher auftreten, je höher und allgemeiner sie sind.

Großes Aufsehen über die ›Scientific community‹ hinaus erregte BAER mit seiner Entdeckung des Säugetiereies, das er im Jahre 1826 erstmals im Eierstock einer Hündin nachweisen konnte. Durch weitere systematische Untersuchungen der Eierstöcke bei Menschen, Schweinen, Schafen, Rindern, Kaninchen, Braunfischen, Vögeln, Fröschen, Eidechsen und Schlangen konnte er dann die zuerst von WILLIAM HARVEY aufgestellte Hypothese, daß alle Lebewesen aus einem Ei entstünden, augenscheinlich bestätigen. Diese Erkenntnis sowie die Entdeckung der allen Wirbeltieren gemeinsamen ›Chorda dorsalis‹ (Rückensaite) und der Nachweis, daß auch bei allen auf dem Land lebenden Wirbeltieren zunächst fünf Paar Kiemenbögen entstehen, die dann rückgebildet werden, führten ihn zu einer Theorie der Veränderlichkeit der Arten selbst anstelle einer Schöpfung unveränderlicher Arten, wie sie gleichzeitig von LOUIS AGASSIZ vertreten wurde; und mit seinem Werk ›Entwickelungsgeschichte der Thiere‹ (1828–1837) begründete er die moderne Embryologie als systematische Wissenschaft. BAER wurde mit seiner empirisch gestützten Vorstellung von einer Veränderung der Arten ein Vorläufer der Idee, die auch CHARLES DARWIN inspirierte, dessen Theorie er dann aber in vielen Punkten ablehnte und bekämpfte.

SIR (ab 1864) CHARLES LYELL
(* 14. 11. 1797 Kinnordy [Forfarshire, Schottland],
† 22. 2. 1875 London)

Der bedeutendste Geologe seiner Zeit, CHARLES LYELL, wurde
für die Geologie zu einer mit der vergleichbaren Gestalt, die der
ihm befreundete CHARLES DARWIN für die Biologie gespielt hatte.
Auf dem Familiengut im schottischen Kinnordy aufgewachsen,
wurde er schon früh vom begüterten und an den Naturwissenschaften interessierten gleichnamigen Vater zu Beobachtungen
der Natur angeleitet und hat sich bereits in seiner Jugend leiden-
schaftlich mit Entomologe beschäftigt, bevor er dann nach dem
Schulbesuch in Ringwood und ab 1806 in Salisbury ab 1810 in
Midhurst (Sussex) eine klassische Schulbildung erhielt, 1816 bis
1819 am Exeter College in Oxford Jura und Mineralogie studierte
und 1819 den akademischen Grad eines Bachelors of Arts erwarb;
danach war er in einem Londoner Anwaltsbüro beschäftigt – er
hat die Juristerei aber nicht lange ausgeübt, zumal ein Augenleiden das Lesen mehr und mehr erschwerte, und sich allmählich ganz der Geologie zugewendet, wie er schon 1817 dem Vater
schrieb. Er scheint damals die Vorlesungen des ersten britischen
Geologie-Professors WILLIAM BUCKLAND gehört zu haben. Noch
im Jahr des Studienabschlusses wurde LYELL Mitglied der Lin-
nean Society in London und der 1807 gegründeten Geological
Society of London, deren einer der Sekretäre er 1823 wurde und
Präsident er schließlich 1834–1836 war. 1826 wählte ihn dann aufgrund seiner geologischen Publikationen auch die Royal Society
zu ihrem Mitglied. 1831 bot ihm die Londoner Universität den
neu geschaffenen Lehrstuhl für Geologie am King's College an,
und LYELL hielt in den Jahren 1832 und 1833 auch Vorlesungen,
doch gab er, seit 1832 verheiratet, 1833 die Professur wieder
auf, um sich, finanziell von Haus aus abgesichert, wieder ganz
geologischen Reisen (jetzt zusammen mit seiner Frau) und Forschungen widmen zu können.

1818 unternahm er mit seiner Familie eine erste Studienreise
nach Frankreich, der Schweiz und Oberitalien, der ab 1820 zahlreiche Reisen speziell zu geologischen Studien folgten, die zuerst unter anderem nach Italien (1820), zur Insel Wight und nach

Frankreich (1823) führten, wo er unter anderen GEORGES CUVIER und dessen einzigen Gegner in Frankreich CONSTANT PRÉVOST kennenlernte, 1824 durch England und Schottland, zwischen 1828 und 1840 nach Zentralfrankreich, in die Auvergne, nach Unteritalien, Sizilien, in die Pyrenäen, nach Nordost-Spanien, nach Mitteleuropa, in die Eifel, ins Rheintal und nach Süddeutschland, in die Schweiz, nach Dänemark und Norwegen, in die Normandie und in die Touraine. 1841 bis 1842 reiste er erstmals nach Nordamerika, das er 1845/1846, 1853 und 1854 noch dreimal aufsuchte, bevor er wieder europäische Gebiete bereiste. Sein 1829 und 1830 auf dem elterlichen Landgut verfaßtes epochales Hauptwerk, die ›Principles of Geology‹ (3 Bde, 1830–1833), das in rascher Folge mehrere Auflagen erfuhr, stellt nicht nur das Wissen seiner Zeit zusammen, sondern spiegelt auch alle Fortschritte wider, welche die Geologie in dieser für sie so fruchtbaren Epoche erreicht hatte. Gleich zu Beginn forderte er hier die Trennung von Geologie und Kosmologie (Kosmogonie) und lehnte ab, zum Alter und zur Entstehung der Welt beziehungsweise zur Schöpfungsfrage überhaupt Stellung zu nehmen; auch für die Wissenschaft von der Geschichte der Erde, die Geologie, vermied er jegliche Spekulation und legte statt dessen ganz allgemein das nach ihm benannte ›Aktualitätsprinzip‹ zugrunde, das bereits von seinem Landsmann JAMES HUTTON und besonders von dem deutschen Geologen KARL ERNST ADOLF VON HOFF formuliert worden war und besagt, daß in der vergangenen Geschichte der Erde keine anderen Kräfte die geologischen Wandlungen bestimmt haben als solche, die auch heute noch die Umgestaltungen der Erdrinde bewirken. Mit diesem Prinzip, das jetzt konsequent angewendet wurde, so daß es sich rasch gegen die Katastrophentheorie CUVIERS durchsetzte, beschränkte LYELL die Geologie konsequent auf das Studium der gegenwärtig wirkenden Kräfte als Ursachen für vergangene Veränderungen, die natürlich daraufhin eine beträchtliche Erweiterung der Dauer des historischen Verlaufs der Erdgeschichte und des Entstehens geologischer Formationen erforderten, und legte den Grund zu einer streng empirisch vorgehenden Wissenschaft. Das Frontispiz seiner ›Principles‹ ziert das Bild der Reste des letzten erhaltenen griechischen Tempels bei Pozzuoli am Golf von Neapel, der damals im Wasser stand, wie die Spuren von Bohrmuscheln zeigten, sich aber einst noch tiefer unter dem Meeresspiegel befunden haben mußte, obwohl er natürlich auf dem Trockenen erbaut worden war – dieses Bild wurde dann zum viel diskutierten Zeugnis für die Hebung und Senkung des Landes, wenn auch die etwa 2000 Jahre der Geschichte dieses Tempels aus der Sicht der nachlyellschen Geologie viel zu kurz sind, um schon als ›geologisch‹ bezeichnet werden zu können. Er teilte die erdgeschichtlichen Veränderungen grundsätzlich in von Gewässern herrührende und durch erdinnere Kräfte verursachte und harmonisierte durch diese Zusammenfassung die vormals einseitigen konträren Vorstellungen der Neptunisten und Vulkanisten. Die größte Schwierigkeit bereitete ihm bei der ausschließlich aktualistischen Betrachtung die Erklärung der aus den geologischen Fakten folgenden Erkenntnis, daß während vergangener geologischer Epochen ein wärmeres Klima geherrscht haben muß. Er untersuchte daraufhin die Faktoren, die das Klima in den verschiedenen Teilen der Welt bestimmen, und konnte zeigen, daß nicht nur das lokale Klima, sondern auch die Bedingungen des weltweiten Klimas von der Verteilung von Land und Meer abhängen.

Lyells Werk spaltete die Geologen in zwei Gruppen, die (cuvierschen) ›Katastrophisten‹ und die ›Uniformitarier‹, deren wissenschaftliches Prinzip erst später mit ›Aktualismus‹ bezeichnet wurde. Seine in England insbesondere durch religiöse Kritik angefeindeten Erkenntnisse bildeten später auch eine der Grundlagen der Evolutionstheorie Charles Darwins. Er selbst war zunächst von der unveränderlichen Konstanz der Arten ausgegangen, doch hatte er erkannt, daß einige Tier- und Pflanzenarten vergangener Epochen restlos ausgestorben sind, und machte dafür jeweils veränderte Umweltverhältnisse verantwortlich. Auch das Entstehen neuer Arten im Laufe der Zeit schloß er nicht aus, doch wären die Ursache hierfür und die Art und Weise der Entstehung unbekannt; die von Jean Baptiste Lamarck entwickelte Evolutionstheorie lehnte er jedenfalls ab. Obwohl ihn mit Darwin eine enge Freundschaft verband und seine eigene, aktualistische Theorie erst die Voraussetzungen für eine selektive Evolutionstheorie lieferte, stand er dessen Theorie der Entstehung der Arten lange Zeit skeptisch gegenüber und wollte sie nur als Hypothese benutzt wissen. Es ist aber bezeichnend für sein wissenschaftliches Ethos, daß es dennoch seine Ermutigungen waren, die Darwin zur Publikation seiner Theorie veranlaßten. Lyells Alterswerk ›Das Alter des Menschengeschlechtes‹ (1863) wurde dann in gewissem Grad selbst ein Beitrag zur Evolutionstheorie.

FRIEDRICH WÖHLER

(* 31.07.1800 Eschersheim [heute zu Frankfurt am Main gehörig], † 23.09.1882 Göttingen)

WÖHLERS Vater, zuletzt Gutsbesitzer und Stallmeister beim Kurfürsten von Mainz, hatte selbst Tierarzneikunde und Landwirtschaft studiert und förderte die naturwissenschaftlichen Interessen seines Sohnes nach Kräften, so daß dieser die Waschküche zu einem provisorischen Laboratorium einrichten und sich ganz seinem Steckenpferd, der Analyse von Mineralen und der Umwandlung von Stoffen, hingeben konnte. Als Famulus eines Privatgelehrten in Frankfurt sammelte er dann schon früh Erfahrungen auf chemisch-mineralogischem Gebiet und isolierte unter seiner Anleitung als Gymnasiast das gerade von JÖNS JAKOB BERZELIUS entdeckte Selen aus einem böhmischen Mineral. Das Ergebnis veröffentlichte er 1821 in ›Gilberts Annalen‹. Um Medizin zu studieren, ging WÖHLER 1820 ins nahe Marburg. Er fand jedoch dort wenig Verständnis für seine selbständigen chemischen Arbeiten und wechselte bald zu LEOPOLD GMELIN nach Heidelberg. Jener bekannte Chemiker und Sohn eines Göttinger Chemieprofessors hatte selbst schon auf dem Gebiet der Cyanverbindungen gearbeitet, die WÖHLER sich als Arbeitsgebiet vorgenommen hatte. Nach seiner Promotion zum Doktor der Medizin (der chemische Lehrstuhl befand sich damals noch in der Medizinischen Fakultät) empfahl GMELIN den vielversprechenden jungen Chemiker BERZELIUS in Stockholm, in dessen Laboratorium er 1823/24 als lernender Gast weilte. Während dieser Zeit schlossen beide trotz des großen Altersunterschiedes eine enge Freundschaft fürs Leben. Wesensgleich in ihrem Charakter, übernahm der jüngere die Art und Erfahrung, im Laboratorium zu arbeiten; beide Forscher fühlten sich auch noch im gesamten Gebiet der Chemie heimisch. WÖHLER gab das Empfangene später gern zurück und übersetzte Werke von BERZELIUS, darunter dessen sechsbändiges Lehrbuch, ins Deutsche und betreute die deutsche Fassung seiner ›Jahresberichte über die Fortschritte der Physischen Wissenschaften‹. Nach seinem Schwedenaufenthalt ging WÖHLER 1825 als Chemielehrer an die Gewerbeschule in Berlin, weil ihm hier ein eigenes Laboratorium zur Verfügung stehen würde. 1828 wurde ihm hier der Professorentitel verliehen. 1832 bis 1835 wirkte er dann an der neu eingerichteten Gewerbeschule in Kassel, bevor er 1836 auf Empfehlung von BERZELIUS als ordentlicher Professor für Chemie und Pharmazie nach Göttingen auf die vakante Professur seines verstorbenen Lehrers FRIEDRICH STROHMEYER berufen wurde, die zuvor für drei Semester der junge Privatdozent ROBERT BUNSEN vertreten hatte, der dann seine Stelle an der Gewerbeschule erhielt. In Göttingen war WÖHLER fast ein halbes Jahrhundert tätig und gründete eine bedeutende Schule von Chemikern; er war gleichzeitig Generalinspektor für das Apothekenwesen im Königreich Hannover.

Durch Oxidation der Blausäure (Cyanwasserstoff) hatte WÖHLER bereits bei L. GMELIN Cyansäure gewinnen und durch Umwandlung des Cyans schon 1822 eine im Pflanzenreich vorkommende Verbindung, die Oxalsäure, herstellen können. Mit einer physiologischen Arbeit über eingenommene und mit dem Harn ausgeschiedene Substanzen errang er auch noch in Heidelberg einen Preis. In Berlin gelangen ihm dann zwei große Würfe: Er konnte metallisches Aluminium in Form eines grauen Pulvers rein darstellen, indem er durch Erhitzen Aluminiumchlorid mit Kalium reduzierte (1827) – eine der Voraussetzungen für eine spätere Leichtmetallindustrie. Nach dem gleichen Reduktionsverfahren gelang ihm 1828 die Isolierung des Berylliums. Im selben Jahr hatte er auch mit dem Harnstoff erstmals einen tierischen Stoff aus Ammoniumcyanat synthetisch gewinnen können, was weitreichende Folgen für die gesamte Naturwissenschaft nach sich zog, war damit doch die trotz aller Erfolge der chemischen Analyse auch komplizierter organischer Verbindungen angenommene prinzipielle Barriere zwischen ›toter‹, anorganischer und organischer, vermeintlich von einer ›Lebenskraft‹ (›vis vitalis‹) gesteuerter Materie eingebrochen. WÖHLER errang hierdurch allerorts höchste Anerkennung, und damals begann trotz ihrer gegensätzlichen Charaktere auch die enge Freundschaft mit JUSTUS VON LIEBIG. An der Cyan- und Knallsäure wäre diese Freundschaft allerdings beinahe zerbrochen. LIEBIG hatte während seines Paris-Aufenthaltes ›Knallsäure‹ analysiert und die gleiche Zusammensetzung gefunden wie WÖHLER bei seiner ›Cyansäure‹. Konnten beide recht haben? BERZELIUS wußte den Ausweg: Beide hatten chemisch korrekt gearbeitet; der Unterschied im Ergebnis ergäbe sich daraus, daß die Atome innerhalb des Moleküls der beiden Verbindungen verschieden gelagert wären – man nannte diese Erscheinung später ›Isomerie‹. Um ihr ungetrübtes freundschaftliches Verhältnis unter Beweis zu stellen, führten LIEBIG und WÖHLER dann im Gießener Laboratorium eine gemeinsame Untersuchung des Minerals Honigstein durch und publizierten sie auch gemeinsam. Viele derartige Gemeinschaftsarbeiten folgten, darunter die wohl wichtigste über Benzoesäure (1832). Sie konnten zeigen, daß eine Atomgruppe – das dann so genannte ›Radikal‹ Benzoyl – bei allen Umwandlungen unverändert blieb. Dieses Ergebnis war nämlich die Geburtstunde der Radikaltheorie, die sich für die folgenden Jahre als recht brauchbar erwies und von der dualistischen elektrochemischen Theorie eines BERZELIUS zur Radikal-Theorie beziehungsweise Typenlehre überleitete.

JOHANN JUSTUS VON (ab 1845) LIEBIG
(* 12.05.1803 Darmstadt, † 18.04.1873 München)

Im väterlichen Geschäft in Darmstadt, einer Drogen- und Materialienhandlung, war JUSTUS LIEBIG schon früh als Knabe mit der Chemie in Berührung gekommen. Lacke, Firnisse und Farben wurden dafür in einem kleinen Labor in einem Gartenschuppen außerhalb der Stadt hergestellt, und der Sohn hat hier früh und gern helfen dürfen. Unter dem Eifer zum Experimentieren litten allerdings die allgemeinen schulischen Leistungen des Gymnasiasten. So nahm der Vater den Vierzehnjährigen aus der Schule und gab ihn bei einem Apotheker in Heppenheim in die Lehre (später hat er die mangelnde Schulbildung öfter bedauert). Als Apothekergeselle konnte er dann in Bonn ab 1819 Naturwissenschaften und speziell Chemie bei CARL WILHELM GOTTLOB KASTNER, einem Vertreter der damals in Deutschland auch innerhalb der Chemie vorherrschenden romantisch-naturphilosophischen Schule, studieren, dem er nach dessen Wechsel nach Erlangen 1821 dorthin folgte. Hier wurde er allerdings als Mitglied einer der nach den Karlsbader Beschlüssen von 1819 verbotenen

Burschenschaften 1822 vom Studium ausgeschlossen und kehrte an das väterliche Laboratorium zurück. KASTNER konnte ihm dann als Ausgleich ein großherzoglich-hessisches Stipendium für einen halbjährigen Studienaufenthalt in Paris, der damaligen Hochburg moderner Chemie, erwirken, wo LIEBIG in den Privatlaboratorien von LOUIS JACQUES THÉNARD und LOUIS NICOLAS VAUQUELINS arbeiten konnte und von ihnen sowie von PIERRE LOUIS DULONG und LOUIS GAY-LUSSAC in die naturwissenschaftlich-empirische Chemie eingeführt wurde, weg von der romantischen Ausrichtung seines Erlanger Lehrers. Es war ihm mit viel Geschick gelungen, den Studienaufenthalt mit erhöhtem Stipendium auf zwei Jahre auszudehnen. Von Paris aus regte dann ALEXANDER VON HUMBOLDT seine trotz allem vom ehemaligen Lehrer KASTNER durchgeführte Promotion ›in absentia‹ an, für die er eine Arbeit über Pflanzen- und Mineralchemie als Dissertation einreichte, für welches Gebiet er ja später ein Umdenken herbeiführen sollte. Nach einem durch ministerielle Anordnung verfügten förmlichen Examen wurde der »im Ausland« erworbene Titel dann auch an der Universität Gießen anerkannt, so daß er dort, wiederum auf eine Empfehlung A. VON HUMBOLDTs hin, als Einundzwanzigjähriger zum außerordentlichen Professor der Chemie ernannt werden konnte. Ein Jahr später wurde er hier ordentlicher Professor und konnte, in Paris von der Wichtigkeit einer praktischen Ausbildung überzeugt worden, das erste chemische Ausbildungslaboratorium an einer deutschen Universität einrichten und den chemischen Unterricht nach neuen Gesichtspunkten organisieren. Eine ganze Generation von Chemikern wurde in diesem »dritten Mekka der Chemie« (neben Stockholm und Paris, zu denen 1840 ROBERT BUNSENS Marburg kam) herangebildet, zu denen vor allem nicht-hessische, also ›ausländische‹ angehende Chemiker und Apotheker gehörten, darunter so berühmte Forscher wie AUGUST KEKULÉ, CHARLES GERHARDT und unter den zahlreichen britischen Chemikern, die sich bei ihm ihr theoretisch-analytisches Rüstzeug aneigneten, vor allem EDWARD FRANKLAND. Aber gerade diese praktische Ausbildung bedeutete auch eine nach und nach wachsende Belastung unter Hintanstellung eigener Arbeiten, so daß die Garantie, vom praktischen Unterricht befreit zu werden, schon Bestandteil eines sehr verlockenden Angebots für ihn und seine kinderreiche Familie – 1840 hatte er einen ehrenvollen Ruf nach Wien und 1851 einen solchen nach Heidelberg abgelehnt – hatte sein müssen, das ihm König MAX II. von Bayern unterbreitete, um 1852 seinem Ruf nach München zu folgen. Dazu zählte auch eine Mitgliedschaft in der Bayerischen Akademie der Wissenschaften, deren Präsident LIEBIG 1860 werden sollte.

Schon in Bonn hatte LIEBIG als erster das Knallquecksilber hergestellt und eine Vorliebe für diese Stoffgruppe entwickelt; dann hatte er in Paris gemeinsam mit L. GAY-LUSSAC die knallsauren Salze bearbeitet. FRIEDRICH WÖHLER hatte ein Jahr zuvor mit dem Silbercyanat einen Stoff gefunden, der dieselbe prozentuale Zusammensetzung besitzt wie eines dieser knallsauren Salze (Silberfulminat). JAKOB BERZELIUS konnte den Streit um die ›richtige‹ chemische Analyse mit dem Vorschlag schlichten, daß in beiden Verbindungen die Anordnung der Atome eine andere wäre, wofür er den Begriff der ›Isomerie‹ prägte. Um die dadurch nicht gebrochene Freundschaft vor sich und öffentlich nach außen zu zeigen, unternahmen LIEBIG und WÖHLER seitdem häufiger wiederholte gemeinsame Bearbeitungen im Gießener Laboratorium. Aus dieser Gemeinschaftsarbeit gingen auch die für die Theorie der organischen Chemie bedeutsamen Arbeiten über das ›Radikal der Benzoësäure‹ von 1832 hervor, mit denen sie aufweisen konnten, daß bei einer ganzen Reihe von Verbindungen, die durch chemische Reaktionen auseinander hervorgingen, ein Grundbestandteil, das Benzoylradikal, immer erhalten blieb. Unterstützt von L. GAY-LUSSAC und dessen Nachfolger an der Sorbonne JEAN-BAPTISTE DUMAS, der die Ganzzahligkeit der Atomgewichte widerlegte (erklärbar erst mit dem Isotopie-Begriff des 20. Jahrhunderts) und BERZELIUS' Atomgewicht des Kohlenstoffs korrigierte, führte LIEBIG aufgrund dieser Arbeiten die Radikaltheorie ein, die dann insbesondere nach den Arbeiten ROBERT BUNSENS zu den Kakodylverbindungen, die BERZELIUS mit hohem Lob anerkannte, dessen elektrochemisch-dualistische Theorie ablöste, selbst aber nach etwa zwei Jahrzehnten auch wieder durch die Typentheorie von CHARLES GERHARDTS ersetzt werden mußte.

1831 gelang LIEBIG die Vervollkommnung der organisch-chemischen Elementaranalyse durch die Konstruktion der nach ihm benannten Apparatur. Bis dahin äußerst schwierige und langwierige Untersuchungen konnten daraufhin einfacher und schneller durchgeführt werden. Auf diese neue Analysenmethode stützten sich auch die Untersuchungen, die zur Entwicklung von LIEBIGS auf einer neuen Düngetheorie beruhenden Agrikulturchemie führten. Bei der Suche nach den nicht-organischen Stoffen, die zum Wachstum der Pflanzen beitragen, unterschied er zwischen ›mineralischen‹ und ›atmosphärischen‹ Pflanzennährstoffen und stellte fest, daß die Nährstoffe, die so wichtige Elemente wie Kohlenstoff, Wasserstoff und Stickstoff enthalten, nicht an den Boden gebunden sind, sondern von den Pflanzen zu einem großen Teil auch der Atmosphäre entnommen werden. Dennoch sei der Ertrag (gemäß seinem ›Gesetz des Minimums‹) durch den am wenigsten im Boden enthaltenen notwendigen unorganischen Pflanzennährstoff bedingt, der ihm zur Steigerung also ›künstlich‹ hinzugegeben werden müsse. Anfangs waren LIEBIG bei der chemischen Bodenanalyse und der quantitativen Bestimmung der Anteile allerdings auch einige Fehler unterlaufen, und sein patentierter Kunstdünger, den eine englische Firma herstellte, brachte kaum eine Ertragssteigerung.

Nicht nur der chemische Unterricht, auch die chemische Fachliteratur in Deutschland bekam unter den Händen LIEBIGS ein hohes Niveau. Er redigierte die ›Annalen der Chemie‹, wählte die Artikel aus und versah sie mit kritischen Anmerkungen; und er versuchte mit Hilfe dieser Zeitschrift seine Theorie der organischen Verbindungen durchzusetzen. Öfter kam ihm dabei dann auch die Rolle eines Schiedsrichters zu, als der er nicht immer richtig entschied, wie das Beispiel seines Artikels über AUGUSTE LAURENTS Kerntheorie der organischen Verbindungen in den ›Annalen der Pharmacie‹ von 1838 zeigt. Er war Mitherausgeber des ›Handwörterbuchs der reinen und angewandten Chemie‹, aber auch mit populärwissenschaftlichen Aufsätzen und Vorträgen warb LIEBIG für seine Wissenschaft; seine erstmals 1844 erschienenen ›Chemischen Briefe‹ sind in der sechsten Auflage »letzter Hand« (1878) immer wieder aufgelegt worden. Nicht nur Lob haben ihm seine kritischen Ausführungen zu Forschung und Unterricht der Chemie in Deutschland eingetragen: ›Ueber das Studium der Naturwissenschaften und über den Zustand der Chemie in Preußen‹ (1840) und ›Ueber Francis Bacon von Verulam und die Methode der Naturforschung‹ (1863).

ANDREAS CHRISTIAN DOPPLER

(* 29.11.1803 Salzburg, † 17.03.1853 Venedig)

CHRISTIAN DOPPLER studierte von 1822 bis 1825 am Polytechnischen Institut in Wien, dann am Lyzeum in Salzburg Mathematik und Physik und wurde 1829 Assistent und ›Öffentlicher Repetitor‹ für Höheren Mathematik wieder am Wiener Institut. 1835 zum Professor der Mathematik an der ständischen Realschule in Prag ernannt, hielt er dort seit 1837 daneben Vorlesungen an der Technischen Lehranstalt, seit 1841 dann auch als Professor für Elementarmathematik und praktische Geometrie. 1847 wurde er zum k. k. Bergrat und Professor für Physik und Mechanik an der Berg- und Forstakademie in Schemnitz ernannt. 1849 ging er nach Wien zurück und übernahm die Professur für praktische Geometrie am Wiener Polytechnischen Institut, bevor er 1850 zum Professor der Experimentalphysik und Direktor des neu errichteten Physikalischen Instituts der Universität Wien ernannt wurde. Am Ziel seiner Wünsche angelangt, versagte ihm allerdings der frühe Tod eine längere produktive Nutzung der ihm hier endlich gebotenen umfassenden Möglichkeiten für die experimentelle Arbeit.

Aus seinen geometrischen, optischen, elektrischen, akustischen und astronomischen Arbeiten ragen jene zum nach ihm benannten DOPPLERschen Prinzip heraus, das er in einer seiner ersten Arbeiten 1842 aufstellte: ›Über das farbige Licht der Doppelsterne‹. Es besagt, daß bei Annäherung oder Entfernung einer Schall- oder Lichtquelle die vom Empfänger wahrgenommene Frequenz sich erhöht beziehungsweise erniedrigt. Für die Akustik wurde die Richtigkeit bereits 1845 experimentell mittels ›schnell‹ fahrender Dampflokomotiven bestätigt – bei den heutigen Geschwindigkeiten der Verkehrsmittel kann jedermann den Effekt häufig wahrnehmen. Die Analogie vom Schall zum Licht machten aber die meisten Kollegen nicht mit, obgleich die Wellennatur des Lichtes als solche seit den Arbeiten von THOMAS YOUNG und AUGUSTIN FRESNEL inzwischen allgemein anerkannt war. DOPPLER war allerdings von einer im Verhältnis zur Lichtgeschwindigkeit viel zu geringen Geschwindigkeit der Annäherung beziehungsweise Entfernung ausgegangen und wollte die rote und blaue

Färbung des generell weiß-gelben Lichtes bestimmter Sterne damit erklären. Erst der Astronom William Huggins konnte dann 1868 zeigen und Friedrich Zöllner auch bestätigen, daß das Prinzip sich in einer Verschiebung der Spektrallinien zum violetten (Annäherung) oder roten Spektrum (Entfernung) gegenüber dem Normalspektrum auswirkt, wie bereits 1861 Ernst Mach vorgeschlagen hatte, weil sich das Gesamtspektrum einschließlich der (im sichtbaren Normalspektrum) unsichtbaren Strahlung verschiebt. – Und in dieser Form spielt das Doppler-Prinzip besonders zur Entfernungsbestimmung dann auch in der modernen Astronomie und Kosmologie eine nicht wegzudenkende wichtige Rolle, nachdem Hermann Carl Vogel am Astrophysikalischen Observatorium in Potsdam 1888 mit der Konstruktion eines Sternspektrographen auf photographischer Basis der Durchbruch zur Messung von Radialgeschwindigkeiten nach diesem Prinzip gelungen war.

Die Begründer der Zellenlehre

Matthias Jacob Schleiden
(* 05.04.1804 Hamburg, † 23.06.1881 Frankfurt am Main)

Theodor Ambrose Hubert Schwann
(* 07.12.1810 Neuß [am Rhein], † 11.01.1882 Köln)

Nachdem Robert Hooke die Zellhüllen des Korks unter dem Mikroskop gesehen, Lorenz Oken von ›infusorialen Schleimbläschen‹ gesprochen und der schottische Botaniker Robert Brown 1831 den pflanzlichen Zellkern entdeckt hatte, begründeten die beiden Berliner Studienfreunde und Schüler von Johannes Müller die allgemeine Zelltheorie, die Matthias Schleiden für die Pflanzen entwickeln und Theodor Schwann verallgemeinern konnte.

Th. Schwann studierte ab 1829 in Bonn, ab 1831 in Würzburg und ab 1833 in Berlin Medizin, wo er auch 1834 bei Johannes Müller promovierte und dann bis 1839 Assistent an dessen Anatomisch-Zootomischen Museum war. 1839 wurde er Professor für Anatomie und Physiologie in Löwen (Louvain) und 1848 in Lüttich (Liège), wo ihm 1858 die ordentliche Professur für Physiologie, Allgemeine Anatomie und Embryologie übertragen wurde, die ab 1872 geteilt wurde, so daß ihm die Physiologie verblieb (bis 1879).

M. SCHLEIDEN hatte zunächst 1824 bis 1827 Jura in Heidelberg studiert und sich dann als Anwalt in Hamburg niedergelassen. Nach einer schweren seelischen Krise begann er jedoch 1832, in Göttingen Naturwissenschaft zu studieren, vor allem Botanik. 1835 ging er nach Berlin zu J. P. MÜLLER und seinem Assistenten TH. SCHWANN. Dort lernte er auch den damaligen Kustos der botanischen Sammlungen des British Museum ROBERT BROWN kennen. Ohne sein Studium formal abzuschließen, ging SCHLEIDEN bald zu eigenen wissenschaftlichen Arbeiten über. Zeitweilig lebte er in Wernigerode am Harz und hielt dort auch Vorträge über Pflanzenphysiologie. 1840 wurde er in Jena zum außerordentlichen Professor in der Philosophischen Fakultät ernannt und im Zusammenhang mit der Einrichtung eines ›Physiologischen Instituts‹ (1845) 1846 in die Medizinische Fakultät versetzt. Nach dem Tode des Professors für Naturgeschichte FRIEDRICH SIGISMUND VOIGT (1850) wurde ihm zusätzlich die Leitung des Botanischen Gartens übertragen, dem er sich in den letzten Jahren in Jena vor allem widmete. 1863 gab er sein dortiges Lehramt auf und ging nach Dresden, folgte aber noch im selben Jahr einem Ruf an die Universität Dorpat. Bereits 1864 kehrte er nach Dresden zurück; ab 1869 lebte er unstet in Frankfurt, Darmstadt, Wiesbaden und wieder in Frankfurt.

SCHWANN war der erste Schüler J. P. MÜLLERs gewesen, der die vitalistische zugunsten einer chemisch-physikalischen Erklärung des Lebens aufgegeben hatte, und begann an dessen Institut mit ernährungsphysiologischen Untersuchungen, bei denen ihm 1836 die Entdeckung des Pepsins im Magensaft und dessen Darstellung gelangen. Später galten seine Forschungen auf diesem Gebiet der Wirkung der Galle, wozu er 1844 erstmals eine Fistel anlegte. Für die Stoffwechselvorgänge prägte er den Begriff ›Metabolismus‹. Weiterhin untersuchte er Muskelfunktion und Nervenleitung (Entdeckung der ›SCHWANNschen Scheide‹ der Nerven). Gemäß seiner naturwissenschaftlich orientierten Denkweise sprach er sich auch gegen die Vorstellung von einer Urzeugung aus und wies in der Folge nach, daß Fäulnis- und Gärungsprozesse durch ›Keime‹ verursacht werden. – SCHLEIDEN dagegen begründete seinen Ruf mit Arbeiten zur Entwicklungsgeschichte der Pflanzen in den Jahren 1837–1839. Er untersuchte den zelligen Aufbau, die Embryobildung bei den Blütenpflanzen, die Blütenbildung und den Befruchtungsvorgang. 1838 veröffentlichte er den klassischen Aufsatz ›Beiträge zur Phytogenesis‹ mit der Theorie von der Zelle als Ur-Organismus; er faßte diese darin als weitgehend selbständigen, gleichsam ›atomaren‹ Grundorganismus auf, die Pflanze als ein »Aggregat von völlig individualisierten, in sich abgeschlossenen Einzelwesen, den Zellen«. Er unterrichtete noch vor dem Erscheinen des Aufsatzes TH. SCHWANN über seine Ideen, und dieser schloß sich nicht nur seinen Auffassungen von der Bedeutung der Zellen an, sondern konnte sie nach mikroskopisch-anatomischen Beobachtungen an Froschlarven und einer kritischen Sichtung des vorliegenden Beobachtungsmaterials von tierischen Zellen sogar verallgemeinern zu einer gemeinsamen Grundlage für sämtliche biologischen Strukturen und Vorgänge. 1839 machte SCHWANN die wissenschaftliche Öffentlichkeit mit seinen Erkenntnissen in den grundlegenden ›Mikroskopischen Untersuchungen über die Uebereinstimmung in der Struktur und dem Wachstum der Thiere und Pflanzen‹ bekannt. Danach ist die Zellenbildung das gemeinsame Entwicklungsprinzip für die verschiedensten Elementarteile sämtlicher pflanzlichen und tierischen Organismen, und üben die Zellen im Lebensprozeß eine Doppelfunktion aus als in sich abgeschlossene Funktionseinheiten und als unter einander in Austausch stehende integrale Bestandteile aller Organe. – Diese allgemeine Zelltheorie wurde später von RUDOLF VIRCHOW (1821–1902), einem weiteren MÜLLER-Schüler, noch auf die pathologischen Zustände der Organismen erweitert zur Zellularpathologie. Er faßte den Körper als einen ›Zellstaat‹ auf, in dem sämtliche Krankheiten ihre Ursachen im Geschehen auf Zellebene hätten; denn: »omnis cellula e cellula«, »jede Zelle entsteht aus einer Zelle« (1855). Krankheit sei geschwächtes Leben, Abbruch am Gesamtleben des ›Zellstaates‹, so daß eine krankhafte Einwirkung nie alle lebenden Teile zugleich treffe, sondern an einer Stelle beginne (diese Sicht machte ihn allerdings blind für parasitäre Ursprünge von Krankheiten).

WILHELM EDUARD WEBER
(* 24.10.1804 Wittenberg, † 23.06.1891 Göttingen)

Drei Söhne des Wittenberger Theologie-Professors MICHAEL WEBER wandten sich den Naturwissenschaften und der Medizin zu und wurden bekannte Forscher. Der älteste, ERNST HEINRICH, erkannte frühzeitig die mathematische Begabung seines jüngeren Bruders WILHELM und förderte sie; beide verfaßten gemeinsam ein klassisches Werk über die Wellenlehre (1825). Auf der Naturforscherversammlung in Berlin lernte WILHELM WEBER 1828 ALEXANDER VON HUMBOLDT und den großen Göttinger Mathematiker CARL FRIEDRICH GAUSS (1777–1855) kennen, die beide in den jungen Gelehrten große Hoffnungen setzten; und auf das Betreiben des letzteren hin wurde WEBER dann auch 1831 nach Göttingen als ordentlicher Professor für Physik berufen. Zwischen beiden entwickelte sich bald eine innige Freundschaft. Zusammen riefen sie den Göttinger Magnetischen Verein ins Leben, eine der ersten internationalen wissenschaftlichen Unternehmungen. Die von ihnen gemeinsam entwickelten Methoden und Instrumente (Bifilarmagnetometer) zur Magnetik und letzten Endes auch zur Elektrik bildeten die Grundlage für die Präzisionsmessungen und die von beiden entwickelten absoluten Maßsysteme der Physik, in denen alle Einheiten auf die Grundgrößen Länge, Zeit und Masse zurückgeführt werden. Die so hoffnungsvoll begonnene Arbeit, in deren Rahmen sie zum rascheren Informationsaustausch den ersten elektromagnetischen Telegraphen zwischen Sternwarte und Physikalischem Kabinett einrichteten, wurde 1837 jäh unterbrochen durch die Entlassung WEBERS, der sich als einer der ›Göttinger Sieben [Professoren]‹ gegen die Aufhebung des liberaleren Staatsgrundgesetzes des Königreichs Hannover von 1833 durch Verweigerung des Amtseides auf die neue (alte) Verfassung auflehnt hatte. Erst ab 1844 wirkte er wieder als akademischer Lehrer, zuerst in Leipzig, ab 1849 wieder in Göttingen.

Auf Gedanken von GAUSS fußend schuf WEBER das absolute elektrostatische und elektromagnetische Maßsystem. Er gab 1846 sein Grundgesetz elektrischer Wirkungen an, das fast alle damals in der Elektrik bekannten Tatsachen erfaßte. Es war ein Fernwirkungsgesetz, dem NEWTONschen Gravitationsgesetz nachgebildet, das nit der Abhängigkeit der Kraft von der relativen Geschwindigkeit und Beschleunigung zweier elektrischer Teilchen dennoch etwas Neues enthielt. Das Webersche Gesetz und die Existenz elektrischer Teilchen wurden in jenen Jahren allerdings besonders von englischen Physikern in Frage gestellt. Rudolf Kohlrausch, der sich seinerzeit in Marburg mit diesem Gesetz beschäftigte, schlug deshalb mehrere Experimente vor, die in diesem wesentlichen Punkt eine Klärung bringen sollten. Weber erklärte seine Bereitschaft, an solchen Experimenten mitzuwirken, doch ließ sich vieles damals technisch einfach noch nicht realisieren. Das Vorhaben wurde auf die bescheidenere Aufgabe eingeschränkt, die magnetische Wirkung einer statisch gemessenen Elektrizitätsmenge mittels einer Tangentenbussole zu bestimmen. Das Ergebnis jener meisterlichen gemeinsamen Arbeit war fundamental: Die statisch absolut gemessene Elektrizitätsmenge dividiert durch die elektromagnetisch absolut gemessene Elektrizitätsmenge ergibt die Lichtgeschwindigkeit (1856). Dieses experimentelle Ergebnis erwies sich dann als wichtige Stütze für die elektromagnetische Lichttheorie James Clerk Maxwells. Webers Elektrodynamik war drei Jahrzehnte auf dem Festland vorherrschend. Sie wurde auch selbst durch die Maxwellsche Theorie (Nahewirkung) eigentlich erst verdrängt, als Heinrich Hertz 1887 die elektromagnetischen Wellen nachwies. Webers Auffassung von der substantiellen Existenz von Elektrizitätsmengen wurde um die Jahrhundertwende in der Elektronentheorie Hendrik Antoon Lorentz' übernommen. Durch eine Modifikation der Ampèreschen Theorie der Molekularströme hatte er in Verbindung mit seiner atomistischen Grundauffassung auch den Ferro- und Diamagnetismus einheitlich deuten können.

Charles Robert Darwin
(* 12.02.1809 Shrewsbury, † 19.04.1882 Down [Kent])

Georges Cuvier hatte mit seiner Katastrophentheorie das Auftreten unterschiedlicher Fossilien in den Erdschichten des Pariser Beckens durch mehrere gottgewollte sintflutartige Naturkatastrophen mit (Teil-)Vernichtung des Tierbestandes und nachfolgenden Neuschöpfungen erklärt. Mit dem Anwachsen der Zahl der bekannten unterschiedlichen Fossilien mußte dann allerdings auch die Anzahl der daraufhin erforderlichen sintflutartigen Katastrophen erhöht werden, bis in der Mitte des 19. Jahrhunderts bei Louis Agassiz eine Zahl von 50 oder 80 erreicht war – was die Theorie selbst ad absurdum führte beziehungsweise in die Darwinsche Evolutionstheorie einmünden ließ. Ein weiteres Problem hatte sich insofern ergeben, als die Urvölker und ›Wilden‹ in eine Menschheitsgeschichte eingebracht werden mußten, seitdem die Romantik die Urwelt in der Vergangenheit entdeckt hatte. Konnten die ›wilden‹ Ureinwohner Asiens, Amerikas und Australiens wirklich als dieselben Menschen eingestuft werden wie die ihnen in allen Belangen überlegenen christlichen Europäer? Für eine unterschiedliche geistige Entwicklung aus einem gemeinsamen Urzustand gab das Sintflutgeschehen keine Handhabe; außerdem hätten dann alle Menschen inzwischen den Stand der christlichen Europäer erreicht haben müssen. So blieb einerseits nur die Vorstellung von einer partiellen Degeneration – die sich durch die Deutung des von Gott verfluchten Sohns Noahs, Ham, als Stammvater der ›Wilden‹ auch biblisch untermauern ließ –, wenn nicht andererseits, wie es gelegentlich geschah, auch für die Menschen eine Mehrfachschöpfung angenommen wurde, welche die Unterschiede von vornherein in konstanten Arten festgeschrieben hätte. – Dieses war die Diskussionslage um die Mitte des 19. Jahrhunderts, als Charles Darwin Beobachtungen, die er auf einer Fahrt mit der ›Beagle‹ gemacht hatte, zu seiner Deszendenztheorie verarbeitete, die wieder eine prinzipielle Gleichwertigkeit aller sich im Überlebenskampf selektiv durchsetzenden Geschöpfe vertrat.

Als Sohn eines Arztes von diesem für einen medizinischen Beruf vorgesehen, studierte Charles Darwin ohne Begeisterung in Edinburgh zunächst Medizin, dann jedoch, eigenen Neigungen eher entsprechend, 1828 bis 1831 in Cambridge Theologie, doch interessierte er sich daneben mehr für Botanik und Geologie, Malerei und Musik. 1831 bis 1836 nahm er als naturwissenschaftlicher Beobachter an der Vermessungsfahrt der ›Beagle‹ teil, die ihn um Kap Hoorn an der Küste Südamerikas entlang zu den Galápagos-Inseln, nach Tahiti, Neuseeland, Australien, Mauritius und um Südafrika herum führte. Danach lebte er zunächst als Wissenschaftler in Cambridge, ab 1839 in London und ab 1847 aus gesundheitlichen Gründen zurückgezogen auf seinem

Landsitz in Down. Wegen der Zweifel, die seine Ideen von der Entstehung neuer Arten an den theologischen Grundfesten einer Schöpfungsvorstellung erhoben, polarisierte er bis heute die gebildete Welt; neben vielen Anfeindungen wurden ihm insbesondere von Naturwissenschaftlern, die sich nach und nach auf seine Seite stellten, hohe Ehren entgegengebracht (er war beispielsweise Mitglied von 57 führenden ausländischen Gelehrtengesellschaften und ist im Westminster Abbey beigesetzt).

Entscheidend für DARWINS gesamte wissenschaftliche Entwicklung waren die biologischen Beobachtungen und Forschungen auf der Weltumsegelung mit der ›Beagle‹ gewesen. Seine tiergeographischen Beobachtungen (mehrere sehr ähnliche Arten in verschiedenen Gebieten; Varietäten derselben Art – wie der DARWIN-Finken – auf den einzelnen sehr ähnlichen Galápagos-Inseln; Bewohner verschiedener ozeanischer Inseln mit ähnlichen Lebensbedingungen ähneln denen der jeweils benachbarten Kontinente; ähnliche, aber nicht identische Formen bei fossilen und lebenden Arten) hatten ihn am Prinzip der Konstanz der Arten zweifeln lassen, wie es insbesondere auf CARL VON LINNÉ und GEORGES CUVIER zurückging. DARWIN entwickelte vielmehr nach seiner Rückkehr die Hypothese der allmählichen Veränderung der Arten, aber nicht gedacht als Umwandlung einer Art zu einer anderen (gegen dieses verbreitete Mißverständnis hat sich schon DARWIN selber wehren müssen), sondern als Abstammung der Arten von gemeinsamen Vorfahren. Die Erklärung einer solchen Evolution erkannte er nach systematischem Sammeln von Daten zur Haustier- und Pflanzenzucht zunächst in der Zuchtauslese (Selektion) durch den Menschen. Zu seiner Theorie der natürlichen Auslese infolge des ständigen Existenzkampfes, einem Selektionsdruck zugunsten der besser Angepaßten, wurde er erst durch den ›Essay on the Principles of Population‹ von THOMAS ROBERT MALTHUS aus dem Jahre 1798 angeregt. DARWIN war sich durchaus der Ungeheuerlichkeit dieser Theorie und der bevorstehenden weltweiten Kritik bewußt; und so teilte er seine Vorstellungen auch erst 1856 seinem Freund CHARLES LYELL und 1857 dem amerikanischen Botaniker ASA GRAY mit und veröffentlichte sie dann 1858 in einer Kurzfassung auch zusammen mit einem ihm übersandten Manuskript von ALFRED RUSSEL WALLACE. WALLACE war unabhängig, aber ebenfalls unter dem Einfluß von MALTHUS, durch ähnliche Beobachtungen im Malaiischen Archipel zu der gleichen Theorie einer natürlichen Zuchtwahl gekommen und hatte damit DARWIN angeregt, endlich seine gesamten Aufzeichnungen nach Material für seine Theorie durchzusehen und zusammenzufassen. 1859 erschien sein berühmtes Werk ›On the Origin of Species by Means of Natural Selection, or the Preservation of Favoured Races in the Struggle for Life‹, dessen Erstausgabe innerhalb eines Tages vergriffen war.

Wie im Titel angedeutet sollte die Selektion auf dem Durchsetzen von ökologisch geeigneteren Eigenschaften im Kampf ums Überleben beruhen, deren Erwerb auf Zufällen beruhen und keineswegs auf etwas hin gerichtet sein sollte – womit er sich strikt sowohl gegen eine teleologische Schöpfung als auch gegen das lineare System der nach ihrer Vollkommenheit ansteigend angeordneten Arten bei J. B. LAMARCK wandte, das von den Lebewesen aufgrund ihres Strebens nach dem Komplexeren und Vollkommeneren immer wieder generationenweise durch die Vererbung zu diesem Zweck erworbener Eigenschaften aufsteigend durchschritten werden sollte. DARWIN hatte ursprünglich sogar bewußt den Menschen nicht in seine Theorie einbezogen; doch war das sofort von anderen Naturforschern nachgeholt worden, bevor er sie nach einer Erweiterung seiner Theorie selbst unter Einbeziehung geistiger, psychischer und ethischer Eigenschaften, sekundärer Geschlechtsmerkmale und geschlechtlicher Auslese entsprechend auf den Menschen ausdehnte (›The Descent of Man and Selection in Relation to Sex‹, 1871): Menschen und Affen stammen danach ebensowenig wie ›verwandte‹ Tiere von einander, sondern von gemeinsamen Vorfahren ab. Diese häufig bewußt mißverstandene Einbeziehung des Menschen in das Evolutionsgeschehen war es dann aber, die diese erstmals naturwissenschaftlich begründete Evolutionstheorie besonders aus theologischer Sicht zu den umstrittensten Theorien des 19. und frühen 20. Jahrhunderts machte; denn der Mensch könne als Ebenbild Gottes nicht mit den Affen gemeinsame Vorfahren haben, der Gottesbeweis aus der Notwendigkeit einer genauen Planung der Schöpfung würde durch die natürliche Auslese zerstört. Das galt insbesondere, solange die Erklärungslücke für den Erwerb und die Vererbung der für die Selektion wirksamen Eigenschaften (von DARWIN noch teilweise im Sinne LAMARCKS als Vererbung durch Einfluß unter anderem von Klima, Nahrung, Gebrauch oder Nichtgebrauch von Organen erworbener Eigenschaften) bestand, die ja erst von der mit den Versuchen GREGOR MENDELS einsetzenden Vererbungslehre um 1930 geschlossen werden konnte.

Die Lehren DARWINS haben nicht nur die Biologie revolutioniert, sondern einen ungeheuren Einfluß auf das gesamte geistige Leben seiner Zeit gehabt und bedeuten einen Wendepunkt in der allgemeinen Ideengeschichte. Erst gegen Ende des 19. Jahrhunderts hat sich nach langen Auseinandersetzungen mit dem ursprünglich als atheistischem Materialismus bekämpften Darwinismus auch die Möglichkeit ergeben, die im naturwissenschaftlichen Bereich bereits weitgehend anerkannte Theorie als durchaus christlichem Denken adäquat zu akzeptieren. Dazu trug sowohl die Ausweitung zu einem Sozialdarwinismus als auch die theologische Umdeutung der Selektionsprozesse als gottgewollte bei; denn so ließ sich der Schöpfungsakt evolutionär deuten sowie der christliche Europäer wieder als Zweck und Ziel des in der Schöpfung mit angelegten Selektionsprozesses ansehen. Damit waren aber auch praktische Konsequenzen eines strikten Sozialdarwinismus wie Eugenik (Rassenhygiene) und Euthanasie scheinbar ›naturwissenschaftlich‹ zu begründen. In jüngster Zeit ist allerdings mit dem vor allem in den USA im Anschluß an LOUIS AGASSIZ aktualisierten Kreationismus auch wieder eine starke, bibel-orientierte Gegenbewegung entstanden.

ROBERT WILHELM BUNSEN
(* 31.03.1811 Göttingen, † 16.08.1899 Heidelberg)

ROBERT BUNSEN, Sohn eines Göttinger Universitätsprofessors und Oberbibliothekars, besuchte ab Ostern 1822 das Gymnasium seiner Geburtsstadt und wechselte 1826 nach Holzminden, wo er 1828 sein Abitur ablegte, um danach mit dem Studium der Mathematik und Naturwissenschaften an der Georgia Augusta zu beginnen. Mit einer Arbeit über Hygrometer, mit der er 1830 eine Preisfrage der Philosophischen Fakultät gewonnen hatte, wurde er dort 1831 auch promoviert. Danach wurde ihm von der hannoverschen Regierung ein Stipendium für eine anderthalbjährige Studienreise bewilligt, die ihn vor allem nach England und Frankreich führte, wo er die Größen der Chemie (und Naturwissenschaft) in Paris aufsuchte und bei ihnen arbeitete. Nach seiner Rückkehr habilitierte er sich 1834 in Göttingen mit einer komplexchemischen Arbeit und hielt danach chemische Vorlesungen, nach dem Tode FRIEDRICH STROHMEYERS auch in Vertretung des Lehrstuhls die Hauptvorlesung, bis FRIEDRICH WÖHLER als Nachfolger berufen wurde und BUNSEN 1836 dessen Stelle als Chemielehrer an der Gewerbeschule in Kassel übernahm. Kurz nachdem ihm eine Professur für Physik in Dorpat angetragen worden war, wurde er dann vom hessischen Kurfürsten an die Universität Marburg versetzt, was innerhalb der Chemikerzunft einige Empörung hervorrief, weil die Fakultät übergangen worden war. Zunächst als außerordentlicher Professor, 1841 als ordentlicher Professor und Direktor des Chemischen Instituts an der Philosophischen Fakultät hat er dieses Vorgehen dann allerdings voll gerechtfertigt. Nachdem ihm die Abspaltung des Lehrgebiets der pharmazeutische Chemie durch Schaffung einer eigenen Professur gelungen war (1849), ging er 1851 nach Breslau, folgte jedoch schon ein Jahr später nach der dritten Anfrage der badischen Regierung dem Ruf an die Universität Heidelberg, nachdem JUSTUS VON LIEBIG einen Ruf nach München der dortigen Nachfolge LEOPOLD GMELINS vorgezogen hatte. BUNSEN blieb dann Heidelberg treu, selbst nachdem ihn der ehrenvolle Ruf als Nachfolger EILHARD MITSCHERLICHS nach Berlin 1863 erreicht hatte. – Mit 78 Jahren legte er seine Lehrtätigkeit aus gesundheitlichen Gründen nieder.

BUNSEN lenkte bereits in den ersten Jahren seiner Forschertätigkeit durch 1836 in Kassel begonnene und 1843 in Marburg abgeschlossene Untersuchungen über die Kakodylverbindungen die Blicke der Chemiker auf sich, zumal sie die volle lobende Anerkennung durch JÖNS JAKOB BERZELIUS fanden und auch dadurch wesentlich zum Sieg der Radikaltheorie gegenüber dessen elektrochemischen Bindungstheorie beitrugen; seinen Schülern HERMANN KOLBE und (Sir) EDWARD FRANKLAND gelang dann die Isolierung mehrerer solcher organischer ›Radikale‹. Die Untersuchungen der nicht nur übel riechenden, sondern auch hoch explosiven organischen Arsenverbindungen kosteten ihm immerhin das rechte Augenlicht; es blieben seine einzigen Arbeiten zur organischen Chemie. 1841 entwickelte BUNSEN seine Zink-Kohle-Batterie, mit der er beispielsweise während seiner Marburger Zeit die Elisabethkirche und die Sternwarte beleuchtete, mit dem ihm aber in Breslau auch die elektrolytische Abscheidung größerer Mengen Magnesium und Aluminium gelingen sollte (später entwickelte er als weiteres galvanisches Element das Chromsäure- oder Flaschen-Element). Während diese ›Batterie‹ wegen der Kritik, die JOHANN CHRISTIAN POGGENDORFF als allgewaltiger Herausgeber der ›Annalen der Physik und Chemie‹ zur Publikation des Elements anmerkte, sich in Deutschland erst spät durchsetzen sollte, wurde sie von BERZELIUS in Stockholm sogleich für die Elektrolyse eingesetzt und in Frankreich (Paris) neben chemischen Untersuchungen vor allem auch industriell genutzt, wie BUNSEN auf seiner zweiten Paris-Reise auf Einladung des befreundeten Privatgelehrten JULES REISET, der die ›pile de Bunsen‹ in Frankreich bekannt gemacht hatte, 1844 erfuhr. REISET bearbeitete gemeinsam mit VICTOR REGNAULT unter anderem die Zusammensetzung der Atemluft verschiedener Tiere, und diese eudiometrischen Untersuchungen waren dann auch der Anknüpfungspunkt zu BUNSENS wissenschaftlicher Freundschaft mit REGNAULT. BUNSEN hatte bereits von Kassel aus kurfürstliche Aufträge zur Analyse von Mineralwässern und Hochofengasen durchgeführt, welch letztere ihn als Experten von eudiometrischen Gasuntersuchungen auswiesen, so daß er gemeinsam mit seinem bei LIEBIG promovierten Schüler LYON PLAYFAIR von der ›British Association for the Adancement of Science‹ 1842 den Auftrag erhielt, die chemischen Prozesse britischer Hochöfen zu untersuchen. Das zog sich bis 1844 hin und führte zu einer erheblichen Verbesserung der Ausbeute, so daß seine Arbeiten über Giftgase und Roheisenbereitung neben ihrer wissenschaftlichen auch eine wirtschaftliche Bedeutung erhielten. BUNSEN unterschied als erster drei Zonen im Hochofen, die Vorwärm-, die Reduktions- und die Schmelzzone. Im Zuge der Auswertung der Beobachtungen und Untersuchungen während einer Expeditionsreise nach Island, an der BUNSEN 1846 auf Einladung des dänischen Königs teilnahm, die sich dann über mehrere Jahre hinzog und unter anderem eine Erklärung der Bildung von Geysiren und ihrer regelmäßigen Ausbrüche, eine Verbesserung der Silikatchemie, erste Erfolge einer chemischen Geologie, die sich in der Folge zu einer selbständigen Disziplin entwickelte, erbrachte, entwickelte er dann anhand der insbesondere am im September 1845 ausgebrochenen Vulkan Hekla gesammelten Gasproben auch die Eudiometrie zu einem exakten analytischen Verfahren, das zur Grundlage der neuzeitlichen Gasanalyse wurde (die ›Gasometrischen Methoden‹ von 1857, ²1877, sollten sein einziges Buch bleiben). Von großer Bedeutung weit über die Chemie hinaus waren die Ergebnisse einer Gemeinschaftsarbeit mit ROBERT KIRCHHOFF, mit dem er sich in Breslau angefreundet und dessen Ruf nach Heidelberg er dann betrieben hatte. 1859 erfanden beide hier die Spektralanalyse. KIRCHHOFF hatte BUNSEN geraten, statt der Filtergläser ein Prisma zur Beobachtung farbiger Flammen zu benutzen, woraus sich dann deren unterschiedlichen Spektren ergaben. Der Physiker konstruierte den Spektralapparat, während der Chemiker die Reindarstellung der die farbigen Flammen erzeugenden Salze übernahm, die immer nur einen Teil des Spektrums mit Betonung bestimmter Linien ergaben. Mit Hilfe ihrer Spektrallinien fand Bunsen dann zwei Alkalimetalle: im Dürkheimer Mineralwasser das Caesium (1860) und im Mineral Lepidolith das Rubidium (1861); schon 1860 entdeckte mit dieser Methode WILLIAM CROOKES das Thallium. WILLIAM HUGGINS wandte die Spektralanalyse rasch auch auf das Licht von Fixsternen an und konnte schon 1863 eine erste Arbeit über den chemischen Aufbau einiger heller Sterne veröffentlichen; 1864 folgte ein Atlas mit den genauen Spektren einer großen Anzahl von chemischen Elementen, aufgrund dessen er feststellen konnte: »Star differs from star in chemical constitution.« – Zwischen den Jahren 1852 und 1862 untersuchte BUNSEN zusammen mit HENRY ROSCOE die photochemischen Wirkungen des Lichts (beispielsweise an Chlorknallgas) und stellte eine Abhängigkeit von der Wellenlänge fest. Als Heidelberg Stadtgas erhielt, konstruierte BUNSEN 1855 den Bunsenbrenner, seitdem unentbehrliches Hilfsmittel des Chemikers. 1868 erdachte er auch die Wasserstrahlpumpe, 1870 erfand er ein Eiskalorimeter und 1878 ein Dampfkalorimeter.

JULIUS *ROBERT* MAYER
(* 25.11.1814 Heilbronn, † 20.03.1878 Heilbronn)

Den dritten Sohn eines Apothekers in der Neckarstadt Heilbronn zogen schon als Schüler des Seminars in Schöntal chemisch-physikalische Experimente mit fast magischer Kraft an, so daß er nach Erlangen der Reifeprüfung in Stuttgart an die Landesuniversität in Tübingen ging, um Medizin zu studieren. Weil er sich in einer der damals verbotenen Studentenverbindungen betätigte, verwies man ihn für ein Jahr von der Universität, doch wurde er vor Ablauf des Jahres vom württembergischen König begnadigt. 1838 promovierte er und legte seine medizinische Hauptprüfung ab. Seine erste Anstellung war dann die eines Schiffsarztes auf einem holländischen Dreimaster ins Malaiische Archipel; und auf dieser Reise beobachtete er bei den damals häufig angewandten Aderlässen, daß das Venenblut der Europäer in den Tropen eine ähnlich helle Farbe aufwies wie das Arterienblut. Dadurch angeregte physiologische Überlegungen bildeten einen der Antriebe, die ihn noch auf der Reede von Surabaya auf Java im Juli 1840 zum Prinzip der Erhaltung der Energie führten; denn schon als Schüler war er tief beeindruckt gewesen durch den Nachweis, daß sich ein ›Perpetuum mobile‹ nicht konstruieren läßt, und während des Studiums war er mit der dynamistischen und romantisch-naturphilosophischen Naturauffassung in Berührung gekommen, die durchgängige Prinzipien und Systematisierung verlangte. Nach seiner Rückkehr wurde er im Mai 1841 Oberamtswundarzt in Heilbronn – und übersandte keine sechs Wochen später zum Abdruck in den ›Annalen der Physik‹ JOHANN CHRISTIAN POGGENDORFF eine erste Abhandlung ›Über die quantitative und qualitative Bestimmung der Kräfte‹ mit der zwar nicht absolut neuen, aber für die Physik ungewohnten Überzeugung, daß neben der Materie auch die immateriellen ›Kräfte‹ (Energien, Arbeit) unzerstörbar seien. Aber abgesehen von diesem an der Romantischen Naturphilosophie orientierten Begriff ›Kraft‹, der im Widerspruch zu dem innerhalb der Physik fast heiligen Begriff ISAAC NEWTONS ›Kraft gleich Masse mal Beschleunigung‹ stand, waren MAYERS Formulierungen einem Physiker zu vage und ungenau; und POGGENDORFF antwortete nicht einmal auf die Einsendung des Manuskriptes, was MAYER aber um so mehr anstachelte, seine Idee weiter zu verfolgen.

ANTOINE LAURENT DE LAVOISIER und andere hatten Ende des 18. Jahrhunderts bewiesen, daß bei chemischen Umsetzungen die gesamte Masse der Stoffe erhalten bleibt. Ähnlich sollen nach MAYER bei physikalisch-chemischen Vorgängen die abstrakten Objekte »Fallkraft [= potentielle Energie], Bewegung [= kinetische Energie], Wärme, Licht, Elektrizität und chemische Differenz« sich nur nach festen zahlenmäßigen Beziehungen ineinander umwandeln. In ihrer Gesamtheit betrachtet, soll die ›Kraft‹ dabei erhalten bleiben. MAYER lehnte eine Stofftheorie der Wärme ab, und auch die anderen ›Imponderabilien‹ schienen ihm nur eine besondere Form der einen ›Kraft‹ zu sein. Von dem Heidelberger Physiker PHILIPP VON JOLLY ermuntert und unterstützt von einem befreundeten Mathematiker, brachte MAYER 1842 abermals seine Gedanken zu Papier – und dieses Mal präziser. JOHANN GOTTLIEB CHRISTIAN NÖRREMBERG hatte ihm den wertvollen Rat gegeben, ein Experiment anzugeben, das die Umwandlung von Bewegung demonstriere, etwa Wärme durch Schütteln von Wasser erzeuge; denn so etwas überzeuge eher als eine philosophische Begründung. Aber MAYER konnte bei diesen Versuchen keine zahlenmäßig zu erfassenden Ergebnisse bekommen. Nach langem Suchen fand er endlich ein geeignetes, von französischen Physikern schon durchgeführtes Experiment zur Wärmeausdehnung eines Gases bei konstantem Volumen und konstantem Druck und konnte hieraus einen für damalige Verhältnisse annehmbaren Wert des mechanischen Wärmeäquivalents berechnen. Ein neuerlicher Aufsatz mit diesen Ergebnissen fand dann den Beifall JUSTUS VON LIEBIGS, der ihn 1842 in seine ›Annalen der Chemie und Pharmazie‹ aufnahm. Die Arbeit, auf der später MAYERS Prioritätsansprüche basierten, trägt den Titel: ›Bemerkungen über die Kräfte der unbelebten Natur‹; in seiner 1845 erschienenen Broschüre ›Die organische Bewegung in ihrem Zusammenhang mit dem Stoffwechsel‹ gab er sein Gedankenexperiment, das aus dem Unterschied der spezifischen Wärmen eines idealen Gases das mechanische Wärmeäquivalent lieferte, genauer an.

Vielen Physikern blieben MAYERS Gedanken lange Zeit unverstanden, obwohl ja schon MICHAEL FARADAY seit 1837 qualitativ nach einem gemeinsamen Maß für die verschiedenen Formen der einen ›Kraft‹ gesucht hatte. JAMES JOULE kam vom Experimentellen her 1843 zu dem gleichen Ergebnis, und 1847 formulierte HERMANN VON HELMHOLTZ das Energieprinzip in seiner Arbeit ›Über die Erhaltung der Kraft‹ vom theoretisch-physikalischen Standpunkt aus. Den aristotelischen Ausdruck ›Energie‹ schlug 1852 WILLIAM JOHN RANKINE als Bezeichnung für die ›Kräfte‹ im Sinne MAYERS vor. Für MAYERS Rechte auf die Entdeckung trat später besonders der irische Physiker JOHN TYNDALL ein, nachdem die wissenschaftliche Welt seine Verdienste nicht anerkannt und fast vergessen hatte. Auch innerhalb der Familie blieb MAYER von harten Schicksalsschlägen nicht verschont; und so.brach er 1850 physisch und psychisch zusammen und mußte sich für einige Zeit in eine Nervenheilanstalt begeben. Der Bann war erst gebrochen, als er auf Betreiben von CHRISTIAN FRIEDRICH SCHÖNBEIN zum korrespondierenden Mitglied der Naturforschenden Gesellschaft zu Basel ernannt wurde, was Anerkennung und zahlreiche Ehrungen nach sich zog. Jetzt konnte er sich in vielen Aufsätzen und Schriften der Erhärtung des Energieerhaltungssatzes widmen.

AUGUST *WILHELM* VON (1888 in Preußen geadelt) HOFMANN
(* 08.04.1818 Gießen, † 05.05.1892 Berlin)

WILHELM HOFMANN wurde in Gießen geboren, der Stadt, die zu der Zeit, als er mit dem Universitätsstudium begann, durch die Tätigkeit JUSTUS VON LIEBIGS Chemiestudenten und junge Chemiker wie ein Magnet anzog; denn hier wurden sie in seinem Laboratorium methodisch in das Experimentalfach eingeführt. So geriet auch HOFMANN, der sich 1836 zunächst dem Studium der Jurisprudenz gewidmet hatte, rasch in den Bannkreis des großen Chemikers. Die ihm dabei vermittelte Begeisterung für diese Wissenschaft hat ihn ein Leben lang beflügelt, und er konnte sie auch auf seine Assistenten und Studenten übertragen. HOFMANN, dessen Vater als Universitätsbaumeister LIEBIGS neues Laboratorium errichtet hatte, hatte während der Diskussion in einem Gerichtsprozeß, für das der große Chemiker ein Gutachten geliefert hatte, diesen beeindruckt, und aus der persönlichen Bekanntschaft wurde rasch ein inniges Lehrer-Schüler-Verhältnis. 1841 promovierte er bei LIEBIG mit der Arbeit ›Chemische Untersuchungen der organischen Basen im Steinkohlentheeröl‹, womit er gleichzeitig die ›venia legendi‹ erlangte, und wurde 1843 sein Privatassistent, ging dann 1845 nach Bonn, um sich zu habilitieren, und erregte hier die Aufmerksamkeit des englischen Prinzgemahls Albert, der sich persönlich für seine Berufung nach London einsetzte; vor seiner Abreise hatte ihn der preußische Kultusminister auf Empfehlung LIEBIGS noch zum Extraordinarius ernannt (um ihn nach der Rückkehr gleichsam für Bonn oder doch Preußen zu verpflichten). In London übernahm Hofmann noch im selben Jahr 1845 die Leitung des neuen College of Chemistry, das 1846 (seitdem Royal College) in die Hände der Regierung überging, woraufhin Hofmann 1852 die Stellung eines Staatsbeamten erhalten konnte. Erst nach zwanzig Jahren, auf der Höhe seines Ruhms, kehrte er 1864 nach Deutschland zurück – und wurde ordentlicher Professor der Chemie in Bonn; schon im folgenden Jahr erreichte ihn jedoch ein Ruf nach Berlin, wo er bis zu seinem Lebensende blieb. Hier gehörte er zu den Gründern der Deutschen Chemischen Gesellschaft, deren Präsident er mehrmals gewesen ist.

Aus Hoffmanns zahlreichen Untersuchungen zur analytischen und präparativen Chemie ragen insbesondere seine bahnbrechenden Arbeiten zu den aus Teer gewonnenen künstlichen Farbstoffen heraus, deren Verwertung sich vor allem in England und Deutschland zu einem blühenden Industriezweig der Chemie auswachsen sollte. Bereits in seiner Dissertation über die flüchtigen Basen des Steinkohlenteers wies Hofmann die Existenz von Chinolen und des Anilin nach, das später seinen Namen berühmt machen sollte. Er konnte 1843 experimentell zeigen, daß zahlreiche in der Literatur mit unterschiedlichsten Namen benannte Substanzen tatsächlich Anilin waren, und fand dann 1845 eine Methode, aus dem im Teer reichlich vorhandenen Benzol das Anilin (Phenylamin) zu gewinnen, indem er zuerst nitrierte (Nitrobenzol), dann mit Wasserstoff reduzierte; auch gelang ihm die Halogenierung des Anilins. Während des 20jährigen Wirkens in London wurde Hofmann mit seinen Arbeiten zum Anreger und Mittelpunkt neuer Bestrebungen der Forschung und des Aufbaus einer Farbstoffindustrie; sein auf dortigen Vorlesungen beruhendes Lehrbuch ›Einleitung in die moderne Chemie‹ (Braunschweig 1866) erlebte bis 1877 sechs Auflagen. Zu seinen Londoner Schülern gehört neben William Crookes vor allem William Henry Perkin, der 1855 sein Assistent wurde und 1856 den später Mauvein genannten Teerfarbstoff entdeckte, den er dann gemeinsam mit seinem Vater industriell verwertete. Hofmann entwickelte mit dem Rosanilin als Grundkörper weitere Farbstoffe von überwältigender Schönheit, und die Londoner Weltausstellung von 1862 war ein Triumph für den neuen, auf seinen Forschungen basierenden Industriezweig. Ab 1863 stellte er die nach ihm ›Hofmannsche Violette‹ genannte Gruppe von Farbstoffen sowie Safranine und Chinolinfarbstoffe her und arbeitete eng mit der auch in Deutschland entstehenden Farbstoffindustrie zusammen, die bald den englischen Vorsprung aufholen sollte.

Im Bereich der chemischen Theorien übernahm HOFMANN zunächst eine Art Mittlerrolle zwischen der dualistisch-elektrochemischen Theorie und der Radikaltheorie ein, erkannte aber bald, daß für die organische Chemie nur die Radikaltheorie weiterführen konnte, und entwickelte selbst den Ammoniaktypus.

HERMANN LUDWIG FERDINAND VON (ab 1882) HELMHOLTZ

(* 31.08.1821 Potsdam, † 08.09.1894 Berlin)

Der wohl letzte universelle Naturforscher HERMANN VON HELMHOLTZ, von JAMES CLERK MAXWELL »the intellectual giant« genannt, beherrschte noch die gesamte Naturwissenschaft und vollständig die Physiologie und Physik seiner Zeit. Sein Vater, ein Gymnasiallehrer, hatte ihn allerdings an das militärärztliche Kgl. Medizinisch-Chirurgische Friedrich-Wilhelms-Institut (›Pépinière‹) in Berlin geschickt, weil ein Physikstudium keine gesicherte Existenzgrundlage zu versprechen schien. Nach seiner Promotion (1842) war er dann Unterchirurg an der Charité und ab 1843 als Eskadron-Chirurg Militärarzt in Potsdam tätig, bis er 1848 als Lehrer der Anatomie an der Berliner Akademie der Künste seine erste akademische Anstellung erhielt und gleichzeitig als Nachfolger seines Freundes EMIL DU BOIS-REYMOND Gehilfe (Assistent) an der Anatomisch-Zootomischen Sammlung bei JOHANNES MÜLLER wurde. 1849 kam es wiederum zu einem Tausch der Stellen mit DU BOIS-REYMOND, und HELMHOLTZ wurde außerordentlicher (sowie zwei Jahre später ordentlicher) Professor für Physiologie und Pathologie und Leiter des Instituts für Physiologie an der Universität Königsberg. Danach wirkte er drei Jahre als Professor der Physiologie und Anatomie an der seinerzeit ebenfalls preußischen Universität Bonn (1855–1858) und folgte dann nach längeren Auseinandersetzungen zwischen badischem und preußischem Kultusministerium einem Ruf als Professor der Physiologie nach Heidelberg, wo er die vielleicht glücklichsten und schaffensreichsten Jahre verbrachte, wobei sich sein wissenschaftliches Interesse immer mehr von der Physiologie auf das mathematische und theoretisch-physikalische Gebiet verlagerte; folgerichtig übernahm er dann im Sommer 1871 auch die Professur für Physik an der Universität Berlin und wurde Mitglied der Preußischen Akademie der Wissenschaften. 1887 übertrug man ihm die Präsidentschaft der neugegründeten Physikalisch-Technischen Reichsanstalt in Berlin-Charlottenburg, die er bis zu seinem Tode leitete.

HELMHOLTZ gehörte schon an den MÜLLERschen Zootomischen Sammlungen zu den Vorkämpfern einer chemisch-physikalisch statt vitalistisch ausgerichteten Physiologie, der sein Lehrer der Medizin, JOHANNES MÜLLER, allerdings selber noch anhing. HELMHOLTZ war schon vor seiner dortigen Gehilfenzeit 1847 mit einer kurzen Schrift ›Über die Erhaltung der Kraft‹ ein großer Wurf gelungen, der ihn neben ROBERT MAYER und JAMES JOULE zu einem der Begründer des Prinzips von der Erhaltung der Energie machte. Seinen theoretisch-physikalischen Darlegungen konnten sich die Physiker, obgleich sie von Untersuchungen zum Stoffwechsel und zur Wärmeentwicklung bei Muskeltätigkeiten ausging, nicht verschließen. Der begnadete Mathematiker und Physiker HELMHOLTZ konnte so denn auch der Physiologie exakte Züge verleihen. Weitere die Physiologie und die Physik verknüpfende Meisterwerke sind sein ›Handbuch der physiologischen Optik‹ (1856–1867) – hierin ist auch die auf Ideen THOMAS YOUNGS zurückgehende Dreifarbenlehre, die Dreikomponenten-Farbtheorie, enthalten, die ihre große Bedeutung erst im Zeitalter des Farbfernsehens erhalten sollte – sowie seine ›Lehre von den Tonempfindungen‹ (1862), mit der er sich in das Reich der Musik und Harmonielehre begab und das Musik- beziehungsweise Ton-Empfinden naturwissenschaftlich begründete, indem er unter anderem die Klangfarbe mit Hilfe von Resonatoren (Glasgefäße) analysierte, unter Einbeziehung der Obertöne eine Theorie der Kombinationstöne entwickelte und Luftschwingungen in offenen Röhren untersuchte. Wesentliches trug er auch zur Verbesserung der diagnostischen Praxis in der Ophthalmologie durch seine Erfindung des Augenspiegels (1850), mit dem sich die Netzhaut beobachten läßt, durch die Konstruktion des Farbenmischapparates (additive Farbmischung) und die Erklärung der Nah-Anpassung des Auges (HELMHOLTZsche Theorie) bei.

Auch auf rein physikalischen Fachgebieten übte Helmholtz nachhaltigen Einfluß aus. Seine Einführung des Energieprinzips hatte schon eine Kritik an der damals herrschenden Elektrodynamik mit Wilhelm Webers Grundgesetz der Elektrizität enthalten, einem Fernwirkungsgesetz, das von einer unendlich großen Ausbreitungsgeschwindigkeit magnetischer und elektrischer Wirkungen ausging, während Michael Faraday und J. C. Maxwell eine Nahewirkungstheorie dagegen gesetzt hatten, die mit elektrischen und magnetischen Feldern, denen sie eine bestimmte endliche Fortpflanzungsgeschwindigkeit zuschrieben, arbeitete. Maxwell hatte für die Aufstellung der vier Grundgleichungen der Elektrodynamik auf Sätze aus Helmholtz' Hydrodynamik über die Wirbelbewegung zurückgegriffen; das magnetische Feld eines stromdurchflossenen Leiters sollte dabei dem Fluß einer inkompressiblen Flüssigkeit um einen Wirbelfaden entsprechen. Das öffnete ihm natürlich das Verständnis der Faraday-Maxwellschen Theorie, und Helmholtz konnte so in Deutschland die heranwachsende Physikergeneration mit ihr vertraut machen. Immerhin war es dann sein Schüler Heinrich Hertz, der dieser Theorie durch den experimentellen Nachweis elektromagnetischer Wellen zum endgültigen Sieg verhelfen konnte. Im Gegensatz zu Hertz behielt Helmholtz allerdings noch die Vorstellungen von der Existenz elektrischer Ladungen bei. In seiner bekannten Faraday-Vorlesung sprach er 1881 in London sogar bereits prophetisch, aber bedingt, von einem elektrischen ›Elementarquantum‹, während seine Abhandlungen über die Dispersion des Lichts Hendrik Antoon Lorentz zu seiner Elektronentheorie anregten.

Emil Heinrich Du Bois-Reymond
(* 07.11.1818 Berlin, † 26.12.1896 Berlin)

Emil Du Bois-Reymond entstammte einer in Berlin ansässigen Hugenotten-Familie aus dem Kanton Neuchâtel (Neuenburg), das damals zu Preußen gehörte, und ging in Berlin auch auf das französische Gymnasium, wo er 1837 sein Abitur ablegte. Wegen seiner vielseitigen Veranlagungen studierte er ziemlich unentschlossen ab 1837 in Berlin, später in Bonn Theologie, Philosophie, Mathematik und Geologie, bis sich seine Interessen mehr den Naturwissenschaften zuneigten und er, 1839 nach einem Zusammentreffen mit Matthias Schleiden in Jena nach Berlin zurückgekehrt, zur Medizin überwechselte und nach dem Studium bei Johannes Müller dessen Assistent wurde und 1843 zum Doktor der Medizin promovierte. 1846 habilitierte er sich für das Fach Physiologie. 1848 ging er als außerordentlicher Professor für Physiologie und allgemeine Pathologie nach Königsberg; sein Nachfolger als Gehilfe bei Müller wurde Hermann von Helmholtz, mit dem ihn seit 1847 eine lebenslange freundschaftliche ›Kampfgemeinschaft‹ für die physikalisch-chemische Fundierung der Physiologie und gegen jeglichen Vitalismus verbinden sollte. Die Pensionierung des Vaters zwang Du Bois-Reymond jedoch, bereits im folgenden Jahr auf die Berliner Gehilfenstelle, die er dann bis 1855 inne hatte, zurückzukehren – Helmholtz hatte einen Ruf nach Königsberg erhalten und überließ ihm auch die Stelle eines Anatomielehrers an der Berliner Akademie der Künste (bis 1853). 1855 wurde Du Bois-Reymond außerordentlicher und 1858 als Nachfolger Müllers nach der Teilung dessen Lehrstuhls für Physiologie und Anatomie ordentlicher Professor für Physiologie und gleichzeitig Direktor des Physiologischen Institutes, dessen Neubau von 1877 nach seinen Plänen errichtet wurde. Seit 1851 war er Mitglied der Preußischen Akademie der Wissenschaften und ab 1867 ständiger Sekretär ihrer mathematisch-physikalischen Klasse.

Entscheidend für den Lebensweg Du Bois-Reymonds war die Empfehlung seines Lehrers J. P. Müller aus dem Jahre 1841, die elektrophysiologischen Forschungsergebnisse des italienischen Physikers Carlo Matteucci gründlich zu überprüfen; denn diese Untersuchungen bildeten fortan den Inhalt seines wissenschaftlichen Lebens (nach 1858 ließen die Unterrichtsverpflichtungen allerdings keine systematischen experimentellen Untersuchungen mehr zu). Die ersten, noch kritisch an Matteucci orientierten Ergebnisse erschienen 1843 in ›Poggendorffs Annalen der Physik und Chemie‹, wodurch A. von Humboldt auf ihn und den Kreis junger Physiker und Physiologen, den er um sich geschart hatte, aufmerksam wurde. Mit der historischen Einarbeitung in das Untersuchungsgebiet als Dissertation (›Quae apud veteres de piscibus electricis exstant argumenta‹) promovierte er im selben Jahr. Auf Humboldts Vermittlung sollte dann nicht

nur Du Bois-Reymonds mehrfache Demonstration elektrophy-
siologischer Versuche im Jahre 1850 vor einer Kommission der
Akademie der Wissenschaften in Paris, der damaligen Hochburg
der Naturwissenschaften, zurückgehen, sondern auch seine ungewöhnlich frühe Wahl zum Mitglied der Preußischen Akademie
der Wissenschaften im folgenden Jahre. Die Versuche und das
ihnen zugrundeliegende antivitalistische Grundkonzept führten
auch zu einer lebenslangen freundschaftlichen Beziehung zu seinem Berliner Studienfreund Ernst Wilhelm von Brücke und
zu Carl Ludwig, die dann, ergänzt durch H. von Helmholtz,
gemeinsam zu den Wegbereitern einer streng physikalisch orientierten Physiologie wurden. Du Bois-Reymond hatte sich für
seine Zwecke eine ganze Reihe verbesserter Meßinstrumente
konstruiert, die Elektrobiologie als selbständiges Arbeitsgebiet
definiert und bereits 1848 den ersten Band seiner berühmten
›Untersuchungen über thierische Elektricität‹ (Bd 2, Teil 1 1849;
Teil 2,1 1860, Teil 2,2 1884) veröffentlicht. Schon in der ersten
Publikation von 1843 hatte er vom Nachweis des Muskel- und
Nervenstroms an Froschschenkelpräparaten berichten können,
später kamen die Ströme des (nicht aktivierten) Herzmuskels,
des Auges, der Lunge und Leber, der Nieren und Drüsen sowie
der glatten Muskulatur und des Knochens hinzu. Er entdeckte
unter anderem den Ruhe- oder Verletzungsstrom des Muskels,
die negative Schwankung beziehungsweise Stromminderung bei
Muskelerregung und den elektrotonischen Effekt als Begleitphä-
nomen stromdurchflossener Nerven. Du Bois-Reymond machte
als Ursache für die beständigen Organströme in Anlehnung an A.
Ampères Theorie der Molekularmagnete Moleküle verantwortlich, die sich, mit entsprechender bipolarer Ladung versehen, im
Inneren der Organe ausrichten sollten. Diese Molekulartheorie
konnte allerdings als Erklärung nicht aufrecht erhalten werden.

Obwohl Du Bois-Reymond vitalistische Erklärungen organischer Prozesse und eine Teleologie entschieden ablehnte,
sprach er sich in öffentlichen Reden bestimmt dagegen aus, Geist
und Bewußtsein aus materiellen Bedingungen erklären zu wollen. So etwa auf der 45. Versammlung Deutscher Naturforscher
und Ärzte 1872 in der berühmten Rede über die grundsätzlichen
›Grenzen des Naturerkennens‹ hinsichtlich der Fragen nach dem
›Wesen von Materie und Kraft‹ und dem Entstehen einfacher Sin-
nesempfindung – mit der vielzitierten Schlußfolgerung: »Ignora-

mus et ignorabimus« (»Wir wissen es nicht und werden es nie wissen«) – und in der Leibniz-Rede vor der Berliner Akademie des Jahres 1880 über ›Die sieben Welträtsel‹, in der er die »Grenzen« erweiterte um den ›Ursprung der Bewegung‹, während die Fragen nach dem Entstehen des Lebens, die Zweckmäßigkeit der lebenden Natur, Denken und Sprache sowie die Willensfreiheit, welche die ›Welträtsel‹ auf sieben erhöhen könnten, in seinen Augen keine prinzipiellen Erkenntnisgrenzen erreichen sollten; in dieser Rede wird die Mißverständlichkeit des »ignorabimus« ersetzt durch ein »dubitemus« (»Wir sollten zweifeln«). Besonders mit diesen beiden Reden hat DU BOIS-REYMOND eine ganze Generation von Naturwissenschaftlern angeregt, über ihr eigenes Tun erkenntnistheoretisch nachzudenken.

RUDOLF JULIUS EMMANUEL CLAUSIUS
(* 02.01.1822 Köslin [Pommern], † 24.08.1888 Bonn)

RUDOLF CLAUSIUS ist einer der Schöpfer der mechanischen Wärmetheorie sowohl durch seine Beiträge zur Thermodynamik als auch durch den Ausbau der kinetischen Gastheorie, der er sich ab 1857 widmete. Als sechster Sohn von insgesamt 18 Kindern eines Oberlehrers und Schulrats in Köslin besuchte er das Gymnasium in Stettin und studierte dann in Berlin und Halle, gab daneben aber auch Privatunterricht, um seine jüngeren Geschwister zu unterstützen. 1850 wurde er Professor für Physik an der Kgl. Artillerie- und Ingenieurschule in Berlin, ging 1855 als ordentlicher Professor an das Polytechnikum in Zürich, 1867 nach Würzburg und schließlich 1869 nach Bonn.

Bereits 1850 hatte CLAUSIUS in seiner Arbeit ›Über die bewegende Kraft der Wärme‹ die ältere Wärmestofftheorie (mit dem ›Wärmeerhaltungssatz‹), die nach ROBERT MAYERS und JAMES P. JOULES Entdeckung des mechanischen Wärmeäquivalents unhaltbar geworden zu sein schien, ersetzt durch das Prinzip der Äquivalenz von Arbeit und Wärme, deren Summe erhalten bleibe (1. Hauptsatz der Thermodynamik). Damit zeigte er, daß der Grundgedanke von SADI CARNOT, der noch der Wärmestofftheorie anhing, daß nämlich zur Gewinnung mechanischer Arbeit ein Wärmeübergang von einer höheren zu einer niedrigeren Temperatur nötig sei und die geleistete Arbeit nur von der Temperatur abhänge, mit dem Energieerhaltungsprinzip vereinbar ist, und modifizierte ihn so zum 2. Hauptsatz der Thermodynamik, dem CARNOT-CLAUSIUSschen Prinzip (1854). Wärme kann danach nicht von selbst (ohne sonstige Veränderungen) von einem kälteren auf einen wärmeren Körper übergehen (ein ›Perpetuum mobile‹ 2. Art ist unmöglich).

CLAUSIUS' wichtigen Beiträge zur kinetischen Gastheorie bilden eine Weiterführung von Ansätzen bei AUGUST KARL KRÖNIG: Er berücksichtigte neben der Translation der Moleküle auch deren Rotation und Schwingungen (1857) und führte 1858 die Größen ›mittlere freie Weglänge‹ sowie ›mittlere kinetische Energie‹ ein. Seltsamerweise interessierte er sich dann nicht für die Vollendung der Gastheorie durch seine Zeitgenossen J. C. MAXWELL und LUDWIG BOLTZMANN und zog auch nicht die kinetische Gastheorie zum Verständnis der irreversiblen Entropiezunahme heran. 1865 gelang ihm aber die präzisierte mathematische Formulierung des zweiten Hauptsatzes der Thermodynamik durch die Einführung der Zustandsgröße ›Entropie‹, die bei keinem Prozeß insgesamt abnehmen könne: »Die Energie der Welt ist constant; die Entropie strebt einem Maximum zu«, lautet seine berühmte, die beiden Hauptsätze der Thermodynamik zusammenfassende Formulierung. CLAUSIUS hat wie der schottische Ingenieur und Physiker WILLIAM JOHN RANKINE, der 1854 die thermodynamische Funktion eingeführt hatte, die CLAUSIUS später in die Definition der ›Entropie‹ aufnahm, auch wärmetechnische Untersuchungen an mit Wasserdampf betriebenen Kraftmaschinen (Dampfmaschinen) durchgeführt. Hinzu kommen Arbeiten zur Elektrodynamik. So hat er die mathematische Beziehung zwischen der molekularen elektrischen Polarisierbarkeit eines Stoffes und seiner relativen Dielektrizitätskonstante aufgestellt.

LOUIS PASTEUR

(* 27.12.1822 Dôle [Jura, Frankreich],
† 28.09.1895 Villeneuve-L'Etang [bei Paris])

PASTEUR, Sohn eines Gerbers, trat 1839 in das Königliche Collège von Besançon ein und verließ es 1840 als Bakkalaureus. 1843 fand er Aufnahme an der École Normale in Paris, wo er nach seiner Promotion mit einer Arbeit über die Polarisation von Flüssigkeiten Assistent wurde. 1848 ging er als Professor an das Lyzeum in Dijon, 1849 als Professor der Chemie an die Universität Strasbourg. Eine von der Académie française finanzierte Reise führte ihn 1852 nach Leipzig, Prag und Wien; 1854 wurde er zum Dekan der neu errichteten Fakultät der Naturwissenschaften in Lille berufen, 1858 schließlich zum Leiter der École normale, wo er sich ein eigenes chemisch-physiologisches Laboratorium einrichten konnte; er blieb auch weiterhin Leiter dieses Laboratoriums, als er 1867 als Professor der Chemie an die Sorbonne ging und dieses Amt bis 1873 einnahm. 1868 erlitt er einen ersten Schlaganfall, der linksseitig eine teilweise Lähmung hinterließ. Nach einem zweiten Schlaganfall, der zu einer Stimmbandlähmung führte, legte er 1888 alle seine Ämter nieder und übernahm die Leitung eines privaten Instituts (›Institut Pasteur‹), das durch Spenden aus aller Welt finanziert wurde.

Obwohl PASTEUR sich vor allem an praktischen Problemen orientierte, enthalten seine theoretischen und methodischen Ergebnisse der mikrobiologischen Forschung das enorme medizinische und wirtschaftliche Potential der modernen experimentellen Biochemie, das es in der Folge zu entfalten galt: In den Jahren 1846 bis 1857 beschäftigte er sich vorwiegend mit kristallographischen Fragestellungen, insbesondere zu optisch aktiven Verbindungen. In seiner ersten Arbeit erkannte er Traubensäure als ein Gemisch links- und rechtsdrehender Weinsäure und begründete die Theorie des asymmetrischen Kohlenstoffatoms als Basis der modernen Stereochemie. Nach seiner Theorie von 1848 sind die Moleküle lebender Organismen asymmetrisch, synthetisierte dagegen nicht, was er durch Vergären von rechtsdrehendem und optisch inaktivem Ammoniumtartrat bestätigen konnte, weil nur diese Form vergärte – damit war auch dessen optische Isomerie entdeckt. In Lille begann er in den dortigen Spiritusfabriken Material zur alkoholischen Gärung (er unterschied später zwischen alkoholischer und Milchsäuregärung) zu sammeln; in Paris setzte er dieser Arbeiten fort und fand dabei, daß Gärung eine physiologische Funktion der Hefe ist und durch Mikroorganismen verursacht wird, isolierte und züchtete die speziellen Mikroben der Milch-, Butter- und Essigsäuregärung und arbeitete auch über Gärungsnebenprodukte. Er wurde mit diesem Ansatz einer physiologischen Betrachtung der Mikroorganismen (statt etwa einer morphologischen wie bei ROBERT KOCH) zum Begründer der Gärungschemie. 1860 konnte er experimentell nachweisen, daß die Gärung und Fäulnis erregenden Mikroben nicht erst bei den chemischen Prozessen entstehen, sondern als feste Bestandteile schon die natürliche Umgebungsluft verunreinigen, weil es zu den Prozessen nur bei Zutritt dieser Luft kam, während ihr Ausschluß sie verhinderte. Er konnte damit die letzte Nische, in die sich die aus der griechischen Antike stammende Idee von einer Urzeugung noch zurückgezogen hatte, und damit die Urzeugungstheorie generell widerlegen. 1861 fand er die Zurückdrängung der anaeroben Gärung durch den Zutritt von Sauerstoff (›PASTEUR-Effekt‹), 1864 die Verhinderung weiterer Gärung durch Erhitzen von Wein und Bier auf 45°–65° Celsius, was als sogenanntes ›Pasteurisieren‹ (besonders von Milch) rasch Anwendung fand und aus der heutigen Konservierung von Lebensmitteln nicht mehr wegzudenken ist. Hierbei würden die Keime abgetötet. Die weithin akzeptierte Analogie zwischen Gärung und Krankheit führte PASTEUR weiter zur Annahme von Mikroorganismen als Krankheitserregern, was weitreichende Folgen für die Medizin hatte. Erstmals hatte er bei der Untersuchung der Fleckenkrankheit der Seidenraupen (Epidemie 1867) Mikroben als Ursache entdeckt und nachgewiesen und den Übertragungsmechanismus aufgeklärt; durch Vernichten der verseuchten Eier trug er wesentlich zu Therapie und Prophylaxe bei.

1877 wandte er sich dem Milzbrand zu, stützte ROBERT KOCHS bakteriologische Entstehungstheorie, ging jedoch wiederum mehr von der praktischen Anwendung der theoretischen Erkenntnisse aus. Er schwächte die Virulenz lebender Milzbranderreger durch Kultivierung unter erhöhter Temperatur ab und konnte 1881 in einem aufsehenerregenden Feldversuch demonstrieren, daß Rinder, die mit diesem abgeschwächten Erreger infiziert worden waren, nicht mehr an einer Infektion mit dem originalen Rindermilzbranderreger starben. Ab 1880 hat er daneben über die Hühnercholera und den Schweinerotlauf gearbeitet und entsprechende ›Impfstoffe‹ entwickelt – und schließlich über die Tollwut, womit er das Prinzip einer ›Impfung‹ zur Behandlung und Prävention auf den Menschen übertrug und sogleich über eine Abschwächung der Virulenz des Erregers durch Kultivierung in verschiedenen Tierarten und durch In-vitro-Kulturen an die Herstellung eines geeigneten ›Impfstoffes‹ ging. Die erste erfolgreiche Impfung eines mit Tollwut infizierten Kindes erfolgte 1885 – und eröffnete eine neue Ära nicht nur für die Tollwutbekämpfung, sondern für diese Behandlungsmethode generell (bis zu PASTEURS Tod wurden bereits 20000 an Tollwut erkrankte Menschen behandelt).

WILLIAM THOMSON,
Lord Kelvin of Largs (ab 1892)
(* 26.06.1824 Belfast,
† 17. 12. 1907 Netherhall [Largs, Schottland])

Der frühreife WILLIAM THOMSON, der spätere Lord Kelvin of Largs, dessen Vater an der Universität Glasgow Lehrer der Mathematik war, immatrikulierte sich schon als zwölfjähriger Knabe an dieser Universität; und nach dem regulären Mathematik- und Physik-Studium in Glasgow und Cambridge wurde er bereits mit 22 Jahren als Professor der theoretischen Physik nach Glasgow berufen. Hier blieb der ideenreiche Physiker, der zu fast allen Gebieten der Physik wesentliches beitrug und vor allem eine Verknüpfung von wissenschaftlicher Forschung und technisch-wirtschaftlicher Anwendung anstrebte und praktizierte, auch bis zu seiner Emeritierung im Jahre 1895. Als Ingenieur besaß er eine fast unerschöpfliche Erfindungsgabe, und die Faszination, die er auf seine Zeitgenossen ausübte, beruht zu einem großen Teil gerade auf seiner Koordinierung von Technik und Industrie auf der einen und exakter naturwissenschaftlicher Forschung auf der anderen Seite. So wurden in seinem Glasgower Universitätslaboratorium beispielsweise durch elektrische Widerstandsmessungen die Maße der Leitungsdrähte bestimmt, die er bei der ersten Überseekabellegung benutzte. 1866 wurde er für seine Verdienste bei dieser technischen Großtat von der Königin geadelt. Er besaß viele Patente für die Unterwassertelegraphie und Navigation und hat, getreu seinem Ausspruch: »Messen ist Wissen«, beispielsweise die elektrische Meßtechnik durch das Schutzring- und das Quadrantelektrometer sowie das Spiegelgalvanometer erweitert und den Schiffskompaß verbessert.

Auf THOMSONS Initiative hin wurde von der British Association ein Komitee für elektrische Maßeinheiten gebildet und die von WILHELM WEBER entwickelten Einheiten und Meßmethoden (1861) übernommen. Sie sind die Grundlagen unserer heutigen elektrischen Maßeinheiten. Bei seinen Untersuchungen zur Elektrik verglich er, frühzeitig auf JOSEPH FOURIERS ›Theorie analytique de la chaleur‹ (1822) aufmerksam geworden, den Stromtransport in einem elektrischen Leiter mit der Wärmeleitung und die Verteilung elektrostatischer Kräfte im Umfeld solcher Leiter mit der Wärmeverteilung und gelangte so zu einer Deutung elektrostatischer und elektrodynamischer Phänomene im Sinne der Feldvorstellungen MICHAEL FARADAYS. In seiner Arbeit über ›Kurzfristige elektrische Ströme‹ bei der Entladung einer Leidener Flasche (1853) – man bezeichnete sie später als Schwingungsvorgänge – fand er in Analogie zur Pendelbewegung die bekannte, nach ihm benannte Schwingungsformel, ohne jedoch schon die Möglichkeit elektromagnetischer Wellen in Betracht zu ziehen. Zur mechanischen Erklärung der elektromagnetischen Vorgänge im Äther entwickelte THOMSON in der Folgezeit mehrere Modelle, darunter das des quasirigiden Äthers. Auf Anregung von HERMANN VON HELMHOLTZ schuf er 1867 auch ein Wirbelatommodell, das eine Möglichkeit eröffnete, die Materie allein durch Bewegung eines kontinuierlichen Mediums zu individualisieren; es fand aber keinen großen Anklang.

Von ebenso großer Bedeutung für die Physik und deren Anwendung waren THOMSONS wissenschaftlichen Untersuchungen zur Thermodynamik. 1847 hatte er JAMES JOULE bei einem Referat über das mechanische Wärmeäquivalent kennen gelernt und eine lebenslange enge Freundschaft mit ihm begründet. Beide gemeinsam fanden 1854 bei Drosselversuchen den ›JOULE-THOMSON-Effekt‹, der besagt, daß bei den realen Gasen eine kleine Temperaturdifferenz vor und hinter der Drosselstelle besteht, und daraufhin gestattete, bis dahin nicht kondensierbare Gase wie Wasserstoff, Sauerstoff, Stickstoff und die Edelgase zu verflüssigen, was neben der Zustandsgleichung von JOHANNES DIDERIK VAN DER WAALS für die vor allem durch CARL VON LINDE geförderte technische Gasverflüssigung und Kühltechnik große Bedeutung erlangen sollte. In seiner Schrift ›Thermoelektrische Ströme‹ kam THOMSON 1854 auch auf die schon früher geäußerte Idee einer absoluten Temperaturskala zurück, beachtend, daß eine spezifische Stoffkonstante, wie etwa der Ausdehnungskoeffizient von Quecksilber oder einem realen Gas, hier nicht eingeht, woraufhin nur ein mit verdünntem Wasserstoff gefülltes Gasthermometer den Eigenschaften eines idealen Gases genügend nahekommt. Zur Festlegung seiner absoluten thermodynamischen Skala ging er vom CARNOTschen Kreisprozeß aus, woraufhin das Verhältnis zweier absoluter Temperaturen aus dem Quotienten zweier Wärmemengen, also auf energetischem Wege, bestimmt werden kann. SADI CARNOTs Abhandlung ›Réflexions sur la puissance motrice du feu et sur les machines propres à développer cette puissance‹ von 1824 hatte er kennen gelernt, als er 1848 in Paris bei VICTOR REGNAULT arbeitete. Sie bestimmte das maximale Leistungsvermögen einer idealen Wärmekraftmaschine, wozu CARNOT davon ausging, daß die Wärmemenge sich während des Vorgangs der mechanischen Arbeitsleistung nicht verändert, jedoch sinke die Temperatur, indem der Wärmestoff, gleichsam wie das Wasser am Mühlrad, eine Höhendifferenz durchfalle. THOMSON wurde hierdurch zwar zu der absoluten Temperaturskala angeregt, doch vermochte er zunächst nicht, den richtigen Teil in CARNOTs Überlegungen vom falschen Teil zu trennen, der dem ersten Hauptsatz der Wärmelehre von RUDOLF CLAUSIUS widersprach, der sie dann in seiner Arbeit ›Über die bewegende Kraft der Wärme‹ von 1850 durch wenige Änderungen mit dem Energieprinzip hatte vereinen können. Im Wechselspiel auf einander Bezug nehmender Abhandlungen konnte THOMSON dann schon im Folgejahr mit seiner Arbeit ›On the Dynamical Theory of Heat‹ zur Vertiefung des zweiten Hauptsatzes der mechanischen Wärmetheorie von CLAUSIUS beitragen und sprach von der Dissipation oder Zerstreuung der Energie und vom Wärmetod der Welt. CLAUSIUS konnte daran anschließend 1854 dem zweiten Hauptsatz eine mathematische Form geben und prägte 1865 den Begriff ›Entropie‹.

FRIEDRICH *AUGUST* KEKULÉ

(seit 1895 KEKULÉ VON STRADONITZ)

(* 07.09.1829 Darmstadt, † 13.07.1896 Bonn)

In Darmstadt als Sohn eines Oberkriegsrates geboren, sollte AUGUST KEKULÉ nach dem Besuch des Gymnasiums in Darmstadt Architekt werden, mit welchem Ziel er 1847 auch an der

Landesuniversität Gießen sein Studium begann – und später ›zur Besinnung‹ für ein Semester an das Polytechnikum in Darmstadt geschickt wurde. In Gießen hatten ihn jedoch die Vorlesungen JUSTUS VON LIEBIGS so sehr gefesselt, daß er sich trotzdem gänzlich der Chemie zuwandte. Eine Studienreise führte ihn 1851/52 nach Paris, wo er Vorlesungen von JEAN-BAPTISTE DUMAS und CHARLES GERHARDT hörte, die beide gegenüber der alten Auffassung von JÖNS JAKOB BERZELIUS die neue Typenlehre vertraten. Nach der Promotion bei LIEBIG (1852) wurde er Privatassistent bei dem LIEBIG-Schüler ADOLPH VON PLANTA auf Schloß Reichenau bei Chur (Kanton Graubünden, Schweiz) und 1854 Labor-Assistent von JOHN STENHOUSE am Bartholomew's Hospital in London, einem weiteren LIEBIG-Schüler, wo er in engen Kontakt mit jungen Wissenschaftlern kam, die voller neuer Ideen steckten, hierunter vor allem mit EDWARD FRANKLAND und dem Professor der Chemie am University College in London ALEXANDER WILLIAM WILLIAMSON, ebenfalls einem LIEBIG-Schüler, und seinem Kreis junger englischer und deutscher Chemiker, der sich intensiv mit Konstitutionsfragen beschäftigte. Im Jahre 1855 habilitierte KEKULÉ sich bei ROBERT BUNSEN in Heidelberg und wirkte hier bis 1858 als Privatdozent für organische Chemie. 1857 wurde er auf Empfehlung LIEBIGS als ordentlicher Professor der Chemie nach Gent berufen und richtete dort ein Praktikum nach dem Gießener Vorbild ein. Neun Jahre später übernahm er als Nachfolger von AUGUST WILHELM HOFMANN dessen Lehrstuhl an der Universität in Bonn, wo er bis an sein Lebensende wirkte. Sein dortiges Institut wurde bald zu einem internationalen Zentrum theoretischer und experimenteller Forschung in der organischen Chemie, in dem die neuen Grundlagen für die synthetische Farbstoff- und Arzneimittelherstellung geschaffen wurden.

KEKULÉ stieß bei Untersuchungen des Knallquecksilbers auf die Vierwertigkeit des Kohlenstoffs – den Begriff ›Wertigkeit‹ oder ›Valenz‹ prägte allerdings erst 1868 CARL HERMANN WICHELHAUS, KEKULÉ sprach von ›Atomigkeit‹. Jedem Atom oder jedem Rest kommt danach eine bestimmte chemische Affinität zu, die sich in der Anzahl der gebundenen Atome ausdrückt. KEKULÉ konnte den damals bekannten Typen als neuen Grundtyp den des Methans hinzufügen und erkannte, daß Kohlenstoffatome sich auch kettenförmig selbst miteinander verbinden können, wodurch die Vielzahl organischer Stoffe erklärlicher wurde. – KEKULÉ schrieb seine Formeln noch nicht mit den erst von Archibald Scott Couper einführten Valenzstrichen. – So bahnte er, ausgehend von den Ideen der Typenlehre, den Weg zur Strukturchemie, mit der sich ein großer Teil der organischen Verbindungen systematisch erfassen ließ. Nur eine ganze Gruppe organischer Stoffe, die aromatischen Verbindungen, wollten in dieses Schema nicht passen. Kekulé muß lange und intensiv über dieses Problem nachgedacht haben; denn, so berichtet er, plötzlich hatte er in halbwachem Zustand, wie schon früher gelegentlich, eine Vision tanzender Atome, die sich diesmal aber nicht zu einer offenen Kette gruppierten, sich vielmehr wie eine Schlange, die sich in den Schwanz beißt, zu einer »geschlossenen Kette« zusammenfügten. 1861 gelang ihm so mit dem neuartigen Grundtypus des Benzolrings (C_6H_6) die Aromaten strukturell zu erhellen, exemplifiziert am Naphthalin, Anthracen und heterocyclischen Verbindungen; er konnte nachweisen, daß die sechs Wasserstoffatome an den sechs Kohlenstoffatomen im Benzolring gleichwertig sind, und konnte so bekannte Isomerien erklären und neue vorhersagen sowie die Azo- und Diazoverbindungen verständlich machen. In seinem unvollendeten ›Lehrbuch der Organischen Chemie oder der Chemie der Kohlenstoffverbindungen‹ (1859 ff.) legte er in eindrucksvoller Weise den Wert seiner Ketten- und Ringformeln dar. Die Schwierigkeiten der kaum befriedigenden Sechseckformel mit ihren sich abwechselnden Doppel- und Einfachbindungen versuchte er durch seine Oszillationshypothese zu beheben.

James Clerk Maxwell
(* 13.06.1831 Edinburgh, † 05.11.1879 Cambridge)

James Clerk Maxwell war der Sohn eines schottischen Gutsbesitzers und Advokaten, dem der Sohn große Liebe entgegenbrachte, der ihm aber nach dem frühen Tod der Mutter auch die beste Schulbildung zukommen ließ. Er studierte danach drei Jahre Mathematik und Physik in Edinburgh und in Cambridge, wo er 1854 sein Studium abschloß. 1856 bis 1860 war er Professor für Physik am Marischall College in Aberdeen und wirkte dann fünf Jahre am King's College in London. Aus gesundheitlichen Gründen legte er sein Amt nieder und zog sich auf das ererbte

Gut zurück. Hier widmete er sich ganz der Ausarbeitung seines berühmten Lehrbuchs ›Treatise on Electricity and Magnetism‹. Dem Ruf auf den neu geschaffenen Lehrstuhl für Experimentalphysik in Cambridge, wo gleichzeitig auch ein modernes physikalisches Institut, das ›Cavendish Laboratory‹ neu eingerichtet wurde, konnte Maxwell allerdings 1871 nicht widerstehen. Die neue Forschungsstätte erlangte unter seiner Führung Weltgeltung, und viele entscheidende Impulse für die moderne Naturwissenschaft gingen von ihr aus, obgleich Maxwell früh im Alter von nur 48 Jahren starb.

Zum ersten Mal machte Maxwell mit einer Arbeit über die Stabilität des Saturnrings auf sich aufmerksam, für die er 1857 einen Preis erhielt. Seine Forschungen konzentrieren sich ansonsten auf drei Gebiete der Physik, die physiologische Farbenlehre, die kinetische Gastheorie und vor allem die Elektrodynamik: Er baute die Dreifarbenlehre von Thomas Young weiter aus – die heutige Farbphotographie und das Farbfernsehen machen sich die von Hermann von Helmholtz weitergeführten Arbeiten von Maxwell zunutze. Seine Arbeit ›Illustration of the Dynamical Theory of Gases‹ von 1860 schloß unmittelbar an die zweite Abhandlung von Rudolf Clausius zur kinetischen Gastheorie (1858) an und leitet das nach ihm benannte Geschwindigkeitsverteilungsgesetz ab, das die Wahrscheinlichkeit angibt, mit der ein einzelnes Molekül eine bestimmte Geschwindigkeit besitzt. Die Kurve, die das Gesetz an dem hierdurch eingeleiteten Übergang zu einer statistischen Physik beschreibt, verläuft unsymmetrisch und analog der Kurve der Beobachtungsfehler nach der ›Methode der kleinsten Quadrate‹ von Carl Friedrich Gauss, und diese statistische Gesetzlichkeit scheint auch als Vorbild gedient zu haben – weil Maxwell zunächst skeptisch gegenüber jeglicher Form von Atomistik eingestellt war, faßte er seine Abhandlung nur als bloße »Übung in Mechanik« auf; doch die Folgerungen aus dem Ansatz, etwa die Unabhängigkeit der inneren Reibung eines Gases von Druck und Dichte und ihre Proportionalität zur absoluten Temperatur, konnten bestätigt werden. Mit Hilfe des inneren Reibungskoeffizienten berechnete Maxwell immerhin erstmals die absolute Größe der mittleren freien Weglänge der Moleküle.

Maxwells unbestritten bedeutendste Tat war die Schaffung einer Elektrodynamik als einheitliche Beschreibung von Elektrizität und Magnetismus auf der Grundlage einer Nahewirkungstheorie, aus der sich die damals äußerst gewagt erscheinende Forderung ergab, daß auch die Lichtwellen elektromagnetischer Natur seien. Schon während des Studiums hatte Maxwell sich vorgenommen, Faradays Feldvorstellungen in ein exaktes mathematisches Gewand zu kleiden; denn viele hielten dessen intuitiv gewonnenen Kraftlinien für vage und kaum der Realität entsprechend, zumal sie auch nicht dem Kraftbegriff Isaac Newtons zu entsprechen schienen. Maxwell war jedoch davon überzeugt, daß sie über die Anschaulichkeit hinaus auch einem physikalischen Prinzip entsprechen müßten, weil sie Faraday von Entdeckung zu Entdeckung geführt hatten. 1845 hatte schon William Thomson damit begonnen, Faradays Feldvorstellungen zu mathematisieren und den Begriff der Polarisation des Dielektrikums zu analysieren, überließ dann aber wegen anderer Zielsetzungen seiner Arbeit bereitwillig Maxwell die Weiterführung, und dieser stellte 1855 erstmals seine Ergebnisse einer mathematisch präzisen Einkleidung des aus der Anschauung entstandenen Feldbegriffs vor der ›Cambridge Philosophical Society‹ dar (›Faraday's Lines of Force‹). Er sah dazu die magnetischen und elektrischen Erscheinungen als Vorgänge im ›Äther‹ als Medium an. Sieben Jahre später formulierte er dazu seine vier Grundgleichungen der Elektrodynamik und zeigte, daß sie Ähnliches für die Elektrodynamik leisten wie die Newtonschen Axiome für die Mechanik; die Arbeit erschien 1862 unter dem Titel ›On Physical Lines of Force‹. Maxwell fügte allerding einer der vier Gleichungen, über Faradays Anschauungen hinausgehend, noch ein Glied für den ›Verschiebungsstrom‹ hinzu, der beispielsweise in einem Kondensator den Leitungsstrom ersetze, aber ebenfalls von kreisförmigen magnetischen Feldlinien umgeben sei. Das alle Welt Überraschende war aber, daß sich aus den vier Gleichungen über die Wellendifferentialgleichung die Existenz transversaler Wellen, die sich mit Lichtgeschwindigkeit ausbreiten, ergaben, woraufhin Maxwell dann forderte, daß auch die Lichtwellen elektromagnetischer Natur seien. Durch zwei Experimente sah er seine Hypothese gerechtfertigt: 1845 hatte Faraday in seiner Arbeit ›On the Magnetization of Light and the Illumination of Magnetic Lines of Force‹ den Nachweis der Drehung der Polarisationsebene des Lichtes durch ein Magnetfeld mitgeteilt, so daß beides verschiedene Erscheinungsformen ein und derselben ›Kraft‹ sein müsse; und 1856 hatten Wilhelm Weber und Rudolf

Kohlrausch bei der Bestimmung des Verhältnisses der absoluten elektromagnetisch und elektrostatisch gemessenen Elektrizitätsmengeneinheit hierfür die Dimension einer Geschwindigkeit erhalten, deren zahlenmäßige Übereinstimmung mit der von Hippolyte Fizeau gemessenen Lichtgeschwindigkeit neben Robert Kirchhoff auch Maxwell erkannte. Gerade dieses Verhältnis absoluter Maßeinheiten spielt aber in dem von Maxwell angegebenen Ausdruck für die Fortpflanzungsgeschwindigkeit elektromagnetischer Wellen die entscheidende Rolle, so daß damit zum ersten Mal in der Elektrizitätslehre die Lichtgeschwindigkeit auftaucht. Maxwell war dann maßgeblich an der Zusammenstellung der ›elektromagnetischen‹ und ›elektrostatischen‹ Größenarten in einem Dreiersystem beteiligt, die der Bericht der British Association über ihr 33. Treffen in Newcastle 1863 vollständig wiedergibt; und darin wird dann natürlich bei den Verknüpfungsrelationen auch die Lichtgeschwindigkeit genannt. – Auf der Tagung der British Association vom September 1870 schlug Maxwell übrigens schon vor, die Basiseinheiten für Länge, Zeit und Masse des metrischen Systems durch atomare Eigenschaften und Größen (Molekülstandards) zu ersetzen oder doch genau durch sie festzulegen. Das war zwar noch verfrüht, entspricht aber exakt der später verfolgten Tendenz.

In Deutschland ist es besonders Hermann von Helmholtz gewesen, der die Faradaysche Feldtheorie in der einen Mathematiker wie ihn faszinierenden Form, die ihr Maxwell gegeben hatte, gegen die konkurrierende Fernwirkungstheorie (auch eines Wilhelm Weber) verteidigte und propagierte; und sein Schüler Heinrich Hertz verhalf ihr schließlich mit dem Nachweis der Existenz elektromagnetischer Wellen (1888) endgültig zum Siege – und bestätigte damit auch die Optik als Bestandteil der Elektrodynamik. Es war deshalb für viele erst jüngst von ihr überzeugte Physiker überraschend, daß Ende des 19. Jahrhunderts dann doch auch die physikalische Existenz elektrischer ›Fluida‹ (Kathodenstrahlen, Elektronen) nachgewiesen werden konnte. Für die elektrischen und magnetischen Vorgänge in der Materie mußte daraufhin die Maxwell-Hertzsche Elektrodynamik mindestens durch die Elektronentheorie von Hendrik Antoon Lorentz ergänzt werden – diese Entwicklung bildete dann einen der Ausgangspunkte für Albert Einsteins Relativitätstheorie zu Beginn des 20. Jahrhunderts.

Die Entdecker des Periodensystems der chemischen Elemente

DMITRI IWANOWITSCH MENDELEJEW
(DIMITRIJ IVANOVIČ MENDELEEV)
(* 08.02.1834 Tobolsk [Sibirien],
† 02.02.1907 St. Petersburg)

JULIUS *LOTHAR* MEYER
(* 19.08.1830 Varel [Oldenburg], † 11.04.1895 Tübingen)

Ansätze zu einer systematischen Ordnung der chemischen Elemente waren seit dem Anfang des 19. Jahrhunderts immer wieder versucht worden; auch die Suche nach elektro-chemischen ›Verwandtschaften‹ (JÖNS JAKOB BERZELIUS) zählen letztlich dazu. Man konnte allerdings anfangs noch nicht entscheiden, ob die Anzahl der elementaren Stoffe begrenzt sei oder nicht. Viele Wissenschaftler hatten auch nach der Anerkennung der Atomtheorie JOHN DALTONS mit einer quantitativen Definition der Elemente mittels ihres ›Atomgewichts‹ wohl die unausgesprochene Meinung, daß die Elemente Einzelwesen seien, die nicht miteinander in Zusammenhang stünden, so daß sie aus jeder Verbindung, die sie eingehen, auch wieder in derselben Form gelöst werden können. JOHANN WOLFGANG DÖBEREINER war schon 1816 auf die zahlenmäßigen Beziehungen der Atomgewichte der chemisch verwandten ›Triaden‹ aufmerksam geworden (beispielsweise Calcium, Strontium, Barium) und hatte die ausgearbeitete Theorie in seinem ›Versuch zu einer Gruppierung der elementaren Stoffe nach ihrer Analogie‹ 1829 veröffentlicht. Man ging auch mit mehr oder weniger Erfolg den Eigenschaften homologer Reihen mit arithmetischen Mitteln zu Leibe. JOHN ALEXANDER REINA NEWLANDS schlug um 1865 sogar vor, die Elemente einfach nach steigendem Atomgewicht durchzunumerieren. Dieser Versuch stand schon unter dem Einfluß des internationalen Chemikerkongresses vom September 1860 in Karlsruhe, auf dem STANISLAO CANNIZZARO, damals Professor der Chemie in Genua, einen eindrucksvollen Vortrag zur Vereinheitlichung der Atomgewichte hielt, der mit dem damaligen

Chaos der Äquivalent-, Atom- und Molekular-Gewichte aufräumte und der chemischen Atomistik durch eine begriffliche Vereinheitlichung der Theorien zu einem neuen Start verhalf. Sowohl DIMITRIJ I. MENDELEJEW als auch LOTHAR MEYER nahmen an diesem Kongreß teil.

Die Familie MENDELEJEWS war im sibirischen Tobolsk, wo sein Vater, den er allerdings schon in jugendlichem Alter verlor, Direktor des Gymnasiums war, ein Anziehungspunkt für Intellektuelle und wissenschaftlich Interessierte. Die gebildete und tatkräftige Mutter widmete den letzten Teil ihres Lebens ganz der Erziehung und dem Fortkommen des jüngsten ihrer vierzehn Kinder, das allerdings mit seinen schulischen Leistungen keineswegs glänzte und die Maturitätsprüfung nur mit Mühe bestand. Mutter und Sohn zogen danach nach St. Petersburg, wo MENDELEJEW 1850 bis 1855 an der physikalisch-mathematischen Fakultät des Pädagogischen Instituts studierte, um sodann nach einem Kuraufenthalt auf der Krim als Lehrer an einem Lyzeum in Odessa zu unterrichten und die chemischen Studien fortzusetzen, die dann 1856 in St. Petersburg zur Promotion zum Magister der Chemie führten. Noch im folgenden Jahr habilitierte er sich mit einer zweiten Dissertation zum Privatdozenten für Chemie und erhielt ein Stipendium, um 1859/1860 im Laboratorium ROBERT BUNSENS in Heidelberg arbeiten zu können, wo er auch mit einer Arbeit über die Verbindungen des Alkohols mit Wasser 1864 zum Doktor der Philosophie promovierte. 1864 bis 1866 war MENDELEJEW schließlich Professor für Chemie am St. Petersburger Technologischen Institut; 1867 wurde er Ordinarius an der Universität von St. Petersburg, wo er eine ganze Generation russischer Chemiker heranzog. Seine Vorliebe galt dem Grenzgebiet zwischen Physik und Chemie. Bereits in dem 1861, im Jahr nach dem Karlsruher Kongreß, geschriebenen Lehrbuch für organische Chemie stellte er das Prinzip auf, daß die chemischen Reaktionen ursächlich mit den physikalischen Eigenschaften der Atome verknüpft seien, wobei dem Gewicht der Moleküle eine maßgebliche Rolle zukäme; und das übertrug er dann auch sinngemäß auf die elementaren Stoffe. So gelangte MENDELEJEW mit dem Atomgewicht als Ordnungsprinzip 1869 zum periodischen oder ›natürlichen System‹ der Elemente. Zu gleicher Zeit hatte auch LOTHAR MEYER diesen für die Weiterentwicklung der Chemie so fruchtbaren Gedanken.

Lothar Meyer war das vierte von sieben Kindern eines Amts-
arztes, dessen älteren Geschwister jedoch schon recht früh starben; und auch Lothar kränkelte in seiner Jugend und wurde
von starken Kopfschmerzen geplagt. Der Vater nahm ihn deshalb
einige Zeit aus der Schule und ließ ihn bei einem Gärtner an der
frischen Luft arbeiten. Gekräftigt absolvierte er das Gymnasium
in Oldenburg und machte 1851 sein Abitur. Seine Liebe zu den
aufkommenden Naturwissenschaften ließ ihn dann Medizin an
der Universität Zürich studieren, später Chemie in Heidelberg
bei Robert Bunsen und ab Herbst 1856 Physik in Königsberg bei
Franz Neumann. Mit der Arbeit ›Über die Gase des Blutes‹, in
der die eudiometrische Schule Bunsens deutlich zu erkennen ist,
promovierte er schließlich 1857 in der medizinischen Fakultät in
Würzburg und erwarb 1858 mit der Abhandlung ›De sanguine
oxydo-carbonico infecto‹ in Breslau auch den philosophischen
Doktorgrad. Mit den Vorarbeiten zu dieser physiologischen Untersuchung über die Einwirkung des Kohlenmonoxids auf das
Blut hatte er schon in Königsberg begonnen. 1859 habilitierte er
sich auch in Breslau für Physik und Chemie. Vom Herbst 1866 an
war er sodann Dozent für Naturwissenschaften an der Forstakademie in Eberswalde. 1868 folgte er einem Ruf als Professor der
Chemie an das Polytechnikum (später: Technische Hochschule) in
Karlsruhe; 1876 wurde er an die Universität Tübingen berufen.

Meyer schlug übrigens zur Lösung des vieldiskutierten Pro-
blems der Konstitutionsformel des Benzols eine sogenannte
zentrische Formel vor, wobei die überschüssigen Bindungen im
Benzolring nach dem Zentrum gerichtet sein sollten. Sodann versuchte er mit seinem Büchlein ›Die modernen Theorien der Chemie und ihre Bedeutung für die chemische Statik‹ von 1864 auch
seinerseits nach dem Karlsruher Kongreß, größere Klarheit in die
widerstreitenden Meinungen zu bringen, aber auch ausgleichend
zu wirken, indem er sich einerseits Claude-Louis Berthollet
anschloß, der gegen Joseph Louis Prousts Gesetz der konstanten Proportionen darauf bestanden hatte, daß die chemische Affinität zweier Bindungspartner nicht unbedingt in stets gleicher
Weise wirke, sondern von den Mengenverhältnissen und den
wechselnden Reaktionsbedingungen abhänge (aus späterer Sicht:
von den Oxidationsstufen und Wertigkeiten einzelner Elemente),
und andrerseits die Notwendigkeit der atomistischen Hypothese darlegte. Das Büchlein wurde später mehrfach neu aufgelegt

und erweitert und wuchs zu einem umfangreichen Lehrbuch an; es gilt als Meyers wichtigstes Werk. Er versuchte Chemie und Physik wieder einander näher zu bringen und das umfangreiche empirische Material, das die Chemiker zusammengetragen hatten, ohne übertriebene Angst vor Hypothesen nach bestimmten Gesichtspunkten neu zu ordnen. Ein bereits 1864 ausgesprochener Gedanke erscheint dabei im nachhinein besonders bemerkenswert: Aus den Differenzen der Atomgewichte (die sich später tatsächlich als Konsequenz der natürlichen Mischung verschiedener Isotopen mit unterschiedlichem Atomgewicht ergab) glaubte er entnehmen zu können, daß die Atome vielleicht selbst wieder aus Unterbausteinen als Teilchen einer Urmaterie zusammengesetzt seien. Hier stand Meyer ganz im Gegensatz zu seinem Rivalen Mendelejew, der Individualität und Einzigartigkeit der chemischen Atome forderte. Als 1869 in der ›Zeitschrift für Chemie‹ die kurze Mitteilung über die grundlegende Arbeit Mendelejews über das Periodensystem erschien, veröffentlichte Meyer jedenfalls sofort im Folgejahr in ›Liebigs Annalen‹ seinen Artikel ›Die Natur der chemischen Elemente als Funktion ihrer Atomgewichte‹, in dem er auch auf Mendelejew hinwies. Beiden Forschern gebührt das Verdienst, unabhängig voneinander und von der gleichen Idee ausgehend das Periodensystem der chemischen Elemente aufgestellt zu haben. Es leitete eine neue Etappe für die Chemie und Physik ein.

Mendelejews Gedankengänge zum ›natürlichen System‹ der Elemente überragten alles Vorhergegangene an Kühnheit und Scharfblick. Seine Schlußfolgerungen waren zwingend. Er erfaßte auch die Bedeutung der Lücken in seinem System als Platzhalter noch unentdeckter Elemente. Aufgrund der Lage dieser so genannten Eka-Elemente machte er Voraussagen über ihre chemischen und physikalischen Eigenschaften, die schon einige Jahre später durch die Entdeckungen des Scandiums, Galliums und Germaniums glänzend bestätigt wurden. Das Periodensystem macht die Mannigfaltigkeit der Stoffe verständlich, und das Kräftespiel zwischen den damaligen Elementarbausteinen der Materie wurde durchschaubar, wenn auch noch nicht erklärbar. Dazu mußte das Atom erst in seine verschiedenen Bausteine zerlegt werden.

Heinrich Hermann *Robert* Koch
(* 11.12.1843 Klavitta [bei Clausthal],
† 27.05.1910 Baden-Baden)

Der Begründer der modernen, experimentellen Bakteriologie
Robert Koch, Sohn eines Oberharzer Bergamtsleiters, studierte in Göttingen nach Mathematik und Naturwissenschaften vor
allem Medizin bei Jacob Henle, dem Begründer der modernen
Histologie auf der Grundlage der Zellenlehre. Er ging danach
1866 als Assistenzarzt an das Allgemeine Krankenhaus St. Georg
in Hamburg, von wo aus er 1868 in Göttingen zum Doktor der
Medizin promovierte. Nach seiner Tätigkeit als Militärarzt im
deutsch-französischen Krieg 1870/71 ließ er sich als praktischer
Arzt in mehreren Orten der preußischen Provinz Posen nieder,
zuletzt 1872–1880 als Kreisphysikus in Wollstein [heute Wolsz-
tyn] bei Posen. Während dieser Jahre suchte er bereits intensiv
nach den Ursachen von Infektionskrankheiten und war 1876 für
den Fall des Milzbrands fündig geworden. Nach dem erstma-
ligen Nachweis eines Mikroorganismus als spezifischen Erregers
konnte er diesen ›bacillus anthracis‹ auch rein züchten. Er führte
dazu das ›Kochsche Plattengußverfahren‹ zur Gewinnung von
Reinkulturen und zur Lebendkeimzahlbestimmung ein, wagte
eine Publikation der Ergebnisse (›Die Aetiologie der Milzbrand-
Krankheit, begründet auf Entwicklungsgeschichte des Bacillus
anthracis‹, 1876) allerdings erst, nachdem er sie dem damals führenden Bakteriologen, der die sterilisierten Nährböden zur Bak-
terienzüchtung eingeführt hatte, dem Breslauer Botaniker Ferdinand Julius Cohn, vorgelegt und mit ihm diskutiert hatte. Voll
in das Bewußtsein der medizinischen Öffentlichkeit rückte Koch
jedoch erst durch seine kleine Schrift ›Untersuchungen über die
Ätiologie der Wundinfektionskrankheiten‹ von 1878, in der die
Frage nach mikrobischen Erregern methodisch geklärt wurde.
Koch erhielt daraufhin 1880 den Ruf als Leiter des bakteriolo-
gischen Laboratoriums am Kaiserlichen Gesundheitsamt in Berlin und wurde gleichzeitig zum Professor ernannt. 1885 wurde
ihm die Direktion des neueröffneten Hygieneinstituts und 1891
des für ihn eingerichteten Instituts für Infektionskrankheiten in
Berlin übertragen, das später nach ihm benannt wurde – hier

entstanden auch die grundlegenden Arbeiten seiner Mitarbeiter PAUL EHRLICH zur Immunisierung und von EMIL VON BEHRING, der 1890 die antibakterielle Wirkung von Blutseren, insbesondere das Diphtherie- und Tetanusserum entdeckt hatte, die bereits 1892 eine erste klinische Erprobung erfuhren (für die Arbeiten zur Serumtherapie wurde ihm 1901 der Nobelpreis für Medizin verliehen). – 1904 wurde KOCH Mitglied der Preußischen Akademie der Wissenschaften; im folgenden Jahr wurde ihm der Nobelpreis für Physiologie oder Medizin verliehen.

KOCH entwickelte für die experimentelle Bakteriologie wichtige Untersuchungsmethoden wie das Färben und Herstellen von Bakterien-Reinkulturen und verwendete 1882 erstmals Agar-Agar zur Herstellung von Nährböden. Nach der Klärung der Ätiologie des Milzbrandes entdeckte er schon 1882 den Tuberkelbazillus (*Mycobacterium tuberculosis*, auch ›KOCHsches Bakterium‹ genannt) und als Ergebnis der unter seiner Leitung nach Ägypten (1883) und Indien (1884) entsandten Cholera-Kommission den Choleraerreger (1884). Die Hoffnungen, die dem von ihm aus Tuberkelbazillenkulturen gewonnenen Filtrat ›Tuberkulin‹, 1896 verbessert zum ›Neuen Tuberkulin‹, als anfänglich scheinbar erfolgreichem Heilmittel gegen die Tuberkulose entgegengebracht wurden, haben sich später jedoch nicht bestätigt; es erwies sich allerdings als vorzügliches Diagnostikum und Testmittel, das noch heute angewendet wird. Zum Studium der Malaria, Pest, Schlafkrankheit und anderer Tropenkrankheiten sowie zur Entwicklung von Mitteln zu ihrer Bekämpfung unternahm er weite Forschungsreisen, unter anderem nach Italien und Australien sowie mehrmals nach Süd- und Ost-Afrika und Ostindien. Die Ergebnisse erbrachten Arbeiten über die Pest (1897), die Malaria (1898/99) und die Schlafkrankheit (1906/07). Weitere Untersuchungen galten nicht nur den Erregern anderer Krankheiten (Wundinfektionen, Amöbenruhr, Lepra, Naganaseuche, Rinderpest, amerikanisches Rückfallfieber usw.) und der Immunisierung gegen solche Krankheiten, soweit der Erreger noch unbekannt war, sondern auch der Infektionsprophylaxe durch Desinfektion und entsprechende Hygiene – sowie Sozialhygiene.

Wilhelm Conrad Röntgen
(* 27.03.1845 Lennep [heute zu Remscheid gehörig],
† 10.02.1923 München)

Da der Vater als Tuchkaufmann seinen Wohnsitz 1848 nach
Apeldoorn (Holland) verlegt hatte, besuchte der einzige Sohn
Conrad Röntgen das niederländische Gymnasium in Utrecht,
ohne jedoch seine Reifeprüfung ablegen zu können, da er 1863
von der Schule gewiesen wurde, weil er einen Freund, der einem
Lehrer einen Streich gespielt hatte, nicht verraten wollte. So ging
er als Gast an die Utrechter Universität und holte die alten Sprachen nach. Da am Eidgenössischen Polytechnikum in Zürich kein
Abitur verlangt wurde, sondern eine Eignungsprüfung abzulegen
war, die er bestand, konnte er sich dort einschreiben und erwarb
1868 das Diplom eines Maschinenbauingenieurs. Nach einem
Physik-Aufbaustudium an der dortigen Universität promovierte
er 1869 bei August Kundt mit ›Studien über Gase‹ zum Doktor
der Philosophie und wurde dann sein Assistent, zunächst in Zürich, nachdem Kundt 1870 nach Würzburg berufen worden war,
ihm folgend in Würzburg. Sein Plan, sich zu habilitieren, stieß zunächst wieder auf bürokratischen Widerstand, weil er keinen dem
Abitur adäquaten Schulabgang vorzuweisen hatte. Mit Kundt
zog Röntgen dann nach Straßburg an die neue ›Reichsuniversi-
tät‹, wo man liberaler war, so daß er sich 1873 habilitieren und in
der Folge als Privatdozent am neu errichteten Physikalischen Institut auch lehren konnte. Schon im darauffolgenden Jahr berief
man ihn als Professor an die Württembergische Landwirtschaft-
liche Akademie in Hohenheim, so daß sein Ruf als zweiter Physiker neben Kundt keine Hausberufung mehr darstellte und er
1876 nach Straßburg zurückkehren konnte. 1879 erhielt er einen
Ruf an die Universität Gießen. In weniger als einem Jahrzehnt
war sein wissenschaftliches Ansehen dann so groß geworden,
daß man ihn, gleichsam als Wiedergutmachung für die verwei-
gerte Habilitation, als Nachfolger von Friedrich Kohlrausch
1888 nach Würzburg holte. 1900 folgte er dann einem Ruf nach
München, wo er bis zu seinem Tode wirkte. – Röntgen erhielt
1901 den ersten Nobelpreis für Physik, zählte aber auch zu den
patriotischen Unterzeichnern des chauvinistischen ›Aufrufs an

die Kulturwelt‹ von deutschen Geistesgrößen während des Ersten Weltkrieges.

RÖNTGEN besaß ausgeprägte manuelle Fertigkeiten, verbunden mit exakter Beobachtungsgabe, und wies damit die Anlagen für einen idealen Experimentalphysiker auf, der zur damaligen Zeit seine meisten Geräte auch selber herstellen oder zumindest herrichten mußte. Für seine Arbeitsweise war es dann typisch, daß er unvoreingenommen möglichst alle, auch die vorangegangenen Experimente, die zu dem bearbeiteten Problemkreis gehörten, selber ausführte oder gegebenenfalls wiederholte, sich über die Fehlerquellen genaue Rechenschaft ablegte und der vorerst hypothetischen Theorie bis in ihre letzten Konsequenzen nachging. Gemeinsam mit KUNDT zeigte er 1878, daß auch in ein Magnetfeld gebrachte Gase die Polarisationsebene des Lichts drehen; und als ein Muster raffinierter Meßtechnik galt der Nachweis des von der MAXWELLschen Elektrodynamik vorausgesagten Verschiebungsstroms, des sogenannten ›RÖNTGENstromes‹ im Jahre 1885. Er hatte ein Dielektrikum, das er zwischen die Platten eines Kondensators brachte und das durch das elektrische Feld polarisiert wurde, in Umdrehung gebracht, wobei die bewegten elektrischen Ladungen wegen des unterschiedlichen Abstands von einer Magnetnadel ungleiche magnetische Wirkungen erzeugten. Schon früh hatte auch das physikalische Verhalten der Kristalle RÖNTGENs Interesse geweckt. Er untersuchte in mehreren Arbeiten ihre elektrische Leitfähigkeit, ihr optisches Verhalten (Doppelbrechung) im elektrischen Feld und die Erscheinungen der Pyro- und Piëzoelektrizität; schließlich analysierte er die Veränderungen, die die von ihm entdeckten ›RÖNTGENstrahlen‹ bei Kristallen bewirken.

In Würzburg hatte RÖNTGEN im Mai und Juni 1894 begonnen, die Elektrizitätsentladung in Röhren zu studieren. Der Bonner Privatdozent PHILIPP LENARD war zu jener Zeit in Deutschland der Spezialist auf dem Gebiet der Kathodenstrahlen und hatte ihm bereitwillig seine Erfahrungen mitgeteilt; und die von RÖNTGEN benutzten Apparate (HITTORFsche Entladungsröhren, RUHMKORFFsche Funkeninduktoren) waren in jedem Physiklabor, in dem Kathodenstrahlen untersucht oder benutzt wurden, vorhanden, und selbst entsprechende Leuchterscheinungen waren sicherlich schon mehrfach erzeugt, aber eben nicht beobachtet worden – und das macht den Unterschied bei der Entdeckung aus, als

Röntgen am 8. November 1895 (die Verpflichtungen seines Rektorats hatten 1894/95 die Versuche unterbrochen) beim wiederholten Durchprobieren der Versuche von Lenard bemerkte, daß seine zur besseren Beobachtung der Wirkung der Kathodenstrahlen im abgedunkelten Raum statt mit Zinkblech mit schwarzem Kartonpapier umgebene Hittorfsche Röhre es war, die noch auf dem meterweit entfernten Leuchtschirm das beobachtete fluoreszierende Leuchten erzeugte, ohne daß aber wegen der Lichtundurchlässigkeit der Verkleidung die von ihr ausgesandten Kathodenstrahlen den Schirm hatten treffen können. Es war somit eine neue Art von Strahlen entdeckt, die im Gegensatz zu bekannten Strahlen (Licht, Kathodenstrahlen) Materie durchdrangen und an der Stelle von der Glaswand ausgingen, wo diese von den Kathodenstrahlen getroffen wurde. In den folgenden Wochen schloß sich Röntgen dann fast völlig von der Umwelt ab, um sich ganz auf die Untersuchung dieser neuartigen Strahlen konzentrieren zu können. Wenige Tage vor Ende des Jahres 1895 war es vorerst geschafft; und er konnte die Physikalisch-Medizinische Gesellschaft zu Würzburg veranlassen, seine Arbeit ›Über eine neue Art von Strahlen (Vorläufige Mitteilung)‹ noch in den Jahrgang 1895, der Anfang 1896 erscheinen sollte, direkt vor den Jahresbericht aufzunehmen. Röntgen ließ sich Sonderdrucke anfertigen, die er noch am Neujahrstag 1896 zusammen mit einem ersten Foto an mehrere Kollegen verschickte, die sie mit Staunen und Begeisterung aufnahmen. Zwei weitere Arbeiten folgten im März 1896 und im Juli 1897. Den drei wissenschaftlichen Abhandlungen über die neuen Strahlen, die nach einem Vorschlag des Anatomen Albert von Kölliker in Deutschland ›Röntgenstrahlen‹ genannt wurden, konnte wesentlich Neues erst zehn Jahre später durch Charles Glover Barkla hinzugefügt werden. Röntgen stellte schon in der ersten Abhandlung die Durchlässigkeit aller Stoffe (graduell verschieden) für diese Strahlen fest. Er machte die erste photographische Aufnahme einer Hand und ihrer Knochen. Bei der Durchstrahlung seines Jagdgewehrs bemerkte er bereits einen Materialfehler im Gewehrlauf und stellte fest, daß die X-Strahlen in der Lage sind, elektrisch aufgeladene Körper zu entladen, und eine ionisierende Wirkung besitzen, sich aber, anders als die Kathodenstrahlen, nicht durch einen Magneten ablenken, noch durch eine Linse aus Glas, Hartgummi oder Metall bündeln ließen. Er unterschied ›harte‹ und ›weiche‹ Strahlung.

Der Härtegrad ließ sich mit Hilfe der Spannung am Induktions-
apparat und dem Verdünnungsgrad der Luft in der Röhre regu-
lieren. Zunächst konnten nur Hypothesen über die Natur der von
RÖNTGEN selbst deshalb X-Strahlen genannten Strahlung angestellt werden. Waren es longitudinale elektromagnetische Wellen, wie er selbst meinte, oder sehr kurzwellige (hochfrequente)
transversale Wellen ähnlich dem Licht, wie EDUARD KETTELER
sogleich vermutete? Daraufhin wäre verständlich gewesen, daß
trotz eifrigen Suchens schon von RÖNTGEN Beugungs- und In-
terferenzerscheinungen nach den herkömmlichen optischen Methoden nicht feststellbar waren; und er hatte auch schon Kristalle
und Kristallpulver durchstrahlt. Hätte er Blenden benutzt, um
ein schmales Strahlenbündel zu erhalten, wären entsprechende
Interferenzfiguren aufgetreten; erst 1912 konnten nach einem
Vorschlag MAX VON LAUES zwei seiner Mitarbeiter die Beugung
am Kristallgitter aufzeigen. Das ‚X' war damit aufgelöst, und die
nur in Deutschland so genannten ›RÖNTGENstrahlen‹ waren als
kurzwellige elektromagnetische Strahlung erkannt.

RÖNTGEN hatte seine Erfindung nicht patentrechtlich schützen
lassen wollen, um die technische Vervollkommnung nicht zu be-
hindern; so haben sich andere daran bereichert. Die Entdeckung
ließ sich nämlich auch ohne theoretische Erklärung sogleich auf
vielfältigste Weise praktisch anwenden und erwies sich vor allem
in der Medizin als Segenstat für die leidende Menschheit, aber
auch in der Industrie als unverhofftes Mittel für zerstörungsfreie
Materialüberprüfungen. Noch im Jahre 1896 erschienen rund tau-
send wissenschaftliche Arbeiten über die Strahlung und ihre Anwendung und ungezählte Sensationsberichte in der Presse. Fehlende Einsichten in die Theorie führten aber auch zu schweren
Schäden bei den sie anwendenden Forschern und Praktikern und
nicht zuletzt bei den Patienten.

WILHELM ROUX
(* 09.06.1850 Jena, † 15.09.1924 Halle)

ROUX entstammte einer Hugenotten-Familie; der Vater war
Fechtlehrer an der Universität Jena. Hier begann auch der Sohn
1870 mit seinem Studium, zunächst in der Philosophischen Fa-

kultät, um 1873 zur Medizin zu wechseln; er wurde hier besonders durch die Vorlesungen von Ernst Haeckel und dessen Lehrer Carl Gegenbaur, bevor dieser nach Heidelberg ging, geprägt. Gegenbaur hatte damals gerade die zweite Auflage seiner ›Grundzüge der vergleichenden Anatomie‹ (1870) publiziert, in der er sich ganz auf die Seite von Charles Darwins Abstammungslehre stellte, während die erste Auflage von 1859 noch auf der Typenlehre der idealistischen Morphologie basiert hatte. Um Rudolf Virchow zu hören, ging Roux zwei Semester nach Berlin, ein weiteres verbrachte er in Straßburg, um in Jena mit einer kausal-morphologischen Untersuchung über ›Die Verzweigungen der Blutgefäße‹ 1878 bei dem Anatomen Gustav Schwalbe zu promovieren. In Jena nahm er auch an einem Seminar des Philosophen Rudolf Eucken über Immanuel Kant teil, wobei unklar ist, ob ihn das Kantsche Kausalitätsprinzip als Thema von seinen biologischen Fragestellungen her interessierte oder ob er erst durch dieses Seminar zu seiner speziellen Ausrichtung auf eine ›kausale Anatomie‹ angeregt wurde. Roux war allerdings zunächst als Assistent am Hygienischen Institut in Leipzig mit chemisch-analytischen Arbeiten beschäftigt und war ab 1879 am Anatomischen Institut in Breslau, wo er sich 1880 aber schon mit einer Arbeit ›Über die Leistungsfähigkeit der Principien der Descendenzlehre zur Erklärung der Zweckmäßigkeiten des thierischen Organismus‹ habilitierte. 1886 zum außerordentlichen Professor ernannt, wurde ihm 1888 ein eigenes kleines Institut eingerichtet. Schon im folgenden Jahr wurde er als ordentlicher Professor für Anatomie nach Innsbruck und 1895 nach Halle berufen, wo er bis 1921 als Leiter des Anatomischen Instituts wirkte.

Schon in seiner Dissertation erweiterte Roux die vergleichende entwicklungsgeschichtliche Morphologie der Gegenbaur-Schule durch die Frage nach den Ursachen bestimmter morphologischer Formgestaltungen. Er führte die Form der Gefäße der Leber auf die Dynamik der Blutströme zurück und bereitete damit sein Prinzip der funktionellen Anpassung vor, dessen Ansatz er in seiner Habilitationsschrift von 1880 näher ausführte, um dann in seinem Buch ›Der Kampf der Teile im Organismus‹ von 1881 Charles Darwins Deszendenz-Prinzip des ›struggle for life‹ voll in den Subbereich der Organe, in das Verhältnis von Zellen und Geweben, auszudehnen und zu einer Physiologie der funktionell bedingten Formgebung bei der Organgestaltung auszubauen. Die Frage nach Art und Ursache der Anpassung der Organe und Gewebe im Organismus beschäftigte ihn weiterhin in den 1880er Jahren, und 1895 modifizierte er seinen Standpunkt in dem Buch ›Der züchtende Kampf der Teile oder die Teilauslese im Organismus‹.

Roux führte die Methode des Experimentes als einziger Weges zum kausalen Verständnis des Entwicklungsgeschehens in die Morphologie ein und begründete damit die von ihm noch mißverständlich ›Entwicklungsmechanik‹ genannte ›Entwicklungsphysiologie‹ oder ›experimentelle Morphologie‹, neben der Genetik und später in Verbindung mit ihr das wichtigste Arbeitsgebiet der Biologie des 20. Jahrhunderts. Seine umfangreichen theoretischen Schriften wurden zunächst allerdings wenig beachtet, und seine Arbeitsmethoden und Forschungsergebnisse stießen auf polemisch vorgetragene heftige Kritik, und zwar nicht nur von Vitalisten, für die Lebendes sich einer experimentellen Erkenntnis grundsätzlich entzog, sondern auch von Darwinisten und Embryologen. Die Auseinandersetzungen galten dabei vornehmlich Roux' Experimenten an frühen Embryonalstadien von Fröschen, etwa um den Zeitpunkt der Festlegung der Körperachsen und den Einfluß der Schwerkraft zu bestimmen, die ihm dann als Ausgangspunkt seines Programms der ›Entwicklungsmechanik des Embryos‹ (1885) dienten. Besonders mit seinen Anstichversuchen, bei denen er durch Ausschaltung einer der beiden ersten Furchungszellen des Froschkeimes Halbembryonen erzielen konnte, spielte er dann in der Auseinandersetzung zwischen ›mechanistischer‹ (das heißt: kausaler) und vitalistischer Auffassung eine umstrittene Rolle. Er schloß daraus auf eine Selbstdifferenzierung der Teile des Eies, sah die durchaus auch von ihm beobachtete Regulation zum Ganzkeim als die Ausnahme an und beharrte auf seiner Generalisierung der Schlußfolgerungen aus den Frosch-Experimenten selbst noch, als HANS DRIESCH feststellen konnte, daß bei Seeigelembryonen weitgehende Regulationsfähigkeit ganz allgemein herrscht. Roux' betont mechanistische Vorstellungen von der Embryonalentwicklung schienen allerdings die Keimplasmatheorie von AUGUST WEISMANN zu bestätigen und nahmen dadurch Einfluß auf die Entwicklung der Genetik.

EMIL HERMANN FISCHER
(* 09.10.1852 Euskirchen, † 15.07.1919 Berlin)

Aus einer Kaufmanns- und Industriellenfamilie stammend, begann auch EMIL FISCHER 1869 eine kaufmännische Lehre in Rheydt, die er jedoch aus gesundheitlichen Gründen abbrechen mußte. Er studierte daraufhin ab 1871 Chemie in Bonn bei AUGUST KEKULÉ und wechselte dann nach Straßburg zu ADOLF VON BAEYER, der durch seine Farbstoff-Analysen und -Synthesen der Chemie ein neues Arbeitsgebiet erschlossen hatte. Bei ihm promovierte FISCHER denn auch 1874 mit einer Arbeit über Fluorescein und verwandte Farbstoffe. Er wurde dessen Assistent und folgte ihm auch 1875 als Privatassistent nach München, wo er seine in Straßburg begonnenen Untersuchungen über Hydrazine fortsetzte, die zur FISCHERschen Phenylhydrazin-Synthese führten. Im folgenden Jahr arbeitete er hier gemeinsam mit einem Vetter über Rosaniline, die sie ebenso wie Fuchsin und Pararosanilin als Derivate des Triphenylmethans erweisen konnten. Zwischenzeitlich nochmals in Straßburg, ging FISCHER 1877 wieder nach München und habilitierte sich hier 1878, um im folgenden Jahr als außerordentlicher Professor die Leitung einer Analytischen Abteilung des Chemischen Instituts zu übernehmen. 1882 wurde er ordentlicher Professor in Erlangen, wo er 1883 die nach ihm benannte Indol-Synthese entwickelte und 1894 wieder mit der Bearbeitung der Pyrine begann, die 1884 zugunsten von Arbeiten zur Chemie der Kohlehydrate hatten abgebrochen werden müssen. 1885 wurde er als Nachfolger von JOHANNES WISLICENUS ordentlicher Professor in Würzburg – hier klärte er 1887 die Struktur der Osazone, die sich als Schlüsselverbindungen bei der Identifizierung von Zuckern erwiesen, so daß ihm noch im selben Jahr mit einem Mitarbeiter die Totalsynthese von zwei Zuckern gelang. 1891 führte er den Glycerinaldehyd als Bezugssubstanz zur Festlegung der Konfiguration bei Kohlenhydraten ein. Schließlich wurde er 1892 als Nachfolger von WILHELM VON HOFMANN, der sich schwerpunktmäßig ebenfalls mit Farbstoffsynthesen beschäftigt hatte, nach Berlin berufen und im folgenden Jahr zum Mitglied der Preußischen Akademie der Wissenschaften gewählt. 1893/94 entdeckte er die Methylglykoside der Glukose.

Das ihm bei der Berufung versprochene neue große Chemische Institut wurde in den Jahren 1897–1900 gebaut; jetzt konnte er mit den Arbeiten zur Chemie der Aminosäuren, Proteine und Polypeptide beginnen (1907 gelang ihm die Synthese eines Octadecapeptides). – Im neuen Institut konnte er 1906 seinem jungen Laborassistenten OTTO HAHN die ehemalige ›Holzwerkstatt‹ im Souterrain für die dann gemeinsam mit LISE MEITNER durchgeführten radiochemischen Untersuchungen zur Verfügung stellen und somit einer neuen, relativ aufwendigen Disziplin eine erste Heimstatt gewähren. In der Folgezeit erwarb FISCHER sich große Verdienste um die Gründung des Kaiser-Wilhelm-Instituts für Chemie in Berlin-Dahlem, das aus Mitteln des Vereins Chemische Reichsanstalt, der weitgehend von der Industrie getragen wurde und dem FISCHER vorstand, errichtet und anfangs unterhalten wurde.

FISCHER war einer der bedeutendsten Naturstoffchemiker, der 1912 auch für seine Synthesen von Kohlenwasserstoffen und Purinen den Nobelpreis für Chemie erhielt. Ziel all seiner Untersuchungen war die Anwendung von Methoden der organischen Chemie auf die Stoffe in Lebewesen, und so schuf er mit der Strukturaufklärung und Synthese neuer Zucker, Purine, Aminosäuren und Eiweiße und der Untersuchung von Gerbstoffen (ab 1908) und Enzymen (Schlüssel-Schloß-Analogie bei der Zuckerfermentation) die chemischen Grundlagen der modernen Biochemie. 1912 gelang ihm die Synthese eines ersten Glukosids (Phloridcin), und 1914 konnte er noch von der erfolgreichen Synthese eines ersten Nukleotides (des Phosphorsäureesters des Theophyllinglykosids) berichten, einem ersten Schritt zum polymeren Nukleotid der Desoxyribonucleinsäure (DNS), dem Träger des genetischen Codes, dessen Aufbau allerdings erst Mitte des 20. Jahrhunderts grundsätzlich aufgeklärt werden konnte.

Auf FISCHERS Labormethoden beruht aber beispielsweise auch die industrielle Produktion von Theophyllin und Theobromin. Er entdeckte zusammen mit dem Hallenser Mediziner JOSEPH VON MERING die narkotisierende und hypnotisierende Wirkung der Barbiturate und synthetisierte auf dessen Anregung hin die Diethylbarbitursäure, die noch im selben Jahr von den Farbenfabriken Bayer Leverkusen und der Firma E. Merck in Darmstadt unter dem Namen ›Veronal‹ als Schlafmittel in den Handel gebracht wurde. Durch den Ersatz der beiden Ethylgruppen durch Propylgruppen erhielt FISCHER 1905 die doppelt so stark hypnotisch wirkende Verbindung Dipropylbarbitursäure, die von denselben Firmen als ›Proponal‹ in den Arzneischatz eingeführt wurde; schließlich gelang ihm 1912 die Synthese der asymmetrischen Phenylethylbarbitursäure, die sich als Hypnotikum ›Phenobarbital‹ wegen der wenig vom Veronal unterschiedenen Wirkung zwar nicht durchzusetzen vermochte, jedoch aufgrund ihrer antikonvulsiven Eigenschaften unter dem Namen ›Luminal‹ von den genannten Firmen als Antiepileptikum in den Handel gebracht wurde.

FRIEDRICH *WILHELM* OSTWALD
(* 02.09.1853 Riga, † 04.04.1932 Leipzig)

WILHELM OSTWALD, Sohn eines Böttchermeisters, der sich nach Ausüben verschiedener Berufe in Rußland in Riga niedergelassen hatte, hier Ältester der Gilde St. Johannis und Stadtverordneter geworden war, besuchte das Realgymnasium seiner Vaterstadt und erlernte neben der Reichssprache Russisch auch Französisch, Englisch und besonders Deutsch. Schon als Gymnasiast fiel er durch die Vielseitigkeit seiner Interessen auf, zu denen neben den Naturwissenschaften auch Photographie und Musik zählten. Dazu kam eine ausgesprochen individualistische Lebenseinstellung, die seine Umgebung faszinieren, aber auch zum Widerspruch herausfordern konnte. 1872 ließ er sich an der Universität Dorpat (Tartu) als Student der Chemie einschreiben, und schon die während des Studiums verfaßten Examensarbeiten, die Kandidatenarbeit (1875), die Magisterarbeit (1877) und vor allem die Dissertation (1878), befaßten sich mit physico-chemischen Fragestellungen, vornehmlich im Zusammenhang mit der chemischen Affinität (Massenwirkungsgesetz). Schon seiner Dissertation, die langsam verlaufenden Reaktionen (Veresterungen, Hydrolyse, Zuckerinversion) gewidmet war, verdankte er den wissenschaftlichen Durchbruch, nachdem sie von MATTHEW MONCRIEFF PATTISON MUIR sehr lobend besprochen worden war. 1881 folgte OSTWALD einem Ruf als Professor an das Polytechnikum in Riga. Hier konnte er sein ganzes Organisationstalent entfalten. Waren die Studenten bis dahin mehr oder weniger schulmäßig ausgebildet worden, erlernten sie nun auch die wissenschaftliche Arbeitsmethode und erhielten die Möglichkeit zu selbständiger Forschung. Als SVANTE ARRHENIUS ihm seine Dissertation von 1884 über elektrische Leitfähigkeiten von Elektrolyten zuschickte, erkannte OSTWALD sogleich die Bedeutung der Arbeit, die an seiner Heimatuniversität Stockholm ein sehr geteiltes, meist ablehnendes Urteil erfahren hatte, was verständlich wird, wenn man bedenkt, daß ARRHENIUS' Theorie den Zerfall von Molekülen in dem Lösungsmittel Wasser in geladene Teile (›Ionen‹) forderte, die sich chemisch völlig anders als die neutralen Atome verhalten sollten, was die Chemie auf den Kopf zu stellen schien. OSTWALD lud ihn deshalb zu sich ein, und ARRHENIUS erhielt, unterstützt von seinem Lehrer ERIK EDLUND, ein Stipendium, um bei ihm in Riga (und Leipzig), später auch bei FRIEDRICH KOHLRAUSCH in Würzburg und JACOBUS HENDRICUS VAN'T HOFF in Amsterdam an seiner Theorie der elektrolytischen Dissoziation weiter arbeiten zu können, die dann 1887 ausgereift war. OSTWALD selbst hatte sich, hierdurch angeregt, ebenfalls elektrochemischen Arbeiten zugewandt und durch Messungen zeigen können, daß die Reaktionsgeschwindigkeit auch in Lösungen von der Ionenkonzentration abhängt und die molare Leitfähigkeit wäßriger Elektrolytlösungen sogar mit steigender Verdünnung wächst. Noch 1885 formulierte er das nach ihm benannte Verdünnungsgesetz für schwache Elektrolyte, das aus der Anwendung des Massenwirkungsgesetzes auf die elektrolytische Dissoziation resultierte, und erkannte, daß mehrbasige Säuren stufenweise dissoziieren. Nähere Untersuchungen über den generellen Verlauf chemischer Reaktionen führten ihn daraufhin zur ›OSTWALDschen Stufenregel‹. OSTWALD folgte 1887 einem Ruf auf die erste, eigens eingerichtete ordentliche Professur für Physikalische Chemie an der Universität Leipzig, wo er bis 1906 wirkte; das II. Chemische Laboratorium und das 1897 eröffnete neue Institut für Physikalische Chemie wurden zum Hauptquartier der scherzhaft ›Ionier‹ (Anhänger der Ionen-Theorie) genannten physikalischen Chemiker. Zu seinen frühen Assistenten zählten WALTHER NERNST und PAUL WALDEN; aus seiner Schule gingen etwa 70 spätere Professoren hervor, und mit der Gründung (1. Heft Februar 1887) und Herausgabe der ›Zeitschrift für Physikalische Chemie‹ als spezifischer Plattform für wegweisende Arbeiten der zwischen Physik und Chemie angesiedelten Forschungsrichtung tat OSTWALD ein Übriges zur Etablierung der Physikalischen Chemie als eigenständige naturwissenschaftliche Disziplin. Heute ist sie an allen Universitäten und Technischen Hochschulen vertreten. Seinen Lebensabend verbrachte OSTWALD, nach der frühzeitigen Emeritierung seit 1906 frei von allen Amtsgeschäften, auf seinem Landhaus ›Energie‹ in Großbothen bei Leipzig.

HENDRIK ANTOON LORENTZ
(* 18.07.1853 Arnheim, † 04.02.1928 Haarlem)

Nach der Schulzeit in Arnheim ging HENDRIK ANTOON LORENTZ zum Studium der Mathematik und Physik an die Universität Leiden und machte schon nach anderthalb Jahren sein Diplom, übernahm danach 1872 eine Lehrstelle an der Abendschule in Arnheim und bereitete sich autodidaktisch auf seine Doktorprüfung vor, die er 1873 ablegte; seine berühmte Dissertation ›Réflexion et réfraction de la lumière dans la théorie électromagnétique‹ erschien 1875. Er griff darin die Theorie einer wellenförmigen Ausbreitung des Lichtes in einem elastischen Äther von AUGUSTIN FRESNEL auf, modifizierte sie aber im Sinne von J. C. MAXWELL und verhalf letzterer dadurch endgültig zum Sieg. Nachdem LORENTZ 1877 auf eine Professur für Mathematik in Utrecht verzichtet hatte, folgte er 1878 dem Ruf auf die eigens für ihn geschaffene, erste niederländische Professur für theoretische Physik an der Universität Leiden und blieb dieser Universität als akademischer Lehrer auch ein Leben lang treu. LORENTZ beherrschte die wichtigsten Umgangssprachen souverän, so daß er sich dank seiner wissenschaftlichen Autorität und seines harmonischen Wesens auch bei internationalen Tagungen als idealer Präsident erwies. Mehrfach machte er Auslandsreisen und stellte in Vortragsreihen schwierige Gebiete allgemeinverständlich dar. Er fühlte sich auch aufgerufen, die Gelehrten der seit dem Ersten Weltkrieg zerstrittenen Nationen miteinander zu versöhnen; jedoch verlief dieser Prozeß zu zögerlich, als daß er sein glückliches (vorübergehendes) Ende noch hätte erleben können. Nach seiner Emeritierung wirkte er an verantwortlicher Stelle an den Plänen zur Trockenlegung der Zuidersee mit..

Als LORENTZ Mitte der 1870er Jahre seine Dissertation über physikalische Optik ausarbeitete, hatte es in der Elektrik und in der Optik noch grundverschiedene Auffassungen gegeben, und

237

daß die Elektrodynamik von JAMES CLERK MAXWELL die Oberhand gewönne, war noch keineswegs ausgemacht, bis LORENTZ in seiner Dissertation den Weg der Harmonisierung wies, indem er das Licht als elektromagnetische Welle in einem ruhenden, gleichmäßig verteilten Äther betrachtete und so Brechung und Reflexion ausschließlich mit transversalen Wellen zu erklären vermochte, während die von FRESNEL postulierten longitudinalen Wellen noch nie hatten experimentell nachgewiesen werden können. Die Optik war damit endgültig zu einem Teilgebiet der Elektrodynamik geworden. LORENTZ bemerkte aber auch einige Schwächen der MAXWELLschen Theorie. Auch in der Form, die ihnen HEINRICH HERTZ gegeben hatte, versagten MAXWELLS Gleichungen in der Optik, insofern sie beispielsweise die vielfältigen Unterschiede des Verhaltens der Stoffe bei der Dispersion nicht erklären konnten. LORENTZ. griff zu ihrer Abhilfe nach der von HERMANN VON HELMHOLTZ zur Erklärung der Elektrolyse schon 1881 erhobenen Forderung nach einer partikulären Struktur der elektrischen Ladungen auf die alten, von WILHELM WEBER in eine Theorie gekleideten Vorstellungen von der substantiellen Natur der Elektrizität zurück und faßte die Atome und Moleküle selbst als Träger elektrischer Ladungen auf. Die individuellen Eigenschaften der gegen den Äther frei beweglichen Materie, ihre Masse, Zahl und Anordnung der Ladungsträger sowie deren Bewegungen, sollten allein das unterschiedliche Verhalten der Stoffe bei der Dispersion erklären; denn alle Atome und Moleküle bestünden neben den positiv geladenen Ionen auch nur aus gleichartigen, elektrisch negativ geladenen Teilchen – die LORENTZ zunächst ›geladene Partikel‹, dann ›Ionen‹ und schließlich ›Elektronen‹ nannte. Für Atom und Molekül ergäbe sich elektrische Neutralität, wenn Ionen und Elektronen in gleicher Anzahl vorhanden wären. In Isolatoren wären die Elektronen beispielsweise elastisch an ihre Gleichgewichtslage gebunden, in Metallen dagegen frei beweglich. Überhaupt werden alle elektrischen und magnetischen Erscheinungen allein auf das Verhalten der elektrischen Ladungsträger zurückgeführt. Mit diesen Vorstellungen gelang es LORENTZ dann auch, die Materialkonstanten in MAXWELLS noch phänomenologischer Feldtheorie zu erklären, die Dielektrizitätskonstante durch Dipole, die durch ein elektrisches Feld ausgeglichen werden, die Permeabilität durch aus in geschlossenen Bahnen um die Ionen kreisenden Elektronen resultierende Ringströmen, die Leitfähigkeit durch die Beweglichkeit der Ladungsträger in der Materie usw. Das elektromagnetische Feld und die Elektronen stünden zueinander in Wechselbeziehung, wobei das Elektron beziehungsweise jede elektrische Ladung im elektrischen und magnetischen Feld einem später nach LORENTZ benannten Kraftgesetz unterworfen seien – das Programm der Elektronentheorie ging sogar so weit, daß LORENTZ alle Kraftwirkungen, mit Ausnahme der Gravitationskraft, auf die universale ›LORENTZ-Kraft‹ zurückführen wollte. – In den 1890er Jahren hatte man erkannt, daß die Kathodenstrahlen aus derartigen schnell bewegten Ladungsträgern (Elektronen) bestehen. – Darüber hinaus ließ LORENTZ die MAXWELL-HERTZschen Gleichungen für den beibehaltenen alles durchdringenden ruhenden Äther bestehen, in den die Elektronen und die anderen Ladungsträger eingebettet seien. Auch die Dispersion des Lichtes ließ sich zwanglos als von einer elektromagnetischen Welle erzwungene Schwingungen elastisch gebundener Elektronen deuten. Die Elektronentheorie hatte allerdings die Aufspaltung einer Spektrallinie in mehrere Nebenlinien für den Fall gefolgert, daß sich das schwingende Atom oder Elektron in einem Magnetfeld befände (›Versuch einer Theorie der elektrischen und optischen Erscheinungen in bewegten Körpern‹, 1895). Das wurde dann auch von PIETER ZEEMAN glänzend bestätigt, mit dem als Experimentator der Theoretiker LORENTZ in dieser Zeit in gegenseitig befruchtendem engen Kontakt stand, durch den experimentellen Nachweis der erschlossenen Aufspaltung der Spektrallinien in einem starken Magnetfeld. Der zugrundegelegte Quotient aus Ladung und Masse des Elektrons stimmte mit dem auf anderem Wege gefundenen Wert genügend überein. LORENTZ und ZEEMANN erhielten für dieses glückliche Zusammenwirken von Theorie und Experiment 1902 gemeinsam den Nobelpreis für Physik. – Der Einstieg in die subatomaren Strukturen war eingeleitet!

Aus der Hypothese eines absolut ruhenden Äthers ergab sich die Analogie, daß die Ausbreitungsgeschwindigkeit elektromagnetischer Wellen, einschließlich der Lichtwellen, im Äther ebenfalls vom Bewegungszustand des Meßgerätes gegenüber diesem Äther (dem ›Ätherwind‹) abhängen müsse – ähnlich wie es bei akustischen Wellen der Fall ist. Zum Nachweis dieses ›Ätherwindes‹ hatte ALBERT ABRAHAM MICHELSON 1881 die mit einer Geschwindigkeit von 30000 m/s sich bewegende Erde für ein derartiges Experiment zu Hilfe genommen, konnte jedoch keinerlei Unterschiede in der Geschwindigkeit des Lichts in den beiden entgegengesetzten Laufrichtungen mit und gegen die Erdbewegung feststellen; auch eine von LORENTZ angeregte Wiederholung mit exakteren Geräten konnte 1887 keinen ›Ätherwind‹ nachweisen. Alle Bezugssysteme, die sich mit einer konstanten Geschwindigkeit zueinander bewegen, erwiesen sich offenbar für elektrische und optische Vorgänge als gleichwertig. Für die MAXWELLschen Gleichungen der Elektrodynamik bedeutete dies, daß sie gegen eine solche Bewegung invariant sein mußten. LORENTZ griff allerdings, um diese Widersprüchlichkeit zu klären, auf eine 1892 geäußerte Hypothese von GEORGE FRANCIS FITZGERALD zurück, wonach jedem gleichförmig bewegten System ein eigenes Zeitmaß zukomme und bei der Bewegung durch den Äther eine lineare Kontraktion stattfinde. LORENTZ vermochte dann 1899 Transformationsgleichungen für die Maßgrößen in verschiedenen solchen Systemen aufzustellen und mit ihrer Hilfe die Invarianz der MAXWELLschen Feldgleichungen gegenüber solchen ›LORENTZ-Transformationen‹ zu wahren. – Er schuf damit die mathematischen Grundlagen für die Aufstellung der Speziellen Relativitätstheorie durch ALBERT EINSTEIN und HERMANN MINKOWSKI. LORENTZ hielt allerdings an der klassischen Vorstellung von einem ruhenden Weltäther fest, obgleich er die Erfolge der Relativitätstheorie durchaus anerkannte.

PAUL EHRLICH

(* 14.03.1854 Strehlen [Schlesien],
† 20.08.1915 Bad Homburg vor der Höhe)

Der bedeutendste Mitbegründer der Chemotherapie von Infektionskrankheiten PAUL EHRLICH, Sohn eines Gastwirts und Branntweinbrenners, studierte ab 1872 in Breslau, Straßburg, Freiburg im Breisgau und abschließend in Leipzig Medizin, wo er 1878 auch mit einer Arbeit über ›Beiträge zur Theorie und Praxis der histologischen Färbungen‹ (vor allem des Blutes) promoviert wurde. In Anlehnung an Ideen des elsässischen, in Paris wirkenden Chemikers PAUL SCHÜTZENBERGER, der von der Färbetechnik zur Medizin und Chemie gekommen war, sah er die selektive Anfärbung mit synthetischen Farbstoffen als chemische Bindung an und zog auch bereits Parallelen zur Wirkung von Giften. Er schuf damit eine feste histologische Basis für die Hämatologie – und wurde daraufhin 1878 Assistenzarzt, später Oberarzt in der Abteilung für innere Medizin der Berliner Charité, 1884 auch Titular-Professor. 1887 habilitierte er sich und wurde Privatdozent für innere Medizin, ging danach aber mit einer offenen Tuberkulose zur Kur nach Ägypten und konnte nach seiner Rückkehr, scheinbar mit ROBERT KOCHS › Tuberkulin‹, völlig geheilt werden. Er richtete sich in Berlin ein Privatlaboratorium ein und übernahm 1891 zusätzlich eine außerordentliche Professur für experimentelle Therapie an der Universität. 1892 konnte er sich ein kleines Labor in KOCHS Institut für Infektionskrankheiten einrichten, nachdem EMIL VON BEHRING eine Professur in Marburg angenommen und das Institut verlassen hatte. EHRLICH erhielt schließlich 1896 ein eigenes › Königliches Institut für Serumforschung und -prüfung‹ in (Berlin-)Steglitz, das 1898 als › Königliches Institut für Experimentelle Therapie‹ nach Frankfurt verlegt wurde, wo ihm auch 1906 das Georg-Speyer-Haus für Chemotherapie angegliedert wurde; in Frankfurt wurde er sogleich außerordentlicher Professor und 1912 ordentlicher Professor. 1908 wurde PAUL EHRLICH zusammen mit dem Direktor am Pariser Pasteur-Institut, dem Russen ILJA METSCHNIKOW, der Nobelpreis für Medizin »für ihre Arbeiten über Immunität« zuerkannt.

Ausgehend von Untersuchungen über die ungleichmäßige Absorption von organischen Farbstoffen in verschiedenen lebenden Geweben (sogenannte Vitalfärbung) und der toxischen Wirkung bestimmter Farbstoffe auf Krankheitserreger, suchte PAUL EHRLICH nach synthetischen Substanzen, die spezifisch auf pathogene Mikroorganismen wirken. 1881 hatte er Methylenblau zur Vitalfärbung von Nerven benutzt und auf dessen Eignung als Heilmittel für Nervenkrankheiten geschlossen; Erfolge stellten sich auch durchaus bei neuralgischen und Ischiasschmerzen ein. Im folgenden Jahr konnte er die Diazoreaktion auf Bilirubin im Harn zur Diagnose von Infektionskrankheiten nutzen. 1885 erschien seine Arbeit über › Das Sauerstoffbedürfnis des Organismus – eine farbenanalytische Studie‹; er hatte eine Minderung der Reduktionskraft des Organismus festgestellt, wenn nur Indophenolblau reduziert wird, während anderenfalls auch Alizarinblau reduziert wurde. Über diese Thematik erfolgte auch seine

Habilitation. EHRLICHS Methoden der Vitalfärbung hatten zwar ein neues Anwendungsgebiet gefunden, als es ihm nur einen Tag nach der Bekanntgabe der Entdeckung des Tuberkelbazillus durch ROBERT KOCH (1882) gelungen war, diesen durch Färbung kenntlich zu machen, was der Entdeckung zum sofortigen Durchbruch verhalf; doch ging es ihm weniger um die diagnostischen als um die therapeutischen Möglichkeiten der Vitalfärbungen, wozu ihn insbesondere die Entdeckung des Diphtherie-Antitoxins anregte, dessen Wirkweise er klären wollte. Er entwickelte hierzu 1899 sein heuristisch äußerst erfolgreiches, später allerdings aufgegebenes Modell der Seitenkettentheorie, mit dem der passive Vorgang der Immunisierung (dieser Begriff wurde von ihm geprägt) in der Serumtherapie eine erste Erklärung fand. Das Modell geht davon aus, daß am Toxinmolekül eine besondere Haftgruppe (Haptophoren) besteht, die sich analog dem Schlüssel-Schloß-Prinzip an einer entsprechenden Rezeptorgruppe (Seitenkette) an eine Körperzelle anlagert und erst dort seine toxische Wirkung entfaltet, indem sich Toxine und Antitoxine durch die Haptophoren verbinden, ohne die Körperzelle überhaupt zu erreichen und dadurch zu schädigen. Dieses Modell erklärte auch seine Entdeckung der Möglichkeit einer Immunisierung gegen Pflanzengifte (Ricin, Abrin); er konnte nachweisen, daß sie auf der Bildung spezifischer Gegengifte beruht, so daß auf dieser Basis eine Reihe von spezifischen hochwertigen Seren entwickelt werden konnte. EHRLICH übertrug das Modell der Immunisierung im Organismus vor allem aber auch auf die Bekämpfung von Parasiten, die ebenso Rezeptorengruppen enthalten sollten, zu denen die Haptophoren bestimmter chemischer Mittel eine vergleichsweise höhere Affinität besitzen könnten als zu denen von Körperorganen. Er suchte daraufhin aktiv nach präparativ gewonnenen Substanzen, die auf diese Weise Krankheitskeime selektiv vernichten. Wenig erfolgreich waren zunächst Versuche mit den ihm geläufigen Farbstoffen; erfolgversprechender erschienen arsenhaltige Präparate, die es allerdings mit viel Geduld Schritt für Schritt in ihrer allgemein toxischen Wirkung zu ›entschärfen‹ galt – erst das berühmte Präparat mit der Nummer 606 (!) erbrachte einen ersten Erfolg. Mit ihm gelang es erstmals, grobspezifisch gegen den Erreger der Syphilis vorzugehen; das Medikament kam 1910 als ›Salvarsan‹ auf den Markt.

HEINRICH RUDOLF HERTZ

(* 22.02.1857 Hamburg, † 01.01.1894 Bonn)

HEINRICH HERTZ, Sohn eines Hamburger Rechtsanwaltes und späteren Justiz-Senators und vielseitig begabter Schüler, machte 1875 am Hamburger Johanneum das Abitur und wandte sich dann zunächst den Ingenieurwissenschaften zu, mit deren Studium er nach einem einjährigen Praktikum in einem Frankfurter Baubüro 1876 in Dresden begann. Nach dem Militärdienst durfte er dann jedoch, seinen Neigungen für naturwissenschaftliche Fragen entsprechend, 1878 in Berlin ein Physik-Studium bei HERMANN VON HELMHOLTZ und ROBERT KIRCHHOFF aufnehmen. Sogleich im ersten Semester konnte er den von der Universität ausgelobten Preis für eine Aufgabe aus der Elektrodynamik gewinnen, und schon im vierten promovierte er mit der Arbeit ›Über die Induktion in rotierenden Kugeln‹ bei H. VON HELMHOLTZ, der ihn daraufhin als Assistenten bei sich aufnahm und sich von ihm eine Lösung der von der Preußischen Akademie der Wissenschaften gestellten Preisaufgabe erhoffte, einen experimentellen Nachweis der von JAMES CLERK MAXWELL abgeleiteten elektromagnetischen Wellen zu erbringen. HERTZ ließ diese Fragestellung auch nicht aus den Augen, als er nach Kiel ging, um sich hier 1883 mit bereits in Berlin begonnenen ›Versuchen über die Glimmentladung‹ zu habilitieren. 1885 ging er in der Nachfolger von FERDINAND BRAUN als Professor für Physik an das Polytechnikum (ab 1886 Technische Hochschule) Karlsruhe und 1889 in der Nachfolger von RUDOLF CLAUSIUS als Professor für Theoretische Physik an die Universität Bonn (neben Bonn wurde dieses Fach nur noch in Berlin, von KIRCHHOFF, selbständig vertreten), wo er sich denn auch vornehmlich theoretischen Problemen der Physik widmete.

In der zweiten Hälfte des 19. Jahrhunderts konkurrierten zwei Theorien der Elektrodynamik miteinander. Auf dem Kontinent herrschte die Theorie einer instantanen unmittelbaren Fernwirkung der ruhenden und bewegten elektrischen Ladungen aufeinander in der Form vor, die ihr WILHELM WEBER gegeben hatte, während man auf den britischen Inseln im Anschluß an MICHAEL FARADAY und J. C. MAXWELL das Wesentliche elektrischer und magnetischer Vorgänge in dem besonderen Zustand, dem ›Feld‹,

um die Leiter herum sah, über das sich die Wirkungen wellen-
förmig mit Lichtgeschwindigkeit im Äther fortpflanzen sollten.
H. VON HELMHOLTZ gehörte zwar zu den wenigen, die diese
Theorie in Deutschland einzuführen versuchten, doch konnte
eine Entscheidung zwischen den beiden rivalisierenden Auffassungen zugunsten von ihr erst getroffen werden, wenn es gelän-
ge, die wellenförmige Ausbreitung elektromagnetischer Impulse
im Experiment auch tatsächlich nachzuweisen. Dazu mußten
sehr schnelle elektrische Schwingungen erzeugt werden. HERTZ
schuf sich in Karlsruhe einen derartigen elektrischen Oszillator
für hohe Schwingungsfrequenzen, wobei er den geschlossenen
Schwingkreis aus Spule und Kondensator so anordnete, daß die
Platten des Kondensators weit auseinander standen und die Wellen gut ausstrahlten. Den Draht der Spule trennte er durch eine
Funkenstrecke (einen ›Dipol‹) und erhielt so zwei Spulen, von
denen die eine als Sender, die andere als Empfänger fungierte;
als Indikator für die hochfrequenten Schwingungen im Empfänger dienten ihm die Funken, die zwischen den Metallkugeln in
der Mitte des Dipols überschlugen, und der Polarisationsstrom
in einem Isolator war groß genug, um nachgewiesen werden zu
können. Am 13. November 1886 gelang ihm eine Übertragung
seiner Wellen über eine Distanz von anderthalb Metern; am 2. Dezember gelang ihm die Abstimmung der Resonanz beider Kreise.
Damit konnte HERTZ dann 1887 mit dem Nachweis elektromagnetischer Schwingungen die Preisfrage der Berliner Akademie
beantworten, und in den folgenden vier Jahren folgte in kurzen
Abständen Entdeckung auf Entdeckung. Das wichtigste Ergebnis
war die Existenz elektromagnetischer Wellen, dann aber auch der
Nachweis ihrer Wesensgleichheit mit den Lichtwellen (Reflexion,
Brechung, Polarisation). HERTZ bündelte hierzu die Wellen (von
einigen Meter Länge) mit einem Hohlspiegel, stimmte den Emp-
fängerkreis ab, ließ die Wellen durch eine Metallwand reflektie-
ren und sich an einem Asphaltprisma brechen; auch eine stehende Welle erzeugte er, und nach Drehung des Empfänger-Dipols
um 90° verschwand die »elektrische Erregung« in ihm, die Welle
war also linear polarisiert worden. HERTZ trug die Ergebnisse
seiner Experimente zum Nachweis der elektromagnetischen Wellen und ihrer Identität mit Lichtwellen, von denen sie sich nur
durch die Wellenlänge unterschieden, im September 1887 erstmals einem größeren Fachkreis in Heidelberg vor, und Ende des

Jahres erkannte die Pariser Akademie der Wissenschaften ihm den ›Prix Lacaze‹ zu, der jeweils für die beste physikalische Arbeit der zwei verflossenen Jahre verliehen wurde. Aber weder die Akademie noch HERTZ hatten natürlich vorausgeahnt, wozu mit diesen Versuchen der Anstoß gegeben worden war, nämlich zu einem weltumspannenden Nachrichtenwesen und nie geahnten Möglichkeiten einer drahtlosen Kommunikation in Rundfunk, Telegraphie und Fernsehen, wofür aber noch im 19. Jahrhundert die Grundlagen gelegt wurden, indem es dem italienischen Ingenieur GUGLIELMO MARCONI gelingen sollte, Morsezeichen drahtlos zu übermitteln, und FERDINAND BRAUN daraufhin im Jahre 1900, teilweise auf eigene Vorarbeiten zurückgreifend, Sender und Empfänger soweit verbessern konnte, daß sowohl die Nutzungsschwingzeit und die Reichweite der drahtlosen Wellenausbreitung im ›Äther‹ (von dem man Rundfunk- und Fernsehübertragungen ja immer noch spricht) beträchtlich verlängern. Beide erhielten für ihre diesbezüglichen Arbeiten gemeinsam den Nobelpreis für Physik des Jahres 1909. – Auch auf theoretischer Ebene hat HERTZ zur Anerkennung der MAXWELLschen Theorie beigetragen, indem er ihr in seiner Arbeit ›Über die Grundgleichungen der Elektrodynamik für ruhende Körper‹ (1890) eine knappe und klare Darstellung angedeihen ließ und dazu die in den verschiedenen Ansätzen MAXWELLS noch unterschiedlich gefaßten vier Grundgleichungen der Elektrodynamik als das Wesentliche herausschälte.

Mit seinen Untersuchungen ›Über den Durchgang der Kathodenstrahlen durch dünne Metallplättchen‹ stieß er auch wieder das Tor zu einer Wiederaufnahme der Vorstellungen von einer korpuskularen Natur der Elektrizität auf; sein Bonner Assistent PHILIPP LENARD führte diese Untersuchungen fort und stieß dabei auf die von HENDRIK ANTOON LORENTZ postulierten Elektronen.

MAX KARL ERNST LUDWIG PLANCK

(* 23.04.1858 Kiel, † 04.10.1947 Göttingen)

Als MAX PLANCK, Sohn eines Kieler Rechtsprofessors, der 1867 einem Ruf nach München gefolgt war, studierte nach dem Besuch des Münchener Maximilians-Gymnasium, an dem er mit 16 Jahren sein Abitur ablegte, 1874 bis 1879 in München Mathematik und Physik, obwohl der Münchener Physikprofessor PHILIPP VON JOLLY, bei dem PLANCK sich vor dem Studienbeginn vorstellte, gemeint hatte, er solle ruhig Physik studieren, viel neues sei auf diesem Gebiet aber nicht mehr zu entdecken, höchstens kleine Lücken zu füllen. Da PLANCK anfangs schwankte, ob er Musik, Klassische Philologie oder Physik studieren sollte, hat ihn dieses Abraten wahrscheinlich gereizt, das Gegenteil unter Beweis zu stellen; und er hat sich eigentlich auch stets mit Fragen beschäftigt, deren Antworten nur wenige für Neues Aufgeschlossene befriedigt hatten. So hat er sich schon in Berlin, wo er zwei auswärtige Semester bei HERMANN VON HELMHOLTZ und ROBERT KIRCHHOFF, dem Inhaber der neben der Bonner einzigen Professur für Theoretische Physik in Deutschland, verbrachte, mit der Thermodynamik von RUDOLF CLAUSIUS beschäftigt, deren Begriff der ›Entropie‹ von den meisten Naturwissenschaftlern als der klassischen Mechanik widersprechend abgelehnt wurde, und von seiner 1879 eingereichten Münchner Dissertation mit dem Titel ›Über den 2. Hauptsatz der mechanischen Wärmetheorie‹ konstatierte er selber, daß sie wohl kaum ein Physiker gelesen und KIRCHHOFF sie ausdrücklich abgelehnt hätte. Schon während der Doktorprüfung ließ der große Münchner Chemiker ADOLF VON BAEYER durchblicken, daß er die Theoretische Physik für ein völlig überflüssiges Fach halte. In München wirkte PLANCK aber, von dem Vertreter der (experimentellen) Physik nicht verstanden, einige Jahre als Privatdozent, nachdem er sich 1880 dort mit der Schrift ›Über Gleichgewichtszustände isotroper Körper in verschiedenen Temperaturen‹, also bei Änderung des Aggregatzustandes, auch habilitiert hatte. 1885 wurde er auf eine neu geschaffene außerordentliche Professur (wie sie vorerst nach Bonn und Berlin gelegentlich für Theoretische Physik eingerichtet wurde) für ›Mathematische Physik‹ berufen. Hier stellte er seine Göttinger Preisschrift ›Das Prinzip der Erhaltung der Energie‹ (1887) fertig, die ihm auch endlich die erhoffte Anerkennung einbrachte – allerdings nicht vor dem Preisgericht, das ihm nur den zweiten Preis zuerkannte, jedoch vor den Berliner Physikern; denn man berief ihn 1889 als Nachfolger KIRCHHOFFS auf die dortige außerordentliche Professur für Theoretische Physik, die dann 1892 in eine ordentliche gewandelt wurde. 1894 fand er Aufnahme in die Preußische Akademie er Wissenschaften. Hier in Berlin verlebte er »die Jahre, in denen ich wohl die stärkste Erweiterung meiner ganzen wissenschaftlichen Denkweise erfuhr«, wie er in seiner ›Wissenschaftlichen Selbstbiographie‹ (1948) schrieb, nicht zuletzt auch, weil es häufig Zentrum wissenschaftlicher Kontroversen war, aus denen er sich nicht immer heraushalten konnte. – PLANCK erhielt 1918 den Nobelpreis für Physik und war 1930 bis 1937 sowie 1945/46 Präsident der Kaiser-Wilhelm-Gesellschaft zur Förderung der Wissenschaften (der nachmaligen Max-Planck-Gesellschaft). Er war ein religiöser Mensch und dem alten Bildungsideal verpflichtet; er stellte mit LISE MEITNER, die seinetwegen von Wien nach Berlin gekommen war, um »richtige Physik« kennenzulernen, 1912 erstmals eine Frau als Vorlesungs-assistent ein (die auch mit seinen beiden Töchtern befreundet war) und versuchte 1933 ohne Erfolg, von ADOLF HITLER eine Änderung der Behandlung jüdischer Gelehrter zu erreichen; sein Sohn war in das Attentat gegen HITLER vom 20. Juli 1944 verwik-kelt und wurde hingerichtet.

PLANCK ist einer der bedeutendsten Physiker des 19./20. Jahr-hunderts, denen er beiden je zur Hälfte angehörte. Er suchte ge-nerell eine Verallgemeinerung und Systematisierung der Physik, entsprechend der Zielsetzung des ausgehenden Jahrhunderts, das eine Widersprüchlichkeit zwischen Mechanik und Elektrodyna-mik hinterlassen hatte. Nach theoretischen Arbeiten zur Thermo-dynamik versuchte er deshalb ab 1895 in mehreren Arbeiten, eine Verbindung dieser mit der MAXWELLschen Elektrodynamik über die Wärmestrahlung und deren Energieverteilung herzustellen. So leitete er 1899 das ›[WILHELM] WIENsche Strahlungsgesetz‹ von 1896, das für kurze Wellen glänzend bestätigt wurde, auch für einen schwarzen Strahler ab. Nachdem aber FERDINAND KURL-BAUM, HEINRICH RUBENS, OTTO LUMMER und ERNST PRINGSHEIM experimentell Abweichungen von den Werten dieses Gesetzes vor allem für längere Wellen festgestellt hatten, stellte PLANCK in einer genialen, theoretisch begründeten Interpretation sein ex-aktes, mit seinen Werten zwischen das Strahlungsgesetz von W. WIEN und das von Baron RAYLEIGH und JAMES JEANS (RAYLEIGH-JEANSsches Strahlungsgesetz) fallendes PLANCKsches Strahlungs-gesetz auf. Die Diskussion und Verbesserung des WIENschen Strahlungsgesetzes hatte erweiterte experimentelle Daten über verschiedene Bereiche des Wärmespektrums erbracht, deren voll-ständige Berücksichtigung das PLANCKsche Gesetz empirisch absicherte, wie experimentelle Überprüfungen ergaben. Der gefundene Ausdruck für die Energiedichte war imstande, den Verlauf der experimentell ermittelten Verteilungen über das Spektrum exakt wiederzugeben. PLANCK stellte dieses Gesetz dann am 14. Dezember 1900 in einem Vortrag vor der Deutschen Physikalischen Gesellschaft in Berlin vor (der Titel des späteren Aufsatzes lautet: ›Zur Theorie des Gesetzes der Energieverteilung im Normal-Spektrum‹). Auf das völlig Neue führte dann erst die interpretierende Begründung, bei der PLANCK von der bis dahin von ihm abgelehnten ›Entropie‹ ausging, einen Zusammenhang zwischen Entropie und Wahrscheinlichkeit annahm und die Wärmestrahlung in einem Hohlraum als ein System linearer Oszillatoren betrachtete. Die entscheidende und verblüffende Folge war nämlich, daß die Energieänderungen der Strahlung nicht stetig sein, sondern nur diskrete Werte proportional zu ihrer Frequenz annehmen konnten. Die alte Maxime »natura non facit saltem« (›die Natur macht keine Sprünge‹) verlor durch diese neue Quantenhypothese also ihre Gültigkeit; und mit dem ›PLANCKschen Wirkungsquantum‹ h war eine neue Naturkonstante gefunden. Zu der damit eingeleiteten revolutionären Wandlung der klassischen Physik, die durch die Ausarbeitung der Quantentheorie erst im ersten Drittel des 20. Jahrhunderts erfolgte, trug PLANCK dann selber allerdings nicht mehr entscheidend bei, er versuchte vielmehr – vergebens –, das Wirkungsquantum in die klassische Physik einzugliedern. Insbesondere die philosophischen Implikationen der ›Kopenhagener Deutung‹ von NIELS BOHR und WERNER HEISENBERG, wonach widersprüchliche experimentelle Ergebnisse der klassischen, deterministischen Physik und der auf Wahrscheinlichkeiten beruhenden Quantentheorie nach einem von BOHR 1927 eingeführten Begriff einander nur ›komplementär‹ sein können, widerstrebten seiner Vorstellung von einer physikalischen Realität, die nicht zuletzt auf seiner religiösen Überzeugung beruhte, wonach das Vergleichbare zwischen Religion und Wissenschaft die Absolutheit der Werte sei.

Erwähnte Naturwissenschaftler